国家社会科学基金项目(16BGL145)资助

京津冀地区$PM_{2.5}$及其他空气污染物的时空分布特征研究

武 装 著

科学技术文献出版社
SCIENTIFIC AND TECHNICAL DOCUMENTATION PRESS
·北京·

图书在版编目（CIP）数据

京津冀地区$PM_{2.5}$及其他空气污染物的时空分布特征研究 / 武装著. —北京：科学技术文献出版社，2018. 9
ISBN 978-7-5189-4792-8

Ⅰ. ①京… Ⅱ. ①武… Ⅲ. ①环境空气质量—空气污染—研究—华北地区 Ⅳ. ①X-651

中国版本图书馆 CIP 数据核字（2018）第 209505 号

京津冀地区$PM_{2.5}$及其他空气污染物的时空分布特征研究

策划编辑：李 蕊　　责任编辑：王瑞瑞　　责任校对：张吲哚　　责任出版：张志平

出 版 者　科学技术文献出版社
地　　址　北京市复兴路15号　邮编　100038
编 务 部　（010）58882938，58882087（传真）
发 行 部　（010）58882868，58882870（传真）
邮 购 部　（010）58882873
官方网址　www.stdp.com.cn
发 行 者　科学技术文献出版社发行　全国各地新华书店经销
印 刷 者　北京教图印刷有限公司
版　　次　2018 年 9 月第 1 版　2018 年 9 月第 1 次印刷
开　　本　710×1000　1/16
字　　数　214千
印　　张　13.5
书　　号　ISBN 978-7-5189-4792-8
定　　价　58.00元

前言

随着经济全球化的发展，人民生活水平不断提高及城市化加剧，环境问题成为现如今学者研究的主要问题之一。当前，国际上对环境安全的讨论越发增多，如环境污染、水土流失、土地退化等，我国的环境问题也面临着巨大的考验，人类的生活和健康很大程度受生态破坏、环境污染等问题的影响。空气是人类生活中必不可少的部分，空气质量的好坏非常容易影响人类的健康，而空气污染对能见度及各个生活领域也会产生影响。在京津冀等经济发达地区更是出现长期、持续的雾霾污染，北京市是中国空气污染最为严重的城市之一，其空气质量不仅远远差于欧美发达国家的大城市，与国内其他大城市空气质量也相差甚远。空气污染治理是亟待解决的问题，针对空气污染的研究是当今社会主要探讨的问题。

本书从始至终一直用数据说话，选取了京津冀地区13个城市，样本数据来源于《中国城市统计年鉴》、《中国环境统计年鉴》、《中国统计年鉴》、天津市环境保护局、河北省环境保护厅、北京市环境保护局等网站，收集了真实、可靠、科学的大量数据。本书通过研究京津冀地区空气污染特征及影响因素，利用可视化软件分析污染物的质量浓度和时空分布，同时使用空气质量测评法AQI指数来评价和分析，通过Matlab软件建立BP神经网络模型对样本数据进行预测，此项研究对京津冀地区及我国其他城市空气预测有着一定的科学意义。同时，本书注重原创性、学科的交叉性和内容的前沿性，主要研究如下。

①本书研究京津冀地区的雾霾时空分布特征，描述和分析雾霾空间信息随时间信息变化的过程。首先，利用 ArcGIS 软件将气象监测点数据进行矢量化处理，生成空间点数据，设定坐标系统，对数据进行坐标变换和投影，通过 ArcGIS 软件对样本数据进行可视化处理及分类讨论，对京津冀地区雾霾时空分布特征进行分析。其次，从空气质量指数方面对污染进行研究，主要包括空气质量指数年均值分布及各城市均值分布。最后，对样本数据进行四季划分，研究了京津冀地区在春、夏、秋、冬 4 个季节中雾霾的分布状况。

②本书结合智能算法中的遗传算法、差分优化算法等与 BP 神经网络结合，来提高 BP 神经网络的预测和识别能力。

③在雾霾预测时选用 BP 神经网络预测模型进行预测。之所以采用 BP 神经网络模型，是因为 BP 神经网络模型自身的强大非线性处理能力，依赖数据本身的内在联系提取相应特征对雾霾天气进行建模预测，目前国内通过建立 BP 神经网络对雾霾预测的研究很少，本书弥补了这方面的不足。

④研究京津冀地区对雾霾有影响的环境因子。选取的空气污染因子主要包括 $PM_{2.5}$、PM_{10}、SO_2、NO_2、CO、O_3，对各项污染因子的时间变化特征进行思考研究，研究这些污染因子的内在联系并对其达标情况进行分析，同时还采用 AQI 指数评价法对京津冀地区空气质量进行综合评价。随后运用主成分分析法、相关成分分析法从社会经济发展水平、工业污染物的排放、化石燃料的消费、环境保护、气象因素等方面对雾霾影响因素进行科学定量分析。

⑤对雾霾主要影响因子进行时间序列预测。时间序列数据有着其他数据没有的特点，即历史数据的规律可以适用于将来，本书利用其优势建立了 BP 神经网络预测模型。雾霾天气的变化是非线性的，并且环境影响因素是一种非常复杂的非线性结构，而 BP 神经

网络有着强大非线性处理的能力恰能弥补这一不足之处,所以 BP 神经网络能够依赖数据本身的内在联系提取相应特征以达到对雾霾天气进行建模预测的目的。BP 神经网络总共有 3 层:输入层的变量为 7 维,由 7 个主要影响因子组成;输出层为 AQI 的值;隐含层结点的个数经试验确定。经过数据对模型训练以达到很好的预测效果。

⑥本书基于北京市 16 个城区在 2016 年 12 月到 2017 年 11 月的空气质量监测数据,采用时间序列分析、时间序列图、空间相关分析等方法研究 $PM_{2.5}$浓度的时空变化规律,进而对不同季节、不同时间段及不同区域上 $PM_{2.5}$浓度分别进行 Kruskal-Wallis 检验、Mann-Whitney U 检验、Bonferroni 校正以探究其区别。

本书考虑的空气污染物包括:SO_2($\mu g/m^3$)、NO_2($\mu g/m^3$)、CO($\mu g/m^3$)、O_3($\mu g/m^3$);气象因子包括:温度(℃)、海平面大气压(hPa)、相对湿度(%)、风速(km/h)、降雨量(mm)及日照时数(h)。在此基础上,采用广义加性模型(GAM)刻画单个影响因子及其交互项对 $PM_{2.5}$浓度的影响作用,选择 $PM_{2.5}$ 日均浓度作为响应变量,相关影响因子日均数值作为解释变量。GAM 通过识别和累加多个函数得到最适合的源数据的趋势线,通过处理因变量和解释变量之间复杂的非线性关系,拟合非参数回归,该算法迭代地拟合和调整函数以减少预测误差。GAM 更注重对数据进行非参数性的探索,其更适用于对数据进行探索性分析和阐述反应变量与解释变量关系。

⑦雾霾天气给人们的身心造成了巨大伤害,如何有效预防雾霾天气一直是社会关注的热点问题。本书运用信息技术领域前沿的智能算法和神经网络等科学方法,寻找京津冀地区雾霾的主要成因,同时借鉴和学习了国外先进的经验,分析我国目前环境面临的危机,并借鉴国外雾霾治理的经验,提出适合我国国情的治理雾霾

的建议与对策。本书的研究成果能够揭示雾霾形成的根源,并提出治理雾霾天气的政策建议,对于我国城市雾霾的预测和治理具有一定的应用价值,也为相关部门提供了决策参考。

本书由武装著,其中参与本书编写工作的还有张硕、张子妍、宋季鸿、范娇荣、万琪和谢佳杰等研究生和本科生,在此一并表示感谢。

在本书的研究写作过程中,得到了多方的帮助和支持。感谢本书参阅和引用的参考文献的作者们,是他们的成果给了本书许多启迪。本书撰写过程中参考的书籍、论文及网页资料等相关文献,初稿时在页下均做了脚注,已尽可能列出,但完稿时受出版字数限制而将所有脚注与书尾的参考文献合并,原文处无法一一标清出处,而难免有所遗漏,特向这些作者表示歉意。本书受到国家社会科学基金(项目号:16BGL145)的大力资助,谨在此一并致谢。同时也感谢参与本书研究的硕士生和本科生,他们不仅是本书各个章节具体内容的研究执行者,也在本书撰写过程中承担了大量的工作,他们在笔者的指导和要求下,认真进行研究,从不同的视角对我国城市雾霾的成因进行了分析,在反复修改和调整他们的学位论文框架体系和章节内容的同时,逐步形成本书的初稿内容;感谢学界的长辈和朋友们,感谢他们对我成长道路上的指导、支持;我还要特别地感谢我的妻子和我的家庭,没有他们的理解,就没有我现在的成就,他们多年来对我科研事业的全力支持、倾心关注是我前行的不竭动力和永恒的精神支柱。

期望本书的出版能够对相关的科研人员有所裨益,尽管经过努力和多次修改,书中难免还存在错误或者不准确的地方,对不断发展的相关学科也无法做到及时更新相关内容,所以希望同行的专家、学者和广大读者不吝赐教。

目　　录

第1章　绪　　论 ………………………………………………………… 1
1.1　研究背景及研究意义 ……………………………………………… 1
1.2　国内外研究现状 …………………………………………………… 3
1.2.1　国外研究现状 ………………………………………………… 3
1.2.2　国内研究现状 ………………………………………………… 4
1.3　研究内容 …………………………………………………………… 5
1.4　创新点 ……………………………………………………………… 6
1.5　研究区域及研究数据概况 ………………………………………… 6
1.5.1　研究区域概况 ………………………………………………… 6
1.5.2　数据概况 ……………………………………………………… 7
1.6　研究方法 …………………………………………………………… 7
1.6.1　空气质量指数(AQI)方法 …………………………………… 7
1.6.2　ArcGIS 空间分析 ……………………………………………… 9

第2章　人工神经网络 ……………………………………………………… 10
2.1　神经网络的产生及发展 …………………………………………… 10
2.2　人工神经元的组成 ………………………………………………… 11
2.3　神经元模型 ………………………………………………………… 12
2.4　神经网络基本学习方式 …………………………………………… 13
2.5　3种神经网络 ……………………………………………………… 14
2.6　BP 神经网络的基本原理 ………………………………………… 15
2.7　BP 神经网络的结构 ……………………………………………… 18
2.8　BP 神经网络的学习过程 ………………………………………… 19

2.9 基于粗糙集的神经网络 …… 19
2.10 差分进化算法优化神经网络 …… 21
2.10.1 差分进化算法原理 …… 21
2.10.2 差分进化算法优化神经网络的原理 …… 23
2.11 粒子群算法优化神经网络 …… 25
2.11.1 粒子群算法的基本原理 …… 25
2.11.2 基于粒子群算法优化 BP 神经网络的原理 …… 26
2.12 人工蜂群算法优化神经网络 …… 27
2.12.1 人工蜂群算法的基本原理 …… 27
2.12.2 人工蜂群算法优化神经网络的原理 …… 30
2.13 蚁群算法优化神经网络 …… 32
2.13.1 蚁群算法的基本原理 …… 32
2.13.2 蚁群算法优化神经网络的原理 …… 34
2.14 BP 神经网络的优缺点 …… 36

第 3 章 遗传算法的一些改进及其应用 …… 38
3.1 遗传算法的生物学背景 …… 38
3.1.1 遗传变异理论 …… 38
3.1.2 进化论 …… 39
3.2 遗传算法简史 …… 39
3.3 遗传算法的基本概念 …… 41
3.4 遗传算法的操作流程 …… 42
3.5 遗传算法的技术实现 …… 43
3.5.1 编码 …… 43
3.5.2 适应度函数 …… 44
3.5.3 选择算子 …… 45
3.5.4 交叉算子 …… 46
3.5.5 变异算子 …… 46

3.5.6　遗传算法有关参数的设置 …… 47
3.5.7　遗传算法的特点 …… 48
3.6　顺序选择遗传算法(SBOGA) …… 48
3.6.1　算法原理 …… 48
3.6.2　算法步骤 …… 49
3.6.3　仿真实例 …… 49
3.7　大变异遗传算法(GMGA) …… 50
3.7.1　算法步骤 …… 51
3.7.2　仿真实例 …… 51
3.8　双切点交叉遗传算法(DblGEGA) …… 53
3.8.1　算法原理 …… 53
3.8.2　仿真实例 …… 54
3.9　遗传算法应用实例及其分析 …… 55
3.9.1　3种常用的测试函数 …… 55
3.9.2　仿真实例分析 …… 56
3.10　小结 …… 59

第4章　基于差分进化算法的函数优化问题研究 …… 61

4.1　引言 …… 61
4.2　最优化方法简介 …… 62
4.2.1　最优化问题的一般模型 …… 63
4.2.2　最优化问题的分类 …… 63
4.2.3　最优化问题的求解方法 …… 64
4.3　智能进化算法综述 …… 65
4.3.1　产生背景 …… 65
4.3.2　研究进化算法的意义 …… 66
4.3.3　国内外研究现状 …… 67
4.4　差分进化算法概述与进展 …… 68
4.4.1　差分进化算法的发展过程 …… 69

4.4.2 差分进化算法的特征 …… 69
4.4.3 几种基准测试函数 …… 69
4.5 基本差分进化算法 …… 72
4.5.1 变异操作 …… 72
4.5.2 交叉操作 …… 72
4.5.3 选择操作 …… 73
4.6 差分进化算法的算法流程 …… 73
4.7 参数因子的选择 …… 74
4.7.1 种群大小 *NP* 的选择 …… 74
4.7.2 缩放因子 *F* 的选择 …… 76
4.7.3 交叉因子 *CR* 的选择 …… 79
4.8 测试 5 种改进 DE 算法 …… 81
4.9 差分进化算法在函数优化中的应用 …… 85
4.9.1 单目标优化问题 …… 85
4.9.2 多目标优化问题 …… 86
4.10 小结 …… 90

第 5 章 $PM_{2.5}$及其他空气污染物的时空分布 …… 92

5.1 $PM_{2.5}$的时空分布 …… 92
5.1.1 $PM_{2.5}$年际变化 …… 92
5.1.2 $PM_{2.5}$季节分布特征 …… 94
5.2 其他空气污染物的时空分布 …… 96
5.2.1 PM_{10}的时空分布 …… 96
5.2.2 SO_2 的时空分布 …… 100
5.2.3 NO_2 的时空分布 …… 102
5.2.4 CO 的时空分布 …… 104
5.2.5 O_3 的时空分布 …… 106

第 6 章　京津冀地区空气质量评价 ……………………………… 109

6.1　主要污染物浓度达标率分析 ……………………………… 109

6.1.1　$PM_{2.5}$达标率分析 ……………………………… 109

6.1.2　PM_{10}达标率分析 ……………………………… 110

6.1.3　SO_2 达标率分析 ……………………………… 110

6.1.4　NO_2 达标率分析 ……………………………… 111

6.2　空气质量评价 ……………………………… 112

6.3　空气质量变化规律 ……………………………… 113

6.3.1　空气质量季节变化规律 ……………………………… 113

6.3.2　空气质量月份变化规律 ……………………………… 114

6.4　主要空气污染物月均浓度变化趋势 ……………………………… 115

6.5　预测模型 ……………………………… 118

6.5.1　春季 $PM_{2.5}$预测模型 ……………………………… 118

6.5.2　夏季 $PM_{2.5}$预测模型 ……………………………… 120

6.5.3　秋季 $PM_{2.5}$预测模型 ……………………………… 122

6.5.4　冬季 $PM_{2.5}$预测模型 ……………………………… 124

6.6　小结 ……………………………… 126

第 7 章　基于 BP 神经网络的雾霾预测 ……………………………… 128

7.1　影响 $PM_{2.5}$预测浓度的因素分析 ……………………………… 128

7.2　训练样本选取 ……………………………… 131

7.3　数据归一化处理 ……………………………… 132

7.4　BP 神经网络的设计 ……………………………… 133

7.5　BP 神经网络的训练 ……………………………… 136

7.6　BP 神经网络的仿真 ……………………………… 141

7.7　遗传算法优化 ……………………………… 144

7.8　雾霾的治理建议 ……………………………… 149

7.9　小结 ……………………………… 151

第 8 章　京津冀地区的雾霾成因分析 ………………………… 153

8.1　研究区域与数据来源 ………………………… 153

8.2　研究方法 ………………………… 154

8.2.1　空间自相关 ………………………… 154

8.2.2　PLS1 模型及通径分析 ………………………… 155

8.2.3　BP 神经网络 ………………………… 157

8.3　结果分析 ………………………… 159

8.3.1　时空演变分析 ………………………… 159

8.3.2　空间相关性分析 ………………………… 165

8.4　$PM_{2.5}$的 PLS1 模型及通径分析 ………………………… 168

8.4.1　$PM_{2.5}$的 PLS1 模型 ………………………… 168

8.4.2　通径分析 ………………………… 171

8.5　$PM_{2.5}$与影响因子之间的非线性关系分析 ………………………… 178

8.6　小结 ………………………… 180

第 9 章　基于 GAM 的 $PM_{2.5}$浓度影响因素及扩散演化过程研究 ……… 182

9.1　引言 ………………………… 182

9.2　数据与研究方法 ………………………… 183

9.2.1　数据 ………………………… 183

9.2.2　$PM_{2.5}$时空特征分析 ………………………… 184

9.2.3　广义加性模型(GAM) ………………………… 185

9.3　分析结果 ………………………… 186

9.3.1　北京市 $PM_{2.5}$污染概况 ………………………… 186

9.3.2　$PM_{2.5}$与单影响因素的 GAM 分析 ………………………… 188

9.4　小结 ………………………… 195

参考文献 ………………………… 197

第1章　绪　论

1.1　研究背景及研究意义

近年来，由于气候条件与人类活动等多种因素相互作用，我国雾霾的情况越发严重。“雾霾”一词甚至一度成为2013年的年度关键词。雾霾带来的诸多危害不言而喻。2009年美国环保署发布的《关于空气颗粒物综合科学评估报告》中即指出：“已经有足够的科学研究结果表明大气可吸入颗粒物能吸附大量有害致癌物和基因毒性诱变物质，给人体健康带来包括死亡率提高、慢性病加剧、呼吸系统及心脏系统疾病恶化、肺功能及结构改变、影响生育能力、人体的免疫结构改变等不可忽视的负面影响。”雾霾的危害远远不止其给人体带来的影响，还有其因为上述疾病而增加医疗方面的支出。潘小川等采用价值评估法评估仅北京、上海、广州、西安4个城市2010年因$PM_{2.5}$污染分别造成过早死亡的直接经济损失就分别为18.6亿元、23.7亿元、13.6亿元、5.8亿元，共计61.7亿元。与此同时，雾霾还会直接影响到交通安全。空气质量差，能见度低，使交通事故频频发生，这不但引起交通阻塞，使居民的生活更加不便，还进一步加大了经济损失，而且航班延误、取消，高速封路造成的损失更是不计其数。所以，我们只有了解雾霾成因，加以分析，才能对雾霾进行有效预防和治理。

随着我国雾霾污染愈演愈烈，笼罩了中国的许多城市，其已经成为公众普遍关注的热点话题。雾霾的主要成分是$PM_{2.5}$，2012年2月29日，生态环境部公布了新修订的《环境空气质量标准》，增加了对$PM_{2.5}$的监测和预报。$PM_{2.5}$指的是存在于大气中且直径小于或等于2.5 μm的可吸入肺颗粒。雾霾降低了空气能见度，严重影响了交通安全、社会发展、人们身体健康、心理健康及生活质量，同时也破坏了我国可持续发展的宗旨。因此，研究雾霾（$PM_{2.5}$）的形成原因，具有非常重要的意义。目前，学术界对雾霾的成因存在初步但不统一的认识。国外方面，M. A. Alolaya和J. Choi等认为雾霾主要来源于二次硫酸盐、二次硝酸盐、汽车尾气、运输沙尘、燃烧等方面。国内方面,张小曳、孙俊英、王亚强等通过分析雾和霾与气溶胶的联系、维持机制、污染物构成及如何治理等问题,指出我国现今的雾霾问题的主因是严重的气溶胶污染,但气象条件对其形成、分布、维持与变化的作用显著。王跃思、张军科、王莉莉等认为我国近年来过快的城市化进程是城市雾霾大气污染的直接诱因。孙太利认为尾气排放、煤燃烧、建筑扬尘和秸秆焚烧是雾霾形成的主要因素。张婵娟、程晓军研究认为机动车尾气排放污染是形成雾霾天气的主要因素。胡名威认为中国不合理的能源消费结构、工业废气的大量排放、机械化程度的提高及城镇化发展中建筑工地的大量扬尘是造成雾霾现象日趋严重的经济学原因。此处需要指出的是,已有的研究重点放在了污染物的来源上,然而在实际中更容易获得空气污染物数据,空气污染物在空中进行物理或者化学反应而形成 $PM_{2.5}$,所以直接研究空气污染物和 $PM_{2.5}$的关系是非常有必要的。王占山等结合 $PM_{2.5}$数据用克里金插值方法对北京市 $PM_{2.5}$给出了插值估计,得出受地形的影响 $PM_{2.5}$的浓度不一,且得到雾霾在季节和白昼的变化呈“多峰”的特征。同样,赵晨曦、王云琦、王玉杰等也用克里金插值法研究了 $PM_{2.5}$的空间分布特征,以及气象因素对 $PM_{2.5}$的影响。大多数对 $PM_{2.5}$与空气污染物及气象因子的关系研究都采用主成分分析、相关分析等分析方法,而忽略了各影响因子之间的多重共线性,进而导致模型的解释效果不好。郑煜、苗云阁等采用 PLS1 模型结合通径分析弥补了上述缺陷,进一步刻画了影响因子对 $PM_{2.5}$的直接作用,以及通过其他影响因子对 $PM_{2.5}$的间接作用,但并没有解释各个影响因子之间非线性共同作用于 $PM_{2.5}$。部分研究利用神经网络对雾霾进行预测,大部分都是做时间序列的预测,本书通过 PLS1 模型、通径分析、BP 神经网络解释各影响因子与 $PM_{2.5}$之间的复杂关系。

随着经济全球化的发展,人民生活水平不断提高及城市化加剧,环境问题成了现如今学者研究的主要问题之一。当前国际上对环境安全的讨论越发增多,如环境污染、水土流失、土地退化等。当前,我国的环境问题也面临着巨大的考验,人类的生活和健康很大程度受生态破坏、环境污染等问题的影响,所以本书旨在研究空气污染带来的环境安全问题。

空气是人类生活中必不可少的部分,空气质量的好坏非常容易影响人类的健康。呼吸新鲜的空气可以促进血液循环、消除疲劳、身心愉快;反之,如果空气污染严重将会造成头晕、身体乏力、注意力不集中等不适症状。长期累积吸入污浊空气还将引发各种疾病,而空气污染对能见度及各个生活领域也会产生影响。近年来,在京津冀等经济发达地区出现了长期、持续的雾霾污染,北京是中国空气污染最为严重的城市之一,其空气质量不仅远远差于欧美发达国家的大城市,与国内其他大城市空气质量也相差甚远。空气污染治理是亟待解决的问题,针对空气污染的研究是当今社会主要的探讨问题。本书通过研究京津冀地区空气污染特征及影响因素,利用可视化软件分析污染物的质量浓度和时空分布,同时使用空气质量测评法 AQI 指数来评价和分析,通过 Matlab 建立 BP 神经网络模型对样本数据进行预测,此项研究对京津冀地区及我国其他城市空气预测有着重要深远的科学意义。

1.2　国内外研究现状

1.2.1　国外研究现状

20 世纪 60 年代,西方发达国家先于国内开始对空气质量的预测进行研究,经过 20 年左右的研究,在 1988 年 12 月日本才开始把理论化的研究真正投入使用,对其空气污染严重的城市大阪和东京地区的氮氧化物进行预报。开展预报研究的国家还有美国、英国、荷兰等,主要是基于气象因子,采用潜势预报方法进行定性分析。80 年代以后,随着区域大气环境自动监测联网的形成,国际上对空气质量预报研究开始逐渐趋向于定量分析。90 年代后,神经网络理论才被投入到空气污染物浓度预测的研究中,因其适用于多因素、非线性、随机性的研究对象,所以取得了一定的成果。1993 年,Boznar 等开始应用神经网络对空气污染进行预测。1994 年,Mok 等用反馈神经网络预测了澳门的 SO_2浓度。2000 年后,Jiang 等利用改进的神经网络对 PM_{10}、SO_2、NO_x 的 API 指数进行了预测。

国外学者如 M. A. Alollaya 和 J. Choi 认为雾霾主要来源于二次硫酸盐、二次硝酸盐、汽车尾气、运输沙尘、燃烧等方面。S. Pateraki 认为二次污染物浓度会随着越来越多的人为活动和升高的温度而升高。Dhhirendra Mishra 运用人工智能的方法构建神经模糊模型进行预测。Daiwen Kang 等在美国大陆采用实时偏差调节的方法对 $PM_{2.5}$和空气质量指数的预测进行了绩效评估,实验表明实时偏差调节效果显著,大大减少了误报率。美国全天监测空气质量,针对排放源制定规范准则;欧盟制定了空气质量标准,同时使用大气污染监视系统并实时公布监测到的数据,除此之外还加强了环境法律,强制柴油机汽车必须安装过滤器减少尾气排放以便提升空气质量。

1.2.2 国内研究现状

我国空气质量的预测研究起步较晚。在20世纪80年代，北京初次对空气污染物浓度进行预报，沈阳和上海等城市的环保部门继北京之后也逐渐将空气质量预报工作发展到日常业务中。随着近几年社会对空气质量关注度的飞速提高，空气质量相关工作被提上重要日程，大部分城市紧急投入到空气质量监测、预报等研究中。其中，1997年，李祚泳等率先使用BP神经网络预测空气中 SO_2 的浓度，并证明运用神经网络理论进行空气预测的可行性；2006年，宁海文使用神经网络研究了气象因素对 PM_{10} 浓度的影响；2013年，王敏等使用BP神经网络对 $PM_{2.5}$ 的浓度进行预测。经过近30年的发展，基于人工神经网络的空气污染预测研究已经逐渐趋于成熟。

国内学者彭英登、张中华等从雾霾的特征和影响因子的组分特征及其来源等方面进行了分析研究。张小曳、张俊英、王亚强等分析了雾霾与气溶胶的联系及雾霾天气的污染物构成，指出我国现今雾霾成因主要是气溶胶污染。孙太利指出雾霾形成的主要原因是尾气排放、煤燃烧、建筑扬尘等。胡名威认为中国不合理的能源消费结构和城镇化发展中建筑工地带来的大量尘土也是造成雾霾现象日趋严重的原因。

宋宇辰在对包头市空气质量预测时采用的统计方法是时间序列和神经网络的方法，即根据以往的数据可以预测未来数据。艾洪福、石莹提出由于BP神经网络具有可以逼近任意非线性函数的特点，而环境具有多项因子共同影响的复杂性即是非线性的，所以通过BP神经网络可以建立雾霾天气预测系统。张力军等强调政治手段控制雾霾，创建环保维护站强制监测机动车，变“静态管理”为“动态管理”。褚兵认为在一定条件下，国内的结构性减税政策应有增有减地来实施调控，以便达到减少大气污染和改善空气质量的目的。

越来越多的人已经意识到雾霾的危害，在现阶段，人们更迫切想要了解的是未来 $PM_{2.5}$ 的浓度，以及如果发生严重污染应如何应对。因此，研究雾霾情况的地域分布及成因用以提出治理建议，预测 $PM_{2.5}$ 的浓度从而准确预报，具有重大意义。基于对雾霾分布及成因的分析，相关政府部门可以根据提供的治理建议制定准确、有针对性的治理措施，从而减少雾霾导致的直接和间接损失，也可以根据 $PM_{2.5}$ 的预测值及时向居民发布预测信息，提供防控措施，居民可以以此为依据来安排日常活动。

1.3 研究内容

(1)研究京津冀地区的雾霾时空分布特征,描述和分析雾霾空间信息随时间信息变化的过程

首先,利用 ArcGIS 软件将气象监测点数据进行矢量化处理,生成空间点数据,设定坐标系统,对数据进行坐标变换和投影,通过 ArcGIS 软件对样本数据进行可视化处理及分类讨论,对京津冀地区雾霾时空分布特征进行分析。其次,从空气质量指数方面对污染进行研究,主要包括空气质量指数年均值分布及各城市均值分布。最后,对样本数据进行四季划分,研究京津冀地区在春、夏、秋、冬 4 个季节中雾霾的分布状况。

(2)研究京津冀地区对雾霾有影响的环境因子

选取的空气污染因子主要包括 $PM_{2.5}$、PM_{10}、SO_2、NO_2、CO、O_3,对各项污染因子的时间变化特征进行研究,研究这些污染因子内在联系并对其达标情况进行分析,同时还采用 AQI 指数评价法对京津冀地区空气质量进行评价。随后运用主成分分析法、相关成分分析法从社会经济发展水平、工业污染物的排放、化石燃料的消费、环境保护、气象因素等方面对雾霾影响因素进行科学定量分析。

(3)对雾霾主要影响因子进行时间序列预测

时间序列数据有着其他数据没有的特点,即历史数据的规律可以适用于将来,本书利用其优势建立了 BP 神经网络预测模型。雾霾天气的变化是非线性的,并且环境影响因素是一种非常复杂的非线性结构,而 BP 神经网络有着强大非线性处理的能力恰能弥补这一不足之处,所以 BP 神经网络能够依赖数据本身的内在联系提取相应特征以达到对雾霾天气进行建模预测的目的。BP 神经网络总共有 3 层:输入层的变量为 7 维,由 7 个主要影响因子组成;输出层为 AQI 的值;隐含层结点的个数经实验确定。经过数据对模型训练以达到很好的预测效果。

(4)提出治理雾霾天气的政策建议

雾霾天气会给人们的身心造成巨大伤害,如何有效预防雾霾天气一直是社会关注的热点问题,本书基于上述得出的雾霾成因的结论分析我国目前环境面临的危机,并借鉴国外雾霾治理的经验,提出适合我国国情的雾霾治理对策建议。

1.4 创新点

①选取了一个亟待解决的社会热点话题展开系统研究，此次研究从始至终一直用数据说话，选取了京津冀地区 13 个城市，样本数据来源于《中国城市统计年鉴》、《中国环境统计年鉴》、《中国统计年鉴》、天津市环境保护局、河北省环境保护厅、北京市环境保护局等网站，收集了真实、可靠、科学的大量数据，弥补了国内在这方面研究的不足。

②在雾霾预测时选用 BP 神经网络预测模型进行预测。之所以采用 BP 神经网络模型，是因为 BP 神经网络模型自身的具有强大非线性处理的能力，依赖数据本身的内在联系提取相应特征对雾霾天气进行建模预测。目前国内通过建立 BP 神经网络对雾霾预测的研究很少，本书也弥补了这方面的不足。

③运用信息技术领域前沿的智能算法，寻找京津冀地区雾霾的主要成因，同时借鉴和学习国外先进的经验，取其精华去其糟粕。本书的研究成果能够揭示雾霾形成的根源，对于我国城市雾霾的预测和治理具有一定应用价值，也为相关部门提供决策参考。

1.5 研究区域及研究数据概况

1.5.1 研究区域概况

京津冀地区地处华北地区，地势西北高、东南低。西部太行山可以称为京津冀地区的高山屏障，因为很多污染物会在山前积聚，这样非常不利于污染物的扩散。京津冀地区不仅人口高度密集、经济发达，而且还是我国的政治文化中心，同时也是我国未来参与国际竞争的重要依托地。所以，国家领导人非常重视京津冀地区的发展，习近平总书记在 2014 年 2 月 26 日就京津冀地区协同发展提出了七点要求，并在 2015 年提出要将京津冀地区建设为世界级的城市群生态系统。2017 年 3 月 5 日李克强总理强调要加强渤海和京津冀地区经济协作发展。京津冀地区的重要地位，使得该区域的经济及环境受到强烈的关注，尤其是空气质量问题需要更多学者探讨研究。

1.5.2 数据概况

本书所使用的数据是常规气象观测数据、气象报告逐日数据、$PM_{2.5}$质量浓度资料和地面天气图等,来源于美国国家海洋、大气管理局、NASA 网站、天津市环境保护局等。

随着互联网的不断发展,各行业都得到了大量的数据和信息,而这些数据的大量产生与解释的方法出现矛盾,所以不仅会不断产生新的数据,而且很多数据因无法解释只能被储存,极大地浪费了资源。数据的可视化可以弥补这种缺点,可视化处理运用到计算机图形学和图像处理技术中,可以将数据转换为图形显示出来,甚至可以进行交互。这些技术使得数据可视化具有以下特点:交互性、多维性、可视性。

本书就是通过可视化软件 ArcGIS 将监测数据进行处理,将京津冀地区的空气质量进行综合评定,不同的污染程度呈现出不同深度的颜色,表现在绘出的图形中。将京津冀地区的空气因子浓度绘制于一个表中,导入 Matlab 空间,同时还在 BP 神经网络的模型建立过程中对数据进行了归一化处理。

1.6 研究方法

1.6.1 空气质量指数(AQI)方法

空气质量指数(AQI)一般是由空气的清洁程度或污染程度来反映的,是用来评估人群呼吸一段时间的污染空气后,对健康影响情况的指数。在 AQI 之前,我国衡量空气质量的指标是 API,该方法最早是由国外环保署制定的。当时的 API 只包含了 3 种污染指标,随着空气因子的增多,我国借鉴国外经验并与实际情况相结合将评价指标改成了 AQI。

选取污染因子 $PM_{2.5}$、PM_{10}、SO_2、NO_2、CO、O_3为研究因子,对各项污染物的时间变化特征及达标情况进行分析,利用 AQI 评价法对空气质量进行综合评价,AQI 评价法可以突出单项污染物对整体影响的作用,即空气质量是由某一污染物浓度对应的空气质量分指数 IAQI 所决定的。对于某一污染物 p,其质量浓度 C_p 对应的空气质量分指数 I_P 可按式(1.1)计算:

$$I_P = \frac{I_{ph} - I_{pl}}{C_{ph} - C_{pl}}(C_p - C_{pl}) + I_{pl}。 \tag{1.1}$$

式中：C_{ph} 和 C_{pl} 分别表示与 C_p 相近的污染物浓度限值的最高值和最低值；I_{ph} 和 I_{pl} 分别表示与 C_{ph} 和 C_{pl} 对应的 IAQI 值，AQI 值可根据式(1.2)确定：

$$AQI = \max\{IAQI_1, IAQI_2, IAQI_3, \cdots, IAQI_n\}。 \tag{1.2}$$

式中：如果 AQI 大于 50，那么 $IAQI$ 中最大的污染物为首要污染物。根据 AQI 值来评价空气质量是哪一个级别与类别(表 1.1)。

表 1.1　AQI 指数及污染物浓度限值

空气质量分指数(IAQI)	污染物项目浓度限值									
	二氧化硫(SO_2) 24 小时平均/($\mu g/m^3$)	二氧化硫(SO_2) 1 小时平均/($\mu g/m^3$)[1]	二氧化氮(NO_2) 24 小时平均/($\mu g/m^3$)	二氧化氮(NO_2) 1 小时平均/($\mu g/m^3$)[1]	颗粒物(粒径小于等于 10 μm) 24 小时平均/($\mu g/m^3$)	一氧化碳(CO) 24小时平均/(mg/m^3)	一氧化碳(CO) 1 小时平均/(mg/m^3)[1]	臭氧(O_3) 1 小时平均/($\mu g/m^3$)	臭氧(O_3) 8 小时平均/($\mu g/m^3$)	颗粒物(粒径小于等于 2.5 μm) 24 小时平均/($\mu g/m^3$)
0	0	0	0	0	0	0	0	0	0	0
50	50	150	40	100	50	2	5	160	100	35
100	150	500	80	200	150	4	10	200	160	75
150	475	650	180	700	250	14	35	300	215	115
200	800	800	280	1200	350	24	60	400	265	150
300	1600	[2]	565	2340	420	36	90	800	800	250
400	2100	[2]	750	3090	500	48	120	1000	[3]	350
500	2620	[2]	940	3840	600	60	150	1200	[3]	500

[1] 二氧化硫(SO_2)、二氧化氮(NO_2)和一氧化碳(CO)的 1 小时平均浓度限值仅用于实时报，在日报中需使用相应污染物的 24 小时平均浓度限值。

[2] 二氧化硫(SO_2)1 小时平均浓度值高于 800 $\mu g/m^3$ 的，不再进行其空气质量分指数计算，二氧化硫(SO_2)空气质量分指数按 24 小时平均浓度计算的分指数报告。

[3] 臭氧(O_3)8 小时平均浓度值高于 800 $\mu g/m^3$ 的，不再进行其空气质量分指数计算，臭氧(O_3)空气质量分指数按 1 小时平均浓度计算的分指数报告。

1.6.2 ArcGIS 空间分析

地理信息系统(Geographical Information System,GIS)是将计算机硬件、软件、数据和不同方法进行组合的系统,集计算机图形和数据库于一体,用以支持空间数据的采集、管理、处理、分析、建模和显示。

ArcGIS 是最新一代 GIS 产品,整合了 GIS 与数据库、软件工程、网络技术、人工智能及其他多方面的计算机主流技术,完善了 GIS 系统,提供了一套完整的软件产品。其把地理位置和相关属性有机结合,并根据实际需要,以图表的形式更加清晰直观地显示给用户,利用其独有的空间分析及可视化表达,满足了不同行业的用户进行各种辅助决策的需求。

ArcGIS 由 3 个重要部分组成:①ArcGIS 桌面软件;②ArcSDE 通路:一个用于数据管理的 RDBMS 管理空间数据库;③ArcIMS 软件:基于 Internet 分布式数据和服务的 GIS。其中,ArcGIS 桌面软件主要由 ArcMap、ArcCatalog、ArcToolbox 3 个部分组成,这 3 个应用模块,可以帮助人们完成各种 GIS 任务,从简单的地图制作、显示到复杂的数据管理和地理分析等。

第2章 人工神经网络

神经网络包括生物神经网络和人工神经网络。由生物的大脑神经元、细胞、突触等构成的网络称为生物神经网络,生物通过该网络发生意识,然后思考、行动。人工神经网络(Artificial Neural Networks)可简称神经网络,是一种算法数学模型,能够对动物神经网络的行为特征等进行模仿,对信息进行分布式并行处理,也可以模拟人脑的神经网络以实现类人工智能。我们一般研究所说的神经网络指的是人工神经网络。BP神经网络(Back Propagation 神经网络)是一种按误差反向传播算法进行训练的多层前馈神经网络,1986年由Rumelhart和McClelland为首的科学家提出,是目前应用最为广泛的神经网络之一。

神经网络的处理方法:为了得到最佳结果,一般要借助网络的学习功能来找到一个合适的连接加权值。其中一个比较经典的学习方法为回溯法,即让输出结果与某些已知的值进行各种比较,并同时不断调整加权值,使之得到一个新的输出值,再经过不断的学习过程,最后得到一个比较稳定的结果。神经网络有良好的自组织性、自适应性和容错性,强大的函数逼近和模式分类能力,因其特有的大规模并行结构、分布式存储等特点,所以很适合处理实际工程问题。模型的选择与基于规则的方法和神经网络有关,且神经网络不受所需处理问题的领域知识的限制,让训练算法更易获得结果。因此,神经网络广泛应用于信号处理、模式识别、专家系统等大量领域。但是神经网络主要是根据经验来选择参数和结构设计,缺乏有力的理论支撑。

2.1 神经网络的产生及发展

神经网络的研究最早始于20世纪40年代。心理学家W. S. McCuloch和W. Pitts在1943年研究分析并综合了神经元的基本特点,而后提出了人类史上第一个神经元数学模型,叫作MP模型,人类自然科学技术史上的新兴科学人工神经网络研究的时代自此开启。心理学家D. O. Hebb在1949年又提出了突触联系强度可变的假设。1957年,著名的感知机模型被计算机科学家

Rosenblatt 提出,该模型融入了现代计算机的知识原理,是史上第一个完整的人工神经网络,人工神经网络再次得到发展。1969 年,人工智能知名学者 M. Minsky 等出版书刊 *Perceptron*,指出感知器不能解决高阶谓词问题。理论上证实了单层感知机能力的限制,该论点在很大程度上影响了神经网络的研究,也影响了新型计算机的发展和人工智能新途径的研究,这之后 10 多年,神经网络的研究处于低潮。但是在这段时间,部分研究人工神经网络的学者依然没有放弃,他们提出了适应谐振理论、自组织映射、认知机网络等,并且在神经网络数学理论方面也进行了研究。这些理论研究为神经网络之后的发展提供了一定的参考。直到美国加州工学院物理学家 J. J. Hopfield 继 1982 年提出了 Hopfield 神经网络模型之后,又于 1984 年提出网络模型实现的电子电路,为神经网络的研究做了开拓性的工作,推动了神经网络的研究,神经网络的研究再次进入热潮。1985 年,学者采用统计热力学模拟退火技术,提出了波耳兹曼模型,使整个系统基本达到全局稳定点。1986 年,又有学者根据认知微观结构,得到了并行分布处理的理论。国际神经网络学会于 1987 年成立,学会决议按期召开国际神经网络相关学术会议。美国国会通过决议把 1990 年 1 月 5 日开始的 10 年定为“脑的十年”,并且国际研究组织号召它的成员国将“脑的十年”更加全球化。在越来越多的项目中,人工智能的研究也越来越重要。人工神经网络的工作机制是根据人脑的组织结构和活动规律为蓝本,它体现了人脑的某些基本特点,但并不是人脑的真实再现,而是某种抽象、简化或模仿。

2.2　人工神经元的组成

人脑是由大量生物神经元通过复杂的相互连接而成的一种非线性并行处理的高度复杂的信息处理系统。大脑的神经细胞就是简单的信息处理单元,且状态决定于自身机制与外部环境,并能形成输入输出的规则。因为人脑神经系统有记忆计算,对环境的感知及学习、进化及逻辑推理思维等能力,为了扩展计算机的应用领域,所以模仿人脑的组织结构和运行机制,寻找新的表示、存储和处理信息的方式,构造一种更接近于人类智能的信息处理系统——神经网络。它能分析处理数量庞大和复杂的数据,并可以完成相对人脑和计算机来说很复杂且困难的模式抽取与趋势分析。

神经系统的基本单元是神经元,它可以产生、处理和传递信号。每一个神经元都由细胞体、树突和轴突三部分组成。树突可以向四方收集其他神经细胞传来的信息,从细胞体送来的信息由轴突传出。突触是两个神经细胞之间的连接点。图 2.1 是简单的神经元网络及简化结构。

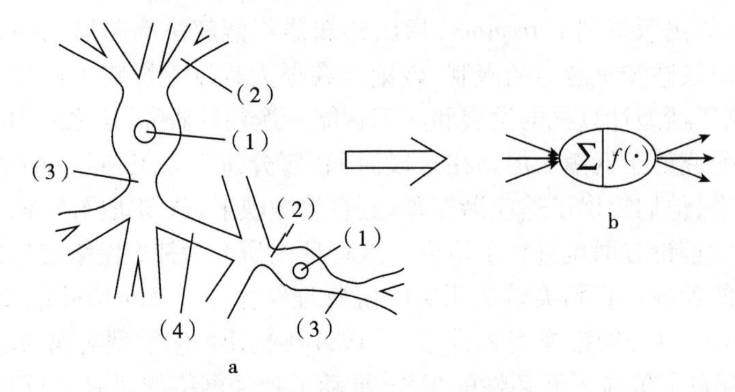

图 2.1　神经元网络及简化结构

(1)细胞体;(2)树突;(3)轴突;(4)突触

人工神经元的结构包括信号的输入、综合处理和输出。每一个单元对相邻单元影响的强弱通过输出信号的强度大小表示。人工神经网络是若干人工神经元两两之间相互连接而成的。

2.3　神经元模型

每一个神经元都可以接受一组来自其他神经元的输入信号,在这个过程中每个输入信号对应一个权值,该神经元是否被激活是由所有输入信号的加权和决定的。这里,每个权值就相当于突触的"连接强度"。神经元基本模型如图 2.2 所示。

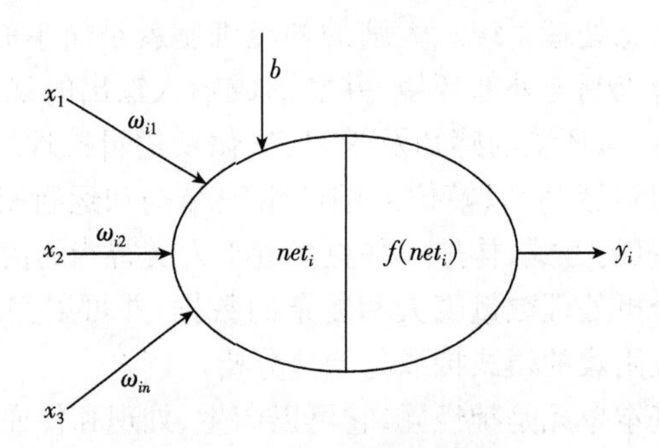

图 2.2　神经元基本模型

如果人工神经元 i 有 n 个输入信号,分别由 $x_1, x_2, \cdots, x_n$ 表示,而其所对应的连接权值依次为 $\omega_{i1}, \omega_{i2}, \cdots, \omega_{in}$,b 为偏置值,那么 net_i 表示的是该神经元获得的输入信号的累积值,称为“网络输入”。计算公式为:

$$net_i = \sum_j w_{ij}x_j + b。\tag{2.1}$$

2.4　神经网络基本学习方式

神经网络的学习方式有无导师学习和有导师学习。

(1)无导师学习

无导师学习即非监督学习,它无须目标,训练集中只有少许的输入向量,训练算法主要修正权值矩阵,让网络达到每一个输入都能够给出相应的输出的目的。最先出现的无导师学习算法是 Hebb 学习规则(图 2.3)。

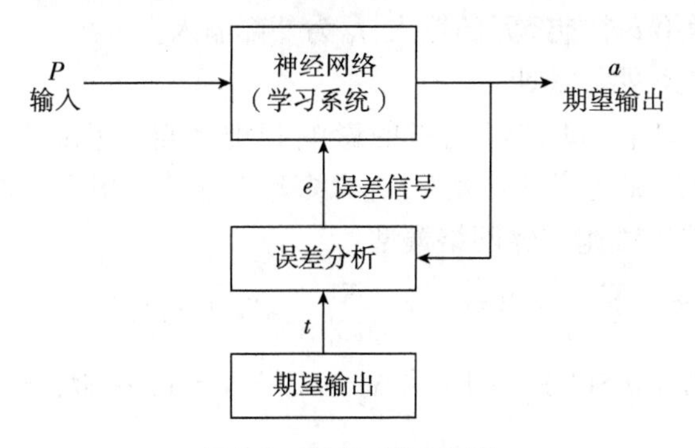

图 2.3　Hebb 学习规则

(2)有导师学习

有导师学习即监督学习,算法需用户同时给出输入向量和对应的期望输出向量。Delta 学习规则是最重要和应用最广泛的(图 2.4)。

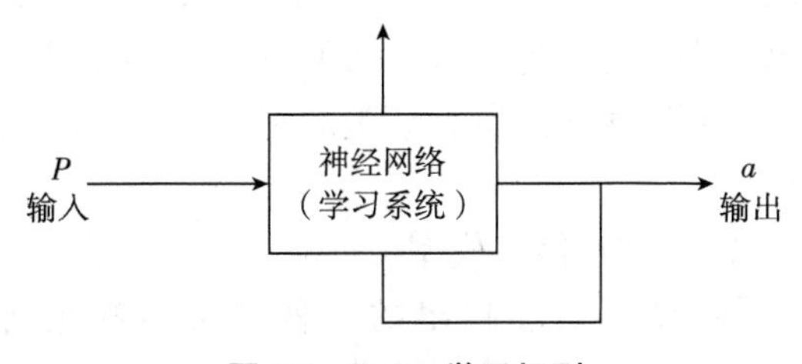

图 2.4　Delta 学习规则

2.5 3种神经网络

(1)Hopfield 神经网络模型

1982 年,生物学和物理学家 Hopfield(美国加州大学教授)发表了一种新的连续神经网络模型,也就是原始的 Hopfield 模型,可用以下的常微分方程组来进行描述:

$$C_i \frac{\mathrm{d}x_i}{\mathrm{d}t} = -\frac{x_i}{R_i} + \sum_{j=1}^{n} T_{ij} g_j(x_j) + I_i, i = 1,\cdots,n, j = 1,\cdots,n。 \quad (2.2)$$

式中:电阻 R_i 和电容 C_i 是用并联来模拟生物神经输出时需要的时间常数;电导 T_{ij} 用来模拟神经元之间互相接触的突触,若 $i = j$,则 $T_{ij} = 0$;运算放大器 $g_j(x_j)$ 模拟神经元之间的非线性特征,此时为连续有界、可微,且严格单调的增函数;x_i 表示第 i 个神经元的输入;I_i 为外部输入。

(2)细胞神经网络模型

1988 年,在 Hopfield 神经网络的影响和细胞自动机的启发下,Chua 和 Yang(美国柏克莱加利福尼亚大学)综合多年在非线性电路中的研究成果,一起提出了以下二维细胞神经网络模型:

$$\begin{cases} x_{ij} = -x_{ij} + \sum\limits_{k,l \in N_{ij}(r)} a_{kl} f(x_{kl}) + \sum\limits_{k,l \in N_{ij}(r)} b_{kl} u_{kl} + z_{ij} \\ y_{ij} = f(x_{ij}) = 0.5(|x_{ij} + 1| - |x_{ij} - 1|), i = 1,\cdots,M, j = 1,\cdots,N \end{cases}。 \quad (2.3)$$

式中:x_{ij}、y_{ij}、u_{kl} 分别表示细胞 (i,j) 的状态,而输出或输入一个细胞 (i,j) 的状态由 r 的邻域 $N_{ij}(r)$ 内的输入或输出进行控制。其中,输出信号 y_{ij} 是以加权系数 a_{kl} 作为反馈信号,而输入信号 u_{ij} 是以控制系数 b_{kl} 进入系统。z_{ij} 是常数,也作为阈值来进行调节。设反馈系数、控制系数和阈值的集合分别为模板 A、B 和 C,一般来说,模板是不会变的。设 $N_{ij}(r)(1 \leqslant i \leqslant M, 1 \leqslant j \leqslant N)$ 为邻域,意思是细胞 (i,j) 距离为 r 的所有细胞的集合。一般,科学家称此模型为克隆模式的 CNNS。

(3)Cohen-Grossberg 神经网络模型

1983 年,Cohen 和 Grossberg 提出的一种广义的神经网络和生态模型如下:

$$\frac{dN_i}{dt} = G_i(N_i)\left[b_i(N_i) - \sum_{j=1}^{n} c_{ij}d_j(N_j)\right], i = 1,\cdots,n。\tag{2.4}$$

这是一个十分广泛的模型，它包含了多个生态系统及神经网络。目前，Cohen-Grossberg 神经网络模型已经在并行处理、联想记忆，特别是最优化计算等方面引起了学术界广泛的研究兴趣。

2.6　BP 神经网络的基本原理

BP 网络通过训练能学习和存贮大量的输入—输出映射关系，所以无须在事前对这种映射关系进行描述。它使用最速下降法作为学习规则，先通过正向传播计算误差，后通过反向传播来调整隐含层和输出层的权值与阈值，使网络的均方误差最小。BP 神经网络通常由输入层、隐含层和输出层构成。输入层及输出层均只有一层，而隐含层可以有一层或者多层。其中，隐含层为两层的 BP 神经网络的拓扑结构图。

BP 神经网络的传播过程是信号正向传播和误差反向传播。在信号正向传播过程中，神经网络通过学习储存网络的权值和阈值，其传播方向为输入层→隐含层→输出层，即输入信号从输入层经各隐含层依次处理，直至输出层输出结果。如果输出结果与期望结果存在较大偏差，则神经网络转向误差反向传播。误差反向传播的传播方向为输出层→隐含层→输入层，在传播过程中执行误差函数梯度下降策略，即根据相对误差的值不断对网络的权值和阈值进行修改，从而使 BP 神经网络输出数据不断逼近期望输出。

BP 神经网络的全称是误差反向传播神经网络，它由一个输入层、一个或多个隐含层及一个输出层组成，每一次由一定数量的神经元构成，每层神经元的状态只影响下一层神经元。基本 BP 算法包括信号的前向传播和误差的反向传播两个方面，即为计算实际输出时按输入层→隐含层→输出层的正传播方向进行，如果输出层没有得到期望的输出，则转向误差信号的反向传播流程进行权值和阈值的修正。这两个过程的交替进行，可以使在权向量空间执行误差函数梯度下降策略，动态迭代搜索一组权向量，使网络误差函数达到最小值，从而完成信息提取和记忆过程。其结构如图 2.5 所示。

在图 2.5 中，x_j 代表输入层第 j 个节点的输入，$j = 1,\cdots,M$；w_{ij} 代表隐含层第 i 个节点到输入层第 j 个节点之间的权值；θ_i 代表隐含层第 i 个节点的阈

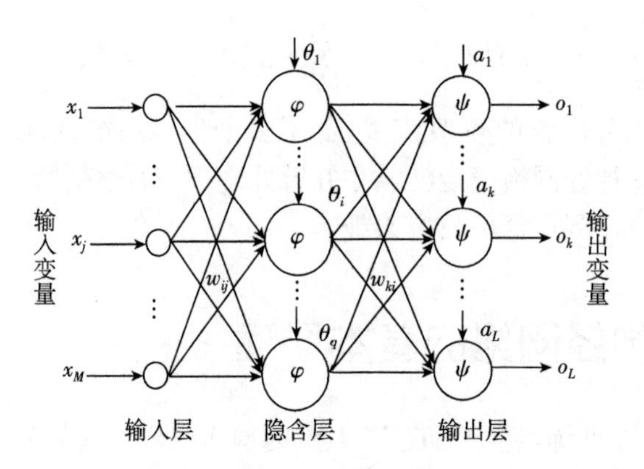

图 2.5　BP 网络结构

值; $\varphi(x)$ 代表隐含层的激励函数; w_{kl} 代表输出层第 k 个节点到隐含层第 i 个节点之间的权值($i=1,\cdots,q$); a_k 代表输出层第 k 个节点的阈值($k=1,\cdots,L$); $\psi(x)$ 代表输出层的激励函数; o_k 代表输出层第 k 个节点的输出。

(1)信号的前向传播过程即正向传播过程

隐含层第 i 个节点的输入 net_i 表示为:

$$net_i = \sum_{j=1}^{M} w_{ij}x_j + \theta_i 。\tag{2.5}$$

隐含层第 i 个节点的输出 y_i 表示为:

$$y_i = \varphi(net_i) = \varphi\left(\sum_{j=1}^{M} w_{ij}x_j + \theta_i\right)。\tag{2.6}$$

输出层第 k 个节点的输入 net_k 表示为:

$$net_k = \sum_{i=1}^{q} w_{kl}y_i + a_k = \sum_{i=1}^{q} w_{kl}\varphi\left(\sum_{j=1}^{M} w_{ij}x_j + \theta_i\right) + a_k 。\tag{2.7}$$

输出层第 k 个节点的输出 o_k 表示为:

$$o_k = \psi(net_k) = \psi\left(\sum_{i=1}^{q} w_{ki}y_i + a_k\right) = \psi\left(\sum_{i=1}^{q} w_{ki}\varphi\left(\sum_{j=1}^{M} w_{ij}x_j + \theta_i\right) + a_k\right) 。\tag{2.8}$$

(2)误差的反向传播过程

误差的反向传播,即首先由输出层开始,逐步一层一层地进行各层神经元的输出误差计算,然后根据误差梯度下降法来调节各层的阈值和权值,使网络在修改后的最终输出能接近期望值。

对于每一个样本 p，二次型误差准则函数为 E_p：

$$E_p = \frac{1}{2}\sum_{k=1}^{L}(T_k - o_k)^2。\tag{2.9}$$

系统对 P 个训练样本的总误差准则函数为：

$$E = \frac{1}{2}\sum_{p=1}^{P}\sum_{k=1}^{L}(T_k^p - o_k^p)^2。\tag{2.10}$$

根据误差梯度下降法依次修正输出层权值的修正量 Δw_{ki}，输出层阈值的修正量 Δa_k，隐含层权值的修正量 Δw_{ij}，隐含层阈值的修正量 $\Delta\theta_i$：

$$\Delta w_{ki} = -\eta\frac{\partial E}{\partial w_{ki}};\Delta a_k = -\eta\frac{\partial E}{\partial a_k};\Delta w_{ij} = -\eta\frac{\partial E}{\partial w_{ij}};\Delta\theta_i = -\eta\frac{\partial E}{\partial\theta_i}。\tag{2.11}$$

输出层权值调整公式为：

$$\Delta w_{ki} = -\eta\frac{\partial E}{\partial w_{ki}} = -\eta\frac{\partial E}{\partial net_k}\frac{\partial net_k}{\partial w_{ki}} = -\eta\frac{\partial E}{\partial o_k}\frac{\partial o_k}{\partial net_k}\frac{\partial net_k}{\partial w_{ki}}。\tag{2.12}$$

输出层阈值调整公式为：

$$\Delta a_k = -\eta\frac{\partial E}{\partial a_k} = -\eta\frac{\partial E}{\partial net_k}\frac{\partial net_k}{\partial a_k} = -\eta\frac{\partial E}{\partial a_k}\frac{\partial o_k}{\partial net_k}\frac{\partial net_k}{\partial a_k}。\tag{2.13}$$

隐含层权值调整公式为：

$$\Delta w_{ij} = -\eta\frac{\partial E}{\partial w_{ij}} = -\eta\frac{\partial E}{\partial net_i}\frac{\partial net_i}{\partial w_{ij}} = -\eta\frac{\partial E}{\partial y_i}\frac{\partial y_i}{\partial net_i}\frac{\partial net_i}{\partial w_{ij}}。\tag{2.14}$$

隐含层阈值调整公式为：

$$\Delta\theta_i = -\eta\frac{\partial E}{\partial\theta_i} = -\eta\frac{\partial E}{\partial net_i}\frac{\partial net_i}{\partial\theta_i} = -\eta\frac{\partial E}{\partial y_i}\frac{\partial y_i}{\partial net_i}\frac{\partial net_i}{\partial\theta_i}。\tag{2.15}$$

又因为：

$$\frac{\partial E}{\partial o_k} = -\sum_{p=1}^{P}\sum_{k=1}^{L}(T_k^p - o_k^p),\tag{2.16}$$

$$\frac{\partial net_k}{\partial w_{ki}} = y_i, \frac{\partial net_k}{\partial a_k} = 1, \frac{\partial net_i}{\partial w_{ij}} = x_j, \frac{\partial net_i}{\partial\theta_i} = 1,\tag{2.17}$$

$$\frac{\partial E}{\partial y_i} = -\sum_{p=1}^{P}\sum_{k=1}^{L}(T_k^p - o_k^p)\psi'(net_k)w_{ki},\tag{2.18}$$

$$\frac{\partial y_i}{\partial net_i} = \varphi'(net_i),\tag{2.19}$$

$$\frac{\partial o_k}{\partial net_k} = \psi'(net_k), \tag{2.20}$$

所以最后得到以下公式:

$$\Delta w_{ki} = \eta \sum_{p=1}^{P} \sum_{k=1}^{L} (T_k^p - o_k^p)\psi'(net_k) y_i, \tag{2.21}$$

$$\Delta a_k = \eta \sum_{p=1}^{P} \sum_{k=1}^{L} (T_k^p - o_k p)\psi'(net_k), \tag{2.22}$$

$$\Delta w_{ij} = \eta \sum_{p=1}^{P} \sum_{k=1}^{L} (T_k^p - o_k^p)\psi'(net_k) w_{ki} \varphi'(net_i) x_j, \tag{2.23}$$

$$\Delta \theta_i = \eta \sum_{p=1}^{P} \sum_{k=1}^{L} (T_k^p - o_k^p)\psi'(net_k) w_{ki} \varphi'(net_i)。 \tag{2.24}$$

2.7 BP 神经网络的结构

BP 神经网络是一种以误差为依据的进行反向传播的多层前馈网络,它通常由三部分组成:输入层、隐含层和输出层,不同的层包含多个神经元。输入信号通过输入层逐层向输出层方向不断传播信息。BP 神经网络拓扑结构如图 2.6 所示。

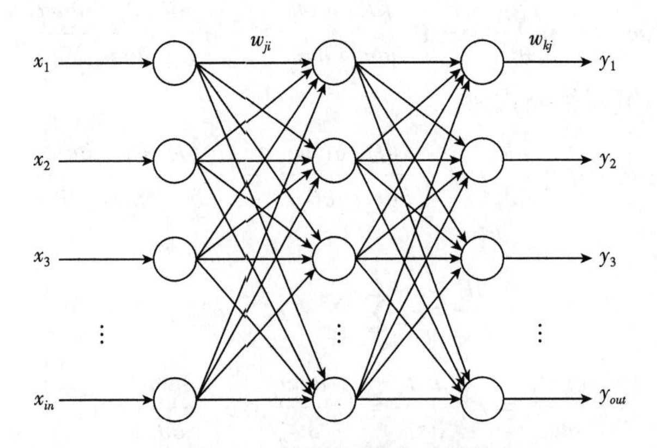

图 2.6 BP 神经网络拓扑结构

BP 网络按照学习的方式进行训练,当一对信号输入以后,它的神经元激活值将从输入层输入,经过中间层,最终向输出层传递,各神经元的输出结果是对输入信号的一种响应。随后按照不断降低预测输出结果与实际输出结果之间的误差的原则，再从输出层经中间层回到输入层且这是逐层调整各权。这种误差训练的不断进行不断反复，神经网络对输入模式响应的输出结果之间的误差也将不断减小。

由于 BP 网络一般情况下最少要有一个隐含层，而处于中间位置的隐含层有可循的相应学习规则，并且可以训练这种网络，所以使得 BP 神经网络具有了对非线性模式的识别能力。

2.8　BP 神经网络的学习过程

通常，为了使 BP 神经网络完成任务或完善结果，这就不得不调整层间的连接权值和节点阈值来达到所有数据的实际输出和期望输出之间的误差稳定在一个非常小的值以内的目的。

BP 神经网络的学习过程由以下 4 个部分组成。

①输入样本正向传播：输入模式是指样本数据从输入层开始，经过中间层，最终向输出层传播的计算方式，即指通过输入样本经过一定转化后最终得到对应的输出样本。

②输出误差反向传播：对正向传播计算得到的实际输出与期望输出之间产生的误差进行相应的校正。此时的传播途径与之前刚好相反，是将输出的误差由输出层经中间层传向输入层。

③循环记忆训练：BP 神经网络正向传播和反向传播的计算过程不是一次就完成的，它需要反复交替循环进行，以便神经网络准确度提高，误差减小。

④学习结果检查：验证输出误差是否符合规定的标准或趋向于极小值。

2.9　基于粗糙集的神经网络

基于粗糙集决策规则的神经网络、粗糙集的基本概念及推论、粗糙集理论中的基本概念及定义如下。

定义 1：四元组 $S = \langle U, A, V, f \rangle$ 是一个信息系统。其中，U 是对象的非空有限集合，称为论域；$A = T \cup D$ 是属性的非空有限集合（等价关系集合），子

集 T 和 D 分别称为条件属性和决策属性；$V = \bigcup_{a \in A} V_a$，$V_a$ 是属性 a 的值域，表示了属性 $a \in A$ 的取值范围；$f: U \times A \to V$ 是一个信息函数，它的作用是指定 U 中的每一个对象 x 的属性值。

定义 2：粗糙集理论中以等价关系代替分类。设 P 为属性 A 中的一个子集，即 $P \subseteq A$，决定一个二元的可分辨关系 $IND(P) = \{(x_1, x_2) \in U \times U \mid \forall a \in P, f(x_1, a) = f(x_2, a)\}$。

定义 3：设 T_i 为第 i 个条件属性，V_{T_i} 为对象在条件属性 T_i 的值域，每一个 V_{T_i} 对应一种二元不可分辨关系。V_D 为决策属性 D 的值域。$f_k(V_{T_1}, V_{T_2}, \cdots, V_{T_n}) = V_{D_k}$ 表示条件属性值 $V_{T_1}, V_{T_2}, \cdots, V_{T_n}$ 决策了结果属性 D 的值。其中，f_k 称为第 k 条决策规则，n 表示信息系统中条件属性的个数。

由以上定义可以总结出以下推论。

推论 1：设对象 x_k 属于决策规则 f_k，X_m 表示所有决策属性值等于 V_{D_k} 的对象的集合，则在知识 $T_i(i = 1, 2, \cdots, n)$ 下，对象 x_k 隶属于子集合 X_m 的粗糙度为：

$$\mu_{T_i}(x_k, X_m) = \frac{\{[x_k]_{T_i} \cap X_m\}}{\{[x_k]_{T_i}\}}。\tag{2.25}$$

其中，$\{\cdot\}$ 表示集合中元素的个数；$[x_k]_{T_i}$ 表示 T_i 条件下，x_k 所有不可分辨关系对象的集合。

推论 2：设对象 x_k 属于决策规则 f_k，X_m 表示所有决策属性值等于 V_{D_k} 的对象的集合，则对象 x_k 属性值 V_{T_i} 的 f_k 规则隶属度函数为：

$$f_k(V_{T_i}) = \frac{\mu_{T_i}(x_k, X_m)}{\sum_{i \in I} \mu_{T_i}(x_k, X_m)}。\tag{2.26}$$

其中，I 表示决策规则 f_k 的所有条件属性集合，规则隶属度表明了对象的条件属性值对对象所属决策规则的贡献程度；对于 f_k 所有的 $f_k(V_{T_i})$，有 $\sum_{i \in I} f_k(V_{T_i}) = 1$。

传统的神经网络往往会缺乏语义性，为全连接神经网络，网络连接信号数与网络节点数成倍数地增长。但是当网络节点过多时，网络不仅结构复杂，体系庞大，训练收敛速度慢，而且会因为网络缺少语义性，网络节点的数量往往更不容易被确定。粗糙集理论规定了信息系统的决策规则，并通过规则隶属度函数给出了某个体属于各条决策规则的可能性。然而，规则隶属度函数的值会因不可分辨关系的不同而不同,所以并未给出样本点具体属于哪条规则的精确概率描述。为解决此问题,一种可行的方法是找出所有不可分辨关系和所有可能决策规则,通过综合各相关信息来对所有规则隶属度函数的值进行修正。神经网络的工作原理是通过不断修正网络参数来对真值进行逼近,所以可利用粗糙集的相关概念来指导构造一个不完全连接的神经网络,通过神经网络来对规则隶属度函数值进行修正,给出样本点属于某条规则的精确概率描述。根据隶属度和决策规则的语义来初始化神经网络各参数,加快网络收敛速度。

2.10　差分进化算法优化神经网络

2.10.1　差分进化算法原理

差分进化算法虽然是进化类算法的分支,但其主要思想和传统的算法不一样,它需要的用户输入不多,是一个最小化的自组织算法。之前的算法的向量扰动是由提前定好的概率分布函数确定的,而差分进化算法是用两个不相同的向量来影响当前的向量,由算法的自组织程序随机抽取两个向量,并且影响的是种群中的各个向量。新的向量代替之前的向量当且仅当这个新向量的对应函数值相比较而言代价小。差分进化算法与其他进化算法的不同在于新参数向量的产生方法,它在种群中随机选择两个个体的向量,求得加权差向量,然后按照一定的规则和第三个个体进行求和操作来产生,也就是“变异”操作。实验向量是用“交叉”操作得出的,也就是把变异操作获得的新参数按照给出的规则,和之前确定好的目标向量的参数进行混合。如果实验向量最后的函数代价小,那么就在下一代时用实验向量替换目标向量。为了在下一代中具有相同规模的竞争者,种群中的所有成员都要被作为目标向量操作一次,通过记录最小化过程,这样能够得到一个比较好的收敛效果,这也是最后一个操作,我们称为“选择”操作。

(1)初始化

差分进化算法所有代的种群用 NP 个维数为 D 的实数值参数向量,其中把种群中的个体用式(2.27)表示:

$$x_i^G(i = 1,2,\cdots,NP), \tag{2.27}$$

式(2.27)中,个体在种群中的序列用 i 表示,进化代数用 G 表示,NP 代表了种群的规模,并且在整个最小化的过程中 NP 保持不变。

一般情况下,寻找初始种群会在给定范围内的值里随机选择。在对差分进化算法的研究里,假设全部的随机初始化种群都会合乎均匀概率分布。设参数变量的界限为 $x_j^{(L)} < x_j < x_j^{(U)}$,则:

$$x_{ji,0} = \text{rand}[0,1](x_j^{(U)} - x_j^{(L)}) + x_j^{(L)}(i = 1,2,\cdots,NP;j = 1,2,\cdots,D)。\tag{2.28}$$

在式(2.28)中,rand[0,1]代表在[0,1]内随机产生的均匀数。

(2)变异

所有的目标向量($i = 1,2,\cdots,NP$),基本的差分进化算法的变异向量是通过式(2.29)产生的:

$$V_{i,G+1} = x_{r_1,G} + F \cdot (x_{r_2,G} - x_{r_3,G})。\tag{2.29}$$

其中, r_1,r_2,r_3 是与目标向量序号 i 不相同随机选择的,且它们互不相同,这也变相说明了种群的规模 NP; F 是一个变异算子,是在区间[0,2]里的一个实常数因数,主要用于去控制偏差变量。

(3)交叉

干扰参数向量的多样性的增加,是通过引入交叉操作来实现的,则实验向量变为: $u_{i,G+1} = (u_{1i,G+1},u_{2i,G+1},\cdots,u_{Di,G+1})$,而

$$u_{ji,G+1} = \begin{cases} v_{ji,G+1},\text{rand}b(j) \leqslant CR \text{ 或 } j = rnbr(i) \\ x_{ji,G+1},\text{rand}b(j) > CR \text{ 且 } j \neq rnbr(i) \end{cases}。\tag{2.30}$$

其中, $i = 1,2,\cdots,NP$, $j = 1,2,\cdots,D$ 。式(2.30)中,rand$b(j)$ 是在[0,1]范围内随机数发生器的第 j 个估计值; $rnbr(j) \in (1,2,\cdots,D)$ 是通过随机选择而得到的序列,拿它来保证 $u_{i,G+1}$ 至少会在 $v_{i,G+1}$ 得到一个参数; CR 的取值范围为[0,1],属于交叉算子。

(4)选择

差分进化算法通过“贪婪”准则,对实验向量和当前种群中的目标向量进行比较,来确定实验向量是否能够成为下一代中的个体。值得注意的是,在这一步操作中,和实验向量进行比较的只是一个个体,而不是现有种群中的所有个体。如果目标函数需要被最小化,那么在下一代中占据优势地位的就是具有较小目标函数值的向量。下一代中的全部个体至少能和现在种群中的个体一样好,或者更好。

(5)边界条件的处理

如果这是在边界约束前提下的问题,那么一定要保证产生出的新个体的参数值是在问题的可行域内的。这里要拿在可行域里随机产生的参数向量来取代不符合约束条件的新个体,公式如下:

若 $u_{ji,G+1} < x_j^{(L)}$ 或者 $u_{ji,G+1} > x_j^{(U)}$,那么:

$$u_{ji,G+1} = \text{rand}_j[0,1](x_j^{(U)} - x_j^{(L)}) + x_j^{(L)}(i = 1,2,\cdots,NP;j = 1,2,\cdots,D)。 \tag{2.31}$$

或者我们可以根据式(2.31)重新产生实验向量,接着运行交叉操作,一直到新个体满足达到边界约束,不过如此操作效率比较低。

2.10.2　差分进化算法优化神经网络的原理

因为 DE 算法具有简单、可靠和高效的优点,所以一开始就获得了广泛研究和应用。DE 算法采用一对一的竞争机制,只有当子代个体优于父代个体时才会置换父代个体。不像 GA 算法和 PSO 算法等其他进化算法基于概率机制组合已有解从而形成新的解,DE 算法产生子代的机制中扰乱了现有的解,通过随机选择两个现有个体对其进行差分缩放操作从而产生新的个体。这些特点使 DE 算法相比于 GA 算法和 PSO 算法,在可接受的时间内,对于复杂优化问题的局部搜索表现更加卓越。

BPNN 预测模型确立的过程,就是对训练集训练的过程,在此过程中,决策变量很多,BPNN 的标准学习算法使其容易陷入局部最优解。由于带有自适应变异因子的 DE 算法能在全局寻优和局部寻优中获得一个较好的平衡,并且收敛性能较好,且易于实现,所以,基于 DE 算法优化的 BPNN(DE-BPNN)可以避免陷入局部点,从而使 BPNN 模型的预测结果具有较低误差。

DE-BPNN 是把 DE 算法与 BPNN 算法结合起来的一种两阶段混合算法:第一阶段是用 DE 算法对 BPNN 算法的初始权值和阈值进行全局预搜索;第二阶段是把第一阶段获得的最优解赋给 BPNN 算法作为其初始权值和阈值,然后利用嵌入梯度下降与高斯牛顿法结合(Levenberg-Marquardt, LM)的学习算法即 BP 算法深度局部搜索,以得到满足训练目标的网络权值和阈值,从而得到了最终的 BPNN 预测模型。

个体基因维数 D 等于所有连接权值与阈值的数目之和,即 $h \times n + o \times h + h + o$,其中 n , h 和 o 分别表示输入层、隐含层和输出层的神经元个数,在单步预测问题中，$o=1$。本书设定连接权值和阈值的取值范围是[-1,1]，即是 DE 的决策变量的搜索范围。

第一阶段 DE 算法中，每次迭代获得一组连接权值和阈值，基于这组连接权值和阈值，模型会计算出一个预测值 $\hat{y}$。通常，训练集的预测值及对应的真实值之间的误差如误差平方和（MSE）与平均相对百分比误差（$MAPE$）被选作种群的适应度函数。它们的表达式分别如式（2.32）和式（2.33）所示：

$$MSE=\frac{\sum_{t=1}^{k}(\hat{y}_t-y_t)}{k}; \tag{2.32}$$

$$MAPE=\frac{\sum_{t=1}^{k}\frac{|\hat{y}_t-y_t|}{y_t}}{k}。 \tag{2.33}$$

式中：y_t 是实际值；$\hat{y}_t$ 是 BPNN 预测值；k 是训练集的数据个数。

DE-BPNN 混合算法的流程步骤如下。

步骤 1：DE 算法初始化。对种群规模 N、个体基因维数 D、最大迭代次数 G、缩放因子 F 和交叉概率 CR 进行初始化，另根据式（2.27）初始化种群。

步骤 2：判断 DE 算法是否达到迭代的终止条件（最小适应度值达到设定的误差精度要求，或者算法已经达到最大迭代次数 G），若是，则停止 DE 过程，输出最优个体；否则，执行下一步。

步骤 3：按照 DE 的自适应变异、交叉和选择操作方法，得到下一代个体 x_i^{G+1}。

步骤 4：重复步骤 3，直到得到下一代种群。

步骤 5：评价下一代种群的适应度值，最小适应度值即为当前全局极小值，对应的个体即为当前全局最优个体。

步骤 6：令 $G=G+1$，返回步骤 2。

步骤 7：将 DE 算法优化输出的最优个体作为 BPNN 的初始权值和阈值，继续用训练集训练网络，得到最优 BPNN 预测模型。

步骤 8：输入测试集，用训练后的网络进行预测，检验预测模型的预测性能。

2.11　粒子群算法优化神经网络

2.11.1　粒子群算法的基本原理

粒子群优化(PSO)算法是 1995 年由 Kennedy 和 Eberhart 通过借鉴鸟群觅食、迁徙等行为,构想出的一种新的在群体智能基础上的进化计算算法。他们通过观察发觉在鸟群的觅食等活动中,互相分享有关食物位置的会很大程度减少找到食物所需的时间,而在这种情况下所得的利益会大于成员相互争夺资源而产生的损失。提炼一下可得出:当群体在搜索一定目标时,对某个个体而言,会通过参考现在所在最优位置和曾经达到的最优位置进一步调整搜寻。Kennedy 和 Eberhart 把通过模拟群体的行为算法进一步修改成了优化问题的通解,并命名为粒子群优化算法。

1995 年,Kenndy 和 Eberhart 提出了粒子群优化算法,灵感来源于前期针对各种鸟类的群体行为进行建模,并进一步仿真研究的结果。这个算法来源于社会认知理论,个体根据群体中的共享信息,让这个社会的群体在行为问题解中由无序进展到有序,取得最优解。粒子群优化算法的过程已经让越来越多的研究者产生兴趣,并成了一个单独的研究方向。

假设一个这样的情境:在只有唯一一个食物源的地方,一群鸟会随机地向四面八方寻找食物,没有一只鸟知道食物所在地,但鸟类可以感知到自己的位置和未知食物之间的距离,其中搜索当时和食物距离最近的鸟的四周可以最简单有效地找到食物。PSO 算法就是在这个情境中得到了启示,并且有了解决优化问题的方法。在 PSO 算法中,就把每一只鸟化为每一个优化问题的解,并命名为"粒子"。每一个粒子都存在相对的被优化函数计算出来的适应度值(fitness value),所有的粒子还存在一个速度向量来确定飞行的速度的大小及方向。接着,粒子们根据当时情况下的相对最优粒子进一步搜索,最后获得的最优解是在许多轮迭代计算之后解得的。每经历一次迭代运算,粒子都会根据两个因素运算获得新速度和新位置:"自我意识"是一个因素,是粒子在寻求解之中获得的最佳解,与算法的局部搜索能力有很大程度的相关性;另一个则是"群体智慧",是通过这个群体每次运算后能获得的最佳解,在不断的更新中让整个群体不断靠近全局最优,然后在相互共享信息下获得最优解。每一代的粒子的更新行为用以下公式表示:

$$V_{id}(t+1) = V_{id}(t) + C_1 \times \Phi_1 \times (P_{lid} - X_{id}(t)) + C_2 \times \Phi_2 \times (P_{gd} - X_{id}(t));$$
(2.34)

$$V_{id}(t+1) = X_{id}(t) + V_{id}(t+1)。 \quad (2.35)$$

式中：X_{id} 是粒子位置；V_{id} 是粒子速度；C_1，C_2 是学习因子或加速常量；Φ_1，Φ_2 是在(0,1)范围的两个随机选取的正数；P_{lid} 是个体意识，也就是个体的最佳解位置；P_{gd} 是群体最佳解位置。

2.11.2 基于粒子群算法优化 BP 神经网络的原理

优化 BP 神经网络的原理是让粒子群的迭代算法替换 BP 算法里的梯度修正。粒子群算法的搜索过程是让不同维度上粒子的速度、位置发生改变，相对应的神经网络学习过程中的权值和阈值更新，所以粒子的位置向量与 BP 神经网络在迭代过程中的权值和阈值对应，粒子的维数根据神经网络中起连接作用的权值的数量和阈值个数来确定，神经网络的输出误差则是适应度函数，神经网络的误差表示为适应度值，误差相对越小说明粒子在进行搜索中有相对更好的性能。粒子在权值的空间内移动搜索可以使得网络输出层的误差取得最小值，那么去改变粒子的速度就可以更新网络的权值，最后得到的全局最优的粒子就是每一次在迭代中误差最小的。在训练过程进行到产生预期的误差或是达到了提前确定的迭代次数时结束算法，算法结果就是权值集合。

以下为优化 BP 神经网络的步骤。

步骤 1：初始化参数：把粒子的最大速度设为 V_{max}，最小速度设为 V_{min}，在 $[V_{min}, V_{max}]$ 范围内随机产生粒子的速度，再设 ω 为初始惯性权重，学习因子为 c_1、c_2，确定种群规模、迭代次数等。

步骤 2：先算出粒子的适应度值，来计算出粒子的个体及极值、全局极值：对每一个粒子 i，将适应度值 P_i 和个体中的最优值 P_i' 进行比较，若 $P_i < P_i'$，则赋值 $P_i \to P_i'$，并记录当前最好粒子的位置；对于每个粒子 i，将其适应度值 P_i 与全局最优值 P_g 相比，如果 $P_i < P_g$，则赋值 $P_i \to P_g$，并记录当前最好粒子的位置。

步骤 3：开始更新调整每一个粒子的速度及位置，进一步判断粒子的速度和位置是不是在规定的范围之内。

步骤 4：检验算法是否符合迭代的停止条件，如果符合条件，就停止迭代计算，把计算出的神经网络的权值和阈值输出，如果不符合就转到步骤 2。

2.12　人工蜂群算法优化神经网络

2.12.1　人工蜂群算法的基本原理

人工蜂群算法(Artificial Bee Colony,ABC)是通过借鉴蜜蜂行为的集群智能思想的一种算法,最明显的优点是可以不用有关问题的特殊信息,只用比较问题的好坏,运算时利用人工蜂的局部寻优能力,最后使得全局最优值在群体中明显看出,并有着有优势的收敛速度。

1992 年,M. Dorigo 等发表蚁群优化算法(Ant Colony Optimization Algorithm)。1995 年,受自然界中鸟群的群体行动规律启发,James Kennedy 和 Russell Eberhart 率先发表了粒子群优化(Particle Swarm Optimization,PSO)算法。2005 年,Karaboga 发表了人工蜂群优化算法。ABC 算法通过模拟蜜蜂在觅食时的分工协作和角色转换去搜索最优蜜源。在蜜蜂的自组织模型中,蜜蜂通过摇摆舞进行信息共享与交互,因此在处理优化问题时收敛速度很快,解的质量高,鲁棒性强。ABC 算法的参数少,算法简单,被广泛应用在函数优化、神经网络参数优化等各个领域。

1943 年,W. McCulloch 与 W. Pitts 发表了 MP 神经网络的模型。1949 年,神经生物学家 Hebb 在研究人的大脑时发现,在某些活动的时候,细胞间的连接强度会变强,所以发布了 Hebb 学习规则,并且至今还在被很多神经网络的学习算法使用。1957 年,F. Rosenblat 发表了在感知机基础上的模型,也就是线性神经元构成的前馈神经网络,可以处理不难的分类问题。20 世纪 80 年代后,Hopfield 提出了反馈神经网络模型,进一步研究了多层 BP 网络,这使神经网络又有了充满生机的发展。

在现实的蜜蜂群中,可以产生智能行为的蜂群含有 3 个基础方面:蜜源(food source)、雇佣蜂(employed foragers)、非雇佣蜂(unemployed foragers),以及 2 个最主要的行为方式:找蜜蜂去寻找蜜源(recruit)和不要食物源(abandon)。

蜜源的好坏由多种因素决定,如蜜源到蜂巢的距离、蜂蜜的多少及开采的难易等。为了简单起见,用收益来表示蜜源的好坏。

雇佣蜂指在一个蜜源进行采蜜或者已被这蜜源雇佣的蜜蜂。它们会把这个蜜源的信息,如离蜂巢的距离和方向、蜜源的收益等通过舞蹈的方式告知其他的蜜蜂。

非雇佣蜂含有侦查蜂(scouts)与跟随蜂(onlookers)。侦查蜂四处探索寻找新的蜜源。一般来说,侦查蜂的数量为蜂群总数的5%~10%。跟随蜂在舞蹈区等待由雇佣蜂带回的蜜源信息,根据舞蹈信息决定到哪个蜜源采蜜,收益越好的蜜源就会有越多的蜜蜂来采蜜。

为了更好地说明蜜蜂觅食的行为,用图2.7揭示蜜蜂采蜜的过程。假设有2个已经被发现的蜜源A和B,刚开始时,待工蜂也就是非雇佣蜂对蜂巢周围的蜜源没有任何认知,它有以下2种选择。

①成为侦查蜂,自己到四周探索,寻找新蜜源,如图2.7中的S。

②在舞蹈区看到摇摆舞后,成为被招募者,寻找招募的蜜源,如图2.7中的R。

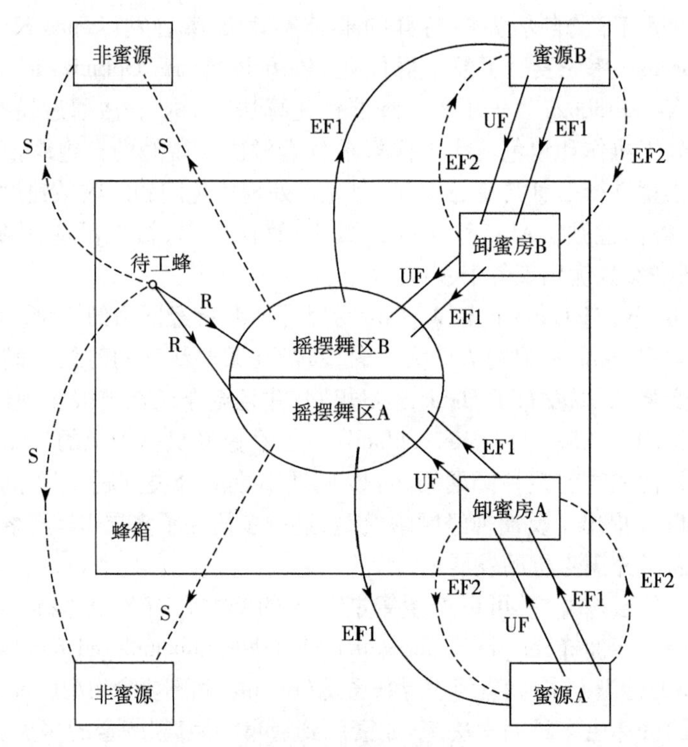

图2.7　蜜蜂觅食过程

当被招募的蜜蜂找到蜜源后,会记住蜜源的位置并开始采蜜,这时它成为一个雇佣蜂。当它带着蜂蜜回到蜂巢,有以下3种选择。

①放弃这个蜜源，成为跟随者，卸下蜂蜜后，又将面临 2 种选择，如图 2.7 中的 UF。

②在返回蜜源采蜜之前，在舞蹈区跳舞，招募更多的蜜蜂，如图 2.7 中的 EF1。

③继续回去采蜜，而不招募另外的蜜蜂，如图 2.7 中的 EF2。

用 ABC 算法求解优化问题，每一个食物源对应优化问题中的可行解，花蜜的数量（也就是适应度值）对应解的质量，解的数量（N）等于引领蜂的数量。首先，ABC 算法随机生成含有 N 个解的初始种群，每个解 $x_i(i = 1,2,\cdots,N)$ 用一个 d 维向量 $x_i = (x_{i1},x_{i2},\cdots,x_{id})^{\mathrm{T}}$ 来表示，d 是待优化问题参数的个数。初始解根据式（2.36）产生：

$$x_i = lb + (ub + lb)\mathrm{rand}(0,1)。\tag{2.36}$$

其中，ub，lb 分别为 x 取值范围的上、下限。

引领蜂与跟随蜂会按照式（2.37）去搜索：

$$x_{ij} = x_{ik} + r_{ij}(x_{ij} - x_{kj})。\tag{2.37}$$

其中，$j \in \{1,2,\cdots,d\}$，$k \in \{1,2,\cdots,N\}$，随机选取 j 与 k，但 $k \neq j$，$r_{ij} \in [-1,1]$ 中的随机数。

跟随蜂按照概率选择到哪个食物源采蜜，食物源被选择的概率如式（2.38）所示：

$$prob(i) = \frac{fit(i)}{\sum_{i=1}^{SN} fit(i)}。\tag{2.38}$$

其中，$prob(i)$ 是指第 i 个食物源（解）被选择的概率，$fit(i)$ 是第 i 个解的适应度值。适应度值的计算如式（2.39）所示：

$$fit(i) = \begin{cases} \dfrac{1}{1 + f_i}, & f_i > 0 \\ 1 + \mathrm{abs}(f_i), & f_i < 0 \end{cases}。\tag{2.39}$$

其中，f_i 为目标函数值。

ABC 算法里，如果一个解 x_i 经过了 $limit$ 次循环后，仍然没有变精确，这解就会被引领蜂放弃，引领蜂变成侦查蜂按照式（2.40）随机产生一个新的解来代替：

$$x_{ij} = x_{\min,j} + (x_{\max,j} - x_{\min,j})\mathrm{rand}(0,1)。\tag{2.40}$$

其中，$x_{\min,j}$ 为目前得到的第 j 维最小值，$x_{\max,j}$ 为得到的第 j 维上的最大值。

2.12.2 人工蜂群算法优化神经网络的原理

神经网络具有并行性、良好的自适应和自学习能力等诸多优点，因此被广泛地应用到社会生活实际问题的解决中。但在生活中要解决的具体问题经常会有非常复杂的多维曲面，也许会有不止一个局部极值点，而且会有一些特别的样本信息甚至是夹杂噪声等，被噪声污染的样本曲线（面）在一些地方会增大了学习计算难度，导致收敛的速度慢并会陷入局部的极小值，也会让它的训练网络存在不一致性与不可预测性。蜂群算法是基于群体智能理论的优化算法，通过蜜蜂之间的分工合作而产生的群体智能优化搜索，参数少，收敛速度快，鲁棒性强，并且全局搜索能力好。将人工蜂群算法与神经网络结合，利用人工蜂群算法优化神经网络的权值和阈值，提高网络的学习能力和泛化能力。

以三层前向神经网络为例，其结构是 $I—J—K$，即该神经网络有 I 个输入节点、J 个隐含层节点、K 个输出节点。其中，v_{ij} 为输入层神经元 i 与隐含层神经元 j 之间的连接权值；u_j 是隐含层神经元 j 的阈值；w_{jk} 是隐含层神经元 j 和输出层神经元 k 之间的连接权值；θ_k 是输出层神经元 k 的阈值。

在对神经网络进行训练时，将优化问题转化为数学形式，一般是将网络的实际输出和期望输出之间的均方误差函数 MSE（Mean Square Error）作为目标优化函数，且该目标函数是一个多峰函数。训练神经网络，实际上就是寻求一组权值和阈值，使 MSE 函数的函数值最小。传统 BP 算法就是通过最速梯度下降法优化均方误差函数，即式（2.41），求得最优网络参数：

$$e = \frac{1}{K \times S}\sum_{k=1}^{K}\sum_{s=1}^{S}(o_{ks} - t_{ks})^2; \tag{2.41}$$

$$o_{ks} = f\left(\sum_{j=1}^{J} w_{jk} lay_{js} + \theta_k\right); \tag{2.42}$$

$$lay_{js} = g\left(\sum_{i=1}^{I} v_{ij} data_{si} + u_j\right)。 \tag{2.43}$$

其中，e 是网络的权值；o_{ks} 是网络的实际输出，即第 s 个样本的第 k 个输出节点的实际输出；t_{ks} 是网络对应的期望输出，即第 s 个样本的第 k 个输出节点的期望输出；lay_{js} 是网络的隐含层输出，即第 s 个样本的第 j 个隐含层节点的输出；$data_{si}$ 是第 s 个样本的第 i 个输入层节点的输入；S 是训练样本数；K 是输出层节点数。

由上述可知，v_{ij}，u_j，w_{jk}，θ_k 就是构建网络时所要寻优的参数。这里用改进

的蜂群算法优化 MSE 函数以求极小值,则神经网络的优化参数可以转化为蜂群算法中一个食物源,这样食物源可以表示为:

$$X = X(v_{11},\cdots,v_{I1},u_1,\cdots,v_{1J},\cdots v_{IJ},u_J,\cdots,w_{1K},\cdots,w_{JK},\theta_K)。\quad(2.44)$$

其中,$v_{1j},v_{2j},\cdots,v_{Ij},u_J$ 是输入结点与第 j 个隐含层结点间的连接权值和第 j 个隐含层结点的阈值,$j=1,2,\cdots,J$;$w_{1k},w_{2k},\cdots,w_{JK},\theta_K$ 是隐含层结点与第 k 个输出层结点之间的连接权值和第 k 个输出层结点的阈值 $k=1,2,\cdots,K$。

根据 MSE 函数的特点,在蜂群算法中,抑制较差食物源成为参照蜜源,即按一定比例选择较优蜜源作为食物源。对于侦查蜂的出现方式则按照 2.12.1 节介绍的内容进行更新。跟随蜂在进行采蜜时的选择概率 p 按式(2.45)计算:

$$p_i = \frac{0.9 \times fit_i}{Max\_fit} + 0.1。\quad(2.45)$$

其中,$Max\_fit = \max(fit_1, fit_2, \cdots, fit_{SN})$。基于改进蜂群算法的神经网络的训练步骤如下。

步骤 1:确定神经网络的结构及目标优化问题 MSE 中有 I 个输入节点、J 个隐含层节点、K 个输出节点。函数的变量:网络分为 3 层,其变量包括网络的权值和阈值,即 $X=(v_{11},\cdots,v_{I1},u_1,\cdots,v_{1J},\cdots v_{IJ},u_J,\cdots,w_{1K},\cdots w_{JK},\theta_K)$。

步骤 2:初始化蜂群算法的参数,包括:种群大小 SN,其中雇佣蜂和跟随蜂各占一半;侦查蜂出现的周期次数 $limit$;最大迭代次数 $Max\text{-}Gen$ 和预设精度目标值 ε。

步骤 3:设置初始迭代次数 $Gen=0$,随机产生 SN 个食物源 $X_i=(v_{11}^i,\cdots,v_{I1}^i,u_1^i,\cdots,v_{1J}^i,\cdots v_{IJ}^i,u_J^i,\cdots,w_{1K}^i,\cdots w_{JK}^i,\theta_K^i)(i=1,2,\cdots,SN)$ 形成蜂群的初始食物源,且各个分量均为$(-1,1)$区间内的随机数。计算每个解的适应度函数值。

步骤 4:雇佣蜂按一定比例选择较优食物源作为参照,按式(2.44)进行搜索产生新解 x_i^{new},并且计算其适应度值;如果新解 x_i^{new} 的适应度值优于当前解 x_i,则用 x_i^{new} 代替 x_i,否则,保留 x_i 不变,并将 x_i 的滞留次数加 1。

步骤 5:根据式(2.45)计算与 x_i 对应的概率值 p_i。

步骤 6:跟随蜂按每个食物源的收益 p_i 选择食物源,并按一定比例选择较优食物源作为参照,按式(2.44)进行搜索产生新解 x_i^{new},并计算其适应度值;如果新解 x_i^{new} 的适应度值优于当前 x_i,则用 x_i^{new} 代替 x_i,否则,保留 x_i 不变,并将 x_i 的滞留次数加 1。

步骤 7:判断是否有要放弃的解,即如果某个解 x_i 连续经过 *limit* 次迭代之后仍没有得到改善,那么将产生侦查蜂;若是全局最优则对其采用 OBL 策略,否则,将其与全局最优进行交叉,产生一个新解 x_i 进行相应更新。

步骤 8:一次迭代完成之后,记录到目前为止最好的解。

步骤 9:中止条件判断:判断 *Gen* 是否已达到最大迭代次数 *Max-Gen* 或者目标函数值是否小于 ε ,只要满足其中一个条件则迭代终止并输出最好解,否则,*Gen*= *Gen*+1,转步骤 4。

2.13 蚁群算法优化神经网络

2.13.1 蚁群算法的基本原理

蚁群算法是新型的模拟蚂蚁行为习性的进化算法,为了拿到问题的最优解去借鉴真实蚁群在寻找食物中的行为习惯。它是模拟蚂蚁的各种习惯,去借鉴在什么提示都没有的情况下蚂蚁如何搜寻巢穴与食物源之间的最短路径,如何根据环境适应性寻求最优解。在找食物途中,蚂蚁会在走过的路上留下独特的分泌物,也就是称作信息素(pheromone)的物质,这可以使附近的蚂蚁感受到并去修正之后的路径。蚂蚁会选择相对来说信息素浓度高的方向走,同时走过某路径的蚂蚁数量增多时,这种独特的信息素的浓度就会变得很高,反过来会使蚂蚁走这条路的概率上升,这体现了正反馈性。

1991 年,意大利的 M. Dorigo 等发表了蚁群算法及改进后的蚁群算法。1995 年,L. M. Gambradella、M. Dorigo 发表 Ant-Q 算法,使用局部更新机制及全局信息,也就是弃用随机比例选择规则,改用伪随机比例状态转移规则,避免过早收敛停止。1996 年,M. Dorigo 等发表了有关 ACS 的论文,并详尽地解释了原理和相关运用。1999 年,T. Stutzle 等发表了最大-最小蚂蚁系统(Max-Min Ant System),这个系统的最大优点是可以预先规定最大值和最小值,那么在路径上的信息素会在一定范围内有最大值,以防只得到局部最优解。

本小节在阐述蚁群优化算法和 BP 神经网络的基础与发展历史上,给出了蚁群优化算法和 BP 神经网络相互结合的理论基础,旨在了解相互结合后两者的结构和原理。蚁群算法是针对组合优化问题通过借鉴真实蚂蚁的寻找食物的行为特性而得出的算法。蚂蚁是通过群体协作的方式去寻找食物的,是社会性很强的昆虫,在寻找食物源的途中,会在路径上留下独特的信息素,这些信息素可以被其他蚂蚁感知到其的存在和强烈程度,从而影响其走信息素浓度高的路径。而走的蚂蚁越多,信息素浓度就会越高,而路径越短信息素存储信息素越多。最后会出现一条食物源和巢穴之间的信息素浓度最高的最短路径。

下面以某 TSP 问题为例解释基本蚁群算法的原理。在一个平面上,有 n 个城市($1,2,\cdots,n$ 表示城市序号),令蚁群中有 m 只蚂蚁,$d_{ij}=(i,j=1,2,\cdots,n)$ 表示城市 i 和城市 j 的距离,设 t 时刻城市 i 和城市 j 之间路径上的信息素浓度为 $\tau_{ij}(t)$,来模拟蚂蚁的信息素浓度。

其中,蚂蚁 k 的行为有如下规律。

①运动过程中会被路径上的信息素浓度影响,下一步所走的路径是根据相应的概率选择的。

②不把本次循环走过的路径作为下一步要走的路径,在实验中用如下数据结构来控制 $[tabu_k(k=1,2,\cdots,m)]$。

③在循环之后,按照这条路径长短留下一定浓度的信息素,再去更新走过路径的信息素浓度。

初始化的时候,m 只蚂蚁会被放在不同城市里,设每一条路径的信息素浓度初始值是 $\tau_{ij}(0)$。每只蚂蚁 k 的 $tabu_k$ 集合的第一个元素设在当前所在的城市。

$p_{ij}^{k}(t)$ 是 t 时刻蚂蚁 k 从城市 i 到城市 j 的概率,则

$$p_{ij}^{k}(t)=\begin{cases}\dfrac{\tau_{ij}^{\alpha}(t)\eta_{ij}^{\beta}(t)}{\sum\limits_{r\in allowed_k}\tau_{ir}^{\alpha}\eta_{ir}^{\beta}}, & j\in allowed_k\\ 0, & \text{其他}\end{cases}。\tag{2.46}$$

其中,α 是在行走路径上所含的信息素浓度对蚂蚁选择路径的影响程度,$r\in allowed_k$,β 为重要程度,$\beta=0$ 就是单一的正反馈启发式算法,可用实验法确定参数 α,β 的最优解;η_{ij} 是从城市 i 到城市 j 的期望程度,根据某启发算法确定,如可取 $\eta_{ij}=\dfrac{1}{d_{ij}}$;$\tau_{ij}(t)$ 会随着时间而慢慢减小;$allowed_k$ 为蚂蚁 k 下一步可走的城市集合,随着蚂蚁 k 的行进过程相应改变。

在 n 个时刻后,蚂蚁 k 会走完全部城市,走完这一个循环,然后会按照下面公式对每条路径上的信息素浓度进行更新:

$$\tau_{ij}(t+n)=\rho\tau_{ij}(t)+\Delta\tau_{ij}。\tag{2.47}$$

其中,ρ 为信息素挥发系数,且 $0<\rho\leqslant1$, $1-\rho$ 则是它的衰减程度;$\Delta\tau_{ij}$ 为路径上信息素浓度的变化量:

$$\Delta\tau_{ij}=\sum_{k=1}^{m}\Delta\tau_{ij}^{k}。\tag{2.48}$$

其中,$\Delta\tau_{ij}^{k}$ 是蚂蚁 k 在一次循环里,在城市 i 与城市 j 之间分泌的信息素浓度,其计算方法按照计算模型而定。在蚁群系统里面:

$$\Delta\tau_{ij}^{k}=\begin{cases}\dfrac{Q}{L_k},\text{蚂蚁 } k \text{ 在本次循环中经过城市 } i \text{ 和城市 } j\\ 0, \qquad\qquad\qquad \text{其他}\end{cases}。\tag{2.49}$$

其中, Q 是常数; L_k 是蚂蚁 k 在这一次循环中走的路径长。

以上公式中的参数设置没有理论依据,可以用实验确定其最优组合。经验结果为: $1\leqslant\alpha\leqslant5$; $1\leqslant\beta\leqslant5$; $0.5\leqslant\rho\leqslant0.99$, ρ 取 0.7 左右为佳; $1\leqslant Q\leqslant 10\ 000$。

蚁群算法的主要步骤如下。

步骤 1: $nc=0$(nc 是迭代的步数或搜索的次数);每一个边的 $\tau_{ij}(0)=c$,且 $\Delta\tau_{ij}=0$;放置 m 只蚂蚁到 n 个城市中。

步骤 2:把每一只蚂蚁的初始出发点放在解集 $tabu_k(s)$ 里;每一只蚂蚁 $k(k=1,\cdots,m)$ 会根据概率 p_{ij}^{k} 走到另一个城市 j ;将城市 j 置于 $tabu_k(s)$ 中。

步骤 3:在过了 n 个时刻后,蚂蚁 k 会走过全部城市,走完这次循环,通过比较每只蚂蚁所走的总路径长度 L_k ,得到最短路径,并更新。

步骤 4:更新每条边上的信息素浓度 $\tau_{ij}(t+n)$ 。

步骤 5:对每一条边置 $\Delta\tau_{ij}=0$; $nc=nc+1$。

步骤 6:如果 $nc<$ 提前规定的迭代次数 $NCMAX$,就转步骤 2;反之,输出最短路径,终止计算。

2.13.2 蚁群算法优化神经网络的原理

因为 BP 神经网络有诸多缺陷,所以有了蚁群算法来训练神经网络的方法,将蚁群算法的全局优化和启发式寻优的特点应用于训练神经网络的权值,从而达到智能寻优目的。

优化算法的基本原理:假设网络里有 m 个参数,包含全部的权值和阈值。首先,对这些参数进行排序,记为 $p_1,p_2,\cdots,p_m$,对于参数 $p_i(1\leqslant i\leqslant m)$,将其

设置为 N 个随机非零值,形成集合 I_{p_i} 。其次,设蚂蚁数目是 s ,全部的蚂蚁都会从蚁巢出去搜索食物。所有的蚂蚁会从第 1 个集合开始寻找食物,再按照集合里所有元素的信息素状态,随机抽取一个元素在每个集合 I_{p_i} 里,接着调节所选元素的信息素。蚂蚁在每一个集合里对元素进行选择,找到了食物源后,按照原来的路径返回蚁巢,并对集合中所选元素的信息素进行调整。过程重复循环,当所有蚂蚁收敛到同一路径时,说明找到了网络参数的最优解。

下面为蚁群算法训练神经网络的运算步骤。

①初始条件:令集合 $I_{p_i}(1 \leqslant i \leqslant m)$ 中的元素 j 的信息素 $\tau_j(I_{p_i})(t) = C\,(1 \leqslant i \leqslant m)$,蚂蚁的数目为 s,全部蚂蚁置于蚁巢。

②启动每只蚂蚁,每只蚂蚁会从第 1 个集合根据以下规则逐步在每一个集合里选一个元素。路径选择的规则是:对集合 I_{p_i} 中任何一只蚂蚁 $k(k = 1, 2, \cdots, s)$,按式(2.50)中计算出的概率随机抽到第 j 个元素,直到蚁群全部到达食物源:

$$prob(\tau_j^k(I_{p_i}))/\sum_{u=1}^{N}\tau_u(I_{p_i})。\tag{2.50}$$

③在蚁群中都选择了一个元素在每一个集合里,再沿着原来的路径回到蚁巢,假设经历这个过程的时间是 m 个时间单位,接着根据式(2.51)对所选元素的信息素进行相应的调节:

$$\tau_j(I_{p_i})(t + m) = \rho\tau_j(I_{p_i})(t) + \Delta\tau_j(I_{p_i})。\tag{2.51}$$

其中,参数 $\rho(0 \leqslant \rho < 1)$ 表示信息素的持久性,$1-\rho$ 表示信息素的消逝程度;$\Delta\tau_j(I_{p_i})$ 为:

$$\Delta\tau_j(I_{p_i}) = \sum_{k=1}^{s}{}_j^k(I_{p_i})。\tag{2.52}$$

其中,${}_j^k(I_{p_i})$ 是指第 k 只蚂蚁在这次循环里,在集合 I_{p_i} 里的第 j 个元素 $p_j(I_{p_i})$ 里分泌的信息素,用式(2.53)进行计算:

$${}_j^k(I_{p_i}) = \begin{cases} \dfrac{Q}{e}, & \text{第 } k \text{ 只蚂蚁在本次循环中的元素 } p_j(I_{p_i}) \\ 0, & \text{其他} \end{cases}。\tag{2.53}$$

其中,Q 为常数,作用是调整信息素的调整速度;e 是每一只蚂蚁所选元素在做权值时的最大输出误差,可由式(2.54)计算:

$$e = \max_{n=1}^{s} | o_n - o_q |。\tag{2.54}$$

其中,S 是蚁群采集的样本数目;o_n 和 o_q 是神经网络的实际输出与期望输出。

由此可见,误差越小,相应信息素的增加就越多。

④再重复这个循环,直到每一只蚂蚁都收敛到同一个路径,也就是得到参数最优解,循环结束。

2.14 BP 神经网络的优缺点

神经网络的优点有:信息有很强的鲁棒性及容错能力,因为它分布贮藏在网络内的神经元中;对对象没有依赖性,将学习的输入、输出以权值的方式编码,并使它们相互联系;在数据挖掘中对噪声数据的承受能力很强,可以高准确度地对数据进行分类,再规则提取通过各种算法;因为大规模并行结构和分布式存储,所以计算速度较快;有学习能力和自适应性、自组织,可以处理未知领域的系统。

BP 神经网络的优势如下:非线性映射能力较强。在没有明确函数关系的情况下,也能够产生一些非线性的输入输出曲线,只具有一个隐含层的 3 层 BP 神经网络就可以实现复杂的非线性环境下的训练学习。泛化能力较强。泛化能力是指对不在样本训练集的数据或者噪声数据进行分类,拟合时也能够很好地对数据进行操作。容错能力较强。允许个别样本出现较大误差,因为个别样本的误差对 BP 神经网络不会产生很大影响。自学习和自适应能力较强。BP 神经网络可以通过学习自动提取输入和输出数据之间的线性关系,并将学习内容以自适应的方式存储在网络权重中。

BP 神经网络的劣势如下:学习算法的收敛速度慢。为了使网络误差最低,BP 神经网络的学习次数会相应增多,这导致了学习训练过程迭代次数增多,所用时间增加,收敛速度变慢。训练过程可能陷入局部极小值。由于初始连接权值和阈值随机且目标函数可能存在多个局部极小值,使训练过程中遇到局部极小值而无法获得全局最优解。缺乏有效的理论指导。对于隐含层的个数及每个隐含层神经元个数的确定,由于缺乏有效理论指导,为了能找到神经网络性能最佳时对应的隐含层个数及神经元个数,只能通过不断尝试比较的方法,这样不仅耗费了大量的时间,而且由于每次实验构造出的神经网络其权值会有微小变动,其变量误差会随之变动,所以不一定能找到最佳参数。

BP 神经网络已经在许多领域得到了应用,而且获得了相当大的进展,其应用如下。

①数据压缩:BP 神经网络可以减少输出部分的维度,这样的简单压缩方

式更加便于数据和信息的传输或存储。

②信号处理:BP 神经网络能够对指纹、语音、电信号分别进行分类处理,所以它可以用于信号检测和分类处理的领域。

③模式识别:现已成功应用于指纹识别和语音识别,手写字符、汽车执照、指纹和声音的辨认,还能自动识别目标,追踪目标,判别机器人传感器的图像及地震信号。

④医疗应用:通过多层感知器可以区分正常心跳和非正常心跳,并且 BP 神经网络的波形分类和特征及大小、形状、振幅等可在临床诊断中进行应用,也可研究乳腺癌细胞,减少移植次数,控制医院消费,改善医疗质量等。

⑤经济预测:BP 神经网络能对商品的价格和股票的价格等进行短期预测。

⑥自动控制范畴:系统建模和辨别、规整参数、极点设置、内模管控、预测监控、最优管控等。

⑦图像处理应用:监测图像边沿,分割图像,压缩、恢复图像等。

⑧机器人调控领域:掌管机器人轨道,掌握机器人眼手系统,检查并修复机械手的故障等。

第3章　遗传算法的一些改进及其应用

遗传算法(Genetic Algorithm,GA)起源于对生物系统所进行的计算机模拟研究,是模拟生物界“物竞天择,适者生存”的进化规律而开发出来的一种随机化搜索方法。它是由美国的J. Holland教授在1975年首先提出的,其特点是几乎不需要所求问题的任何信息,仅需目标函数的信息,而且不受搜索空间是否连续或可微的限制就可找到最优解,且具有良好的隐并行性和全局搜索能力。遗传算法通过模拟自然选择的繁殖、交叉和变异操作来寻找更具优良品质的个体,用适应度函数来评价个体的优劣性,遵循优胜劣汰的原则,找到适应度值最高的个体,并且在搜索中不断增加优良个体的数目,使种群的数目不断增加,相应种群的整体适应度值也在不断提高,循环往复,直到找到具有最高适应度值的那个个体。

近年来,随着计算机技术的蓬勃发展,遗传算法的优良性质已经引起了人们的注意,被广泛应用于函数优化、信号处理、组合优化、图像处理和人工智能等领域。遗传算法有其一定的优势,但是也还是有很多缺点和不足:适用范围不广;很容易出现“早熟”收敛,搜索性能不高;时间复杂度往往比较高,而搜索的效率却比较低。因此,对于遗传算法这些缺点和不足进行研究与改进能够极大地推动遗传算法的发展及应用。本章就是对遗传算法的一些改进,希望通过这些改进,能够使遗传算法更为完善,效率更高,同时介绍了遗传算法在相关实际问题中的应用实例。

3.1　遗传算法的生物学背景

3.1.1　遗传变异理论

遗传和变异是生物的基本特征之一。遗传通常是指在传宗接代过程中亲子代之间性状表现相似的现象。在遗传学中,遗传是指遗传物质的世代相传,亲代性状通过遗传物质传给子代的能力,称为遗传性。变异一般指亲子代之间及其子代个体之间的性状差异。由遗传物质改变引起的性状变异，能够遗传给后代。生物体产生性状变异的能力，称为变异性。细胞是能进行独立繁殖的有膜包围的生物体的基本结构和功能单位，而染色体是细胞内具有遗传物质的物体，易被碱性染料染成深色，所以叫染色体。基因是遗传中的最小单位，生物体通过细胞分裂进行自我复制不断成长，细胞分裂时，遗传物质（DNA）通过复制传递到下一代细胞中，产生的新细胞继承父代细胞的基因。有性物种繁殖时，亲代通过两个同源染色体在相同交叉点经交叉重组而重新构成一个新的染色体。此外，在自我复制的过程中有可能受到某些偶然因素的影响而发生一定的变异，从而使生物个体产生新的特征。

3.1.2　进化论

19 世纪中叶，达尔文创立了科学的生物进化学说，以自然选择为核心的达尔文进化论，第一次对整个生物界的发生、发展，做出了唯物的、规律性的解释，推翻了特创论等唯心主义形而上学在生物学中的统治地位，使生物学发生了一场革命变革。除了生物学外，他的理论对人类学、心理学及哲学的发展都有不容忽视的影响。

达尔文认为，生物之间存在着生存斗争，适应者生存下来，不适者则被淘汰，这就是自然的选择。生物正是通过遗传、变异和自然选择，从低级到高级，从简单到复杂，种类由少到多地进化着、发展着。

以上三点就是我们常听到的“物竞天择，适者生存”，现代基因学的诞生，为此提供了重要的证据。事实上，物竞天择，竞的是“基因”。

进化论是人类历史上第二次重大科学突破，第一次是日心说取代地心说，否定了人类位于宇宙中心的自大情结；第二次就是进化论，把人类拉到了与普通生物同样的层面，所有的地球生物，都与人类有了或远或近的血缘关系，彻底打破了人类自高自大、一神之下、众生之上的愚昧式自尊。

3.2　遗传算法简史

20 世纪 60 年代，美国密歇根大学教授 J. Holland 在种种生物模拟指数的影响下，提出了一种基于生物进化机制的智能优化算法——遗传算法。随着遗传算法及计算机技术的飞速发展,国内外许多学者开始对遗传算法进行研究,引起了遗传算法研究的热潮。第一个把遗传算法用于函数优化的是 Hollstien,1971 年他在论文"Artificial Genetic Adaptation in Computer Control Systems"中阐述了遗传算法的基本理论和方法,主要讨论了二变量函数的优化问题。

20 世纪 70 年代,是遗传算法发展史上最为重要的一年,美国密歇根大学的计算机科学、电子工程学与心理学教授 Holland 在著作 *Adaptation in Natural and Artificial System* 中系统地阐述了遗传算法的基本理论研究和极为重要的模式理论研究,为遗传算法的研究奠定了数学基础。同年,DeJong 在其博士论文"An Analysis of the Behavior of a Class of Genetic Adaptive Systems"中结合了模式定理,进行了大量的纯数值函数优化计算实验,得到了一些重要且具有实际意义的结论,建立了遗传算法的结构框架,同时,他还建立了著名的 DeJong 五函数测试平台,定义了遗传算法性能的在线指标和离线指标,为遗传算法的深入研究奠定了坚实基础。

20 世纪 80 年代,对遗传算法的理论研究更为深入和丰富。Brindle 提出了 6 种复制策略以此来克服 DeJong 的轮盘赌选择操作中的随机误差。1989 年,Goldberg 在他的著作《搜索、优化和机器学习中的遗传算法》中总结了遗传算法的主要研究内容和成果,系统地论述了遗传算法的基本原理,介绍了遗传算法的应用,奠定了现代遗传算法的基础。

20 世纪 90 年代,是遗传算法的高速发展时段,图书馆中对于遗传算法的文章和书非常多。在这之中,Davis 的书 *Handbook of Genetic Algorithms* 中详细介绍了遗传算法在工程技术、科学技术和经济领域的大量应用实例,为遗传算法的发展做出了巨大的贡献。

近几年,国外各个领域对于遗传算法的应用无论是建模还是用来解决实际问题,其应用范围不断扩大,其中遗传算法的日渐成熟是主要原因,而且出现了许多遗传算法的改进方法,它们使用不同的遗传基因表达方式、不同的交叉和变异算子,使用不同并且特殊的选择和再生方法。但总体来说,这些改进方法产生的灵感与大自然的生物进化密不可分。和国外相比,国内的相关智能优化算法的研究虽然起步较晚,但近年来一直处于不断上升的阶段。

遗传算法的主要应用领域如下。

①组合优化:目前,在计算机上用枚举法很难得到组合优化问题的精确最

佳解,而实验表明,遗传算法对于这类组合优化问题非常有效。

②函数优化:函数优化问题是数学领域中比较容易碰到的问题,对于一些非线性、大目标和多目标的函数优化问题,用其他的优化算法比较难求解,而遗传算法却可以比较容易地得到最优解。

③生产调度问题:遗传算法是解决复杂生产调度问题的有效工具,广泛应用于流水线生产车间调度、单件生产车间调度、任务分配和生产规划等方面。

④图像处理:遗传算法可以用于图像处理的优化计算方面,如几何形状识别、边缘特征提取和图像恢复等。

⑤信息站:遗传算法能够用于雷达天线优化设计、雷达目标识别和作战仿真等。

⑥数据挖掘:由于遗传算法的特性,可以用于数据挖掘中的规则开采。

在许多实际问题中,需要求解它们的全局最优解而不是局部最优解,传统的优化方法往往会陷入局部最优解的"陷阱",所以需要找到一种全局优化方法来解决这类问题,而遗传算法就是这样的一种全局优化算法。遗传算法与传统算法相比,具有对目标函数的性质要求不高、求解效果好且最优解容易出现等优点,它被广泛应用于实际优化问题。

基本的遗传算法局部搜索能力弱且容易出现"早熟"的现象,主要是因为它的算子不具有较强的局部搜索能力且因为优胜劣汰的自然选择机制,种群过早地丧失了多样性,最后求出的解往往是局部最优解而不是全局最优解。

3.3　遗传算法的基本概念

遗传算法是基于生物遗传进化思想的一种优化方法,与数学领域优化方法在原理和实现方法等方面有着较大的区别,下面给出遗传算法中常用的一些名词和基本概念。

①个体:是遗传算法中用来模拟生物染色体的一定数目的二进制位串,该二进制位串用来表示优化问题的设计点,又称为人工染色体。

②种群:个体的集合称为种群。

③种群规模:指种群中包含的个体的数量。

④基因:表示不同的特征,对应于生物学中的基本遗传单位,以 DNA 序列形式把遗传信息译成编码。

⑤基因型:基因组合的模型,是染色体性状的内部表现。

⑥表现型:染色体性状的外部表现,是根据基因型形成的个体,对应于遗传算法中的位串解码后的参数。

⑦适应度值:是以数值方式来描述个体优劣程度的指标。

⑧平均适应度值:是指若干个体的适应度值的算术平均值。

⑨繁殖:是由一代种群繁衍产生另一代种群的方式的总称,目前的繁殖方式主要有选择、交叉和变异等基本算子。

⑩复制:指在上一代种群中按照适应度值挑选出一定数量的较优个体参与繁殖下一代种群的个体。

⑪选择:以一定概率从种群中选出若干个体的操作。

⑫交叉:指对优选后的父代个体进行基因模式的重组而产生后代个体的繁殖机制。在个体繁殖过程中,交叉能引起基因模式的重组,从而有可能产生含优良性能的基因模式的个体。

⑬变异:指模拟生物在自然界的遗传进化环境中由于各种偶然因素引起的基因突变的个体繁殖方式。

⑭编码:从表现型到基因型的映射。

⑮染色体:是携带着基因信息的数据结构。

3.4 遗传算法的操作流程

遗传算法是最近几年来提出的比较典型的一种基本遗传算法,本书的算法即是基于该算法改进而来,图 3.1 是基本遗传算法的流程,具体步骤如下。

①编码、种群初始化:随机产生一定规模的初始种群。

②计算种群中单个个体的适应度值:群体中的每个个体根据其适应度函数得到一个适应度值。

③选择:根据每个个体的适应度值和选择机制进行选择复制操作。在此过程中,低适应度值的个体将从群体中去除,高适应度值的个体将被复制,其目的是使得搜索朝着搜索空间的解空间靠近。

④交叉:根据交叉机制和交叉概率进行双亲重组,以此产生后代。

⑤变异:根据变异机制和变异概率,对个体编码中的部分信息进行变异操作,从而产生新的个体。

⑥判断终止条件到否,若否转至步骤②,否则执行步骤⑦。

⑦结果输出:群体中的最优个体或整个演化过程中的最优个体作为遗传算法的输出解。

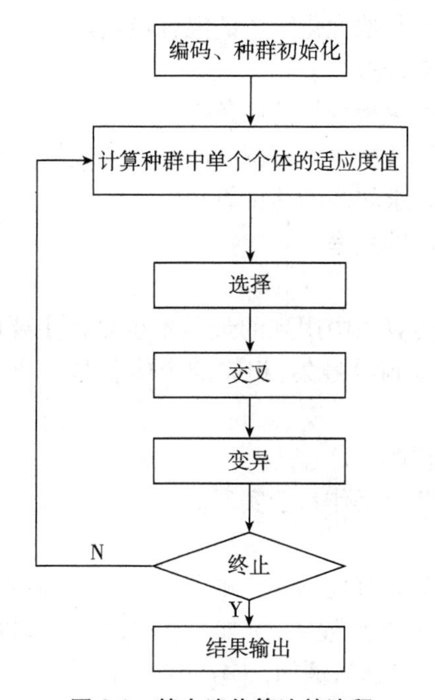

图 3.1　基本遗传算法的流程

3.5　遗传算法的技术实现

3.5.1　编码

编码就是把一个问题的可行解从其解空间转换到遗传算法所能处理的搜索空间的转换方法。针对不同的实际问题,所采用的编码类型也是不同的,但是总体来说,编码类型主要有 3 个类型:浮点数编码、二进制编码和符号编码。

(1)浮点数编码

浮点数编码是指种群中每个个体对应的基因用一个浮点数来表示,而个体的编码长度等于它的决策变量的数目。对于浮点数编码,必须将基因值限制在一定范围内,同时通过遗传算法中的交叉算子和变异算子产生的新个体也必须限制在这个范围内。

浮点数编码的优点如下。

①便于遗传算法与其他优化算法的混合使用。

②便于比较大的遗传搜索。

③便于处理复杂的决策变量约束条件。

④适用于在遗传算法中表示范围区间较大的数的情况。

⑤适用于对精度要求较高的遗传算法。

⑥提高了遗传算法的效率。

(2)二进制编码

二进制编码是遗传算法中用到的最基本也是最主要的一个编码方法,它是由 0 和 1 组成的二进制符号集,相应的个体就是一个二进制编码符号串。它的优点如下。

①编码操作易于理解。

②交叉和变异这两个操作易于实现。

(3)符号编码

符号编码就是一些只有代码含义的符号集合,用这些符号来表示个体的基因值。这个符号集可以是数字,例如,$\{1,2,3,\cdots\}$;也可以是字母,例如,$\{A,B,C,\cdots\}$;还可以是代码,例如,$\{A_1,B_1,C_1,\cdots\}$。

符号编码的优点是可以与一些近似算法结合起来使用。

3.5.2 适应度函数

适应度函数就是用来评价种群中个体优良的一个标志,适应度函数的选择对遗传算法的效率有着非常重要的作用。下面是几种比较常见的适应度函数。

(1)直接将目标函数设置为适应度函数

当碰到求解函数的最大值并且目标函数一直取正值这一类问题时,就可以直接将目标函数设置为遗传算法的适应度函数:

$$fitness(f(x)) = f(x)。 \tag{3.1}$$

若目标函数是最小值优化问题时,可以将目标函数设置为:

$$fitness(f(x)) = -f(x)。 \tag{3.2}$$

上面的适应度函数比较简单,但是也存在着一定的问题,即无法保证概率非负的要求,且得到的函数值分布较为分散,影响算法的效率。

(2)界限构造法

若目标函数是最大值优化问题：

$$fitness(f(x)) = \begin{cases} c_{max} - f(x), f(x) < c_{max} \\ 0, 其他 \end{cases}。 \tag{3.3}$$

其中，c_{max} 为函数的最大估计值。

若目标函数是最小值优化问题：

$$fitness(f(x)) = \begin{cases} f(x) - c_{min}, f(x) > c_{min} \\ 0, 其他 \end{cases}。 \tag{3.4}$$

其中，c_{min} 为函数的最小估计值。

第 2 种方法对第 1 种方法进行了一定的改进，但是问题依然存在，c_{max}(或 c_{min})估计比较困难，且误差比较大。

(3)适应度函数与适应度分配

若目标函数是最小值优化问题：

$$fitness(f(x)) = \frac{1}{1 + c + f(x)}, c \geqslant 0, c + f(x) \geqslant 0。 \tag{3.5}$$

若目标函数是最大值优化问题：

$$fitness(f(x)) = \frac{1}{1 + c - f(x)}, c \geqslant 0, c - f(x) \geqslant 0。 \tag{3.6}$$

其中，c 为目标函数的保守估计值。第 3 种方法与第 2 种方法一样也存在着类似的问题。

3.5.3　选择算子

选择的含义为确定重组或交叉个体，以及被选中个体将产生多少个子代个体。选中的标准一般是按照适应度值来进行的，适应度值计算之后是实际的选择，按照适应度值进行父代个体的选择，可以挑选以下的选择方法。

(1)轮盘赌选择

轮盘赌选择也叫比例选择法，它是每个个体被选中的概率与其适应度值成正比的一种选择方法，个体适应度值越大，它被选中的概率也就越大，反之则被选中的概率越小。

(2)排序法

排序法是将种群中所有的个体按照各自的适应度值大小进行排序，个体被选中的概率根据个体适应度值排序的结果进行分配。

(3)锦标赛法

锦标赛法是在种群中随机选择 K 个个体,分别计算这些个体的适应度值,找到最大适应度值的个体,将它保存到下一代,重复操作,直到种群达到预想的规模。

3.5.4 交叉算子

交叉是结合来自父代交配种群中的信息产生新的个体。交叉运算对遗传算法的整个性能起到了非常重要的作用,它是遗传算法产生新个体的一个主要方法。常用的交叉算子如下。

(1)单点交叉

单点交叉就是指对于染色体的编码串,从中找到一个随机产生的交叉点,然后在这个交叉点上分别交换两个个体的部分染色体。

(2)双点交叉

双点交叉就是指对于染色体的编码串,从中随机找到两个交叉点,然后将位于两个交叉点之间的编码串进行交换,从而产生两个新的个体。

(3)算术交叉

算术交叉主要是用于实数编码方法,具体实现方法如下:

$\begin{cases} v_1' = \lambda v_1 + (1-\lambda)v_2 \\ v_2' = \lambda v_2 + (1-\lambda)v_1 \end{cases}$,其中,$v_1$、$v_2$、$v_1'$ 和 v_2' 为实数编码的染色体向量,$\lambda \in (0,1)$。

(4)线性交叉

线性交叉其实就是在算术交叉的基础上对染色体进行一定的改进:

$\begin{cases} v_1' = \lambda_1 v_1 + \lambda_2 v_2 \\ v_2' = \lambda_1 v_2 + \lambda_2 v_1 \end{cases}$,其中,$\lambda_1 + \lambda_2 = 2$, $\lambda_1 > 0$,$\lambda_2 > 0$。

3.5.5 变异算子

变异就是将个体染色体的基因用其等位基因进行替换,而变异算子有良好的局部搜索能力,可以加快遗传算法朝着全局最优解方向收敛。

(1)基本位变异

基本位变异就是随机选取染色体编码串的某一个或某几个基因以变异概

率 p_m 来进行变换。

(2)逆序变异

逆序变异就是随机选取染色体编码串的两个不同位置,然后将这两个位置之间的基因值按照逆序排序。例如:

$$123456789 \xrightarrow{\text{逆序变异}} 123654789\text{。}$$

(3)均匀变异

均匀变异就是通过一个比较小的概率,将个体编码中被选中的基因用某个数来替换,这个数是在一定范围内的。例如,假设某个需要变异的个体为 $A = a_1 a_2 a_3 \cdots a_k \cdots a_n$,其中 a_k 为变异点,它的所在范围区间为 $[U_{\min}, U_{\max}]$,在该点进行均匀变异得到的新个体为: $A' = a_1 a_2 a_3 \cdots a'_k \cdots a_n$,在这里 $a'_k = U_{\min} + r(U_{\max} - U_{\min})$,其中 r 为一随机数,符合 $[0,1]$ 范围内的均匀概率分布。

(4)高斯变异

高斯变异与均匀变异类似,只是将替换数换成一个正态分布的随机数而已。

3.5.6　遗传算法有关参数的设置

(1)种群规模 NP

种群规模会影响遗传算法的性能及遗传优化算法的最终结果,当种群规模太小时,遗传算法的优化性能一般不会太好,而采用较大的种群规模可以降低遗传算法陷入局部最优解的概率,但较大规模也意味着计算机复杂度提高。一般 NP 为 50~300 较好。

(2)交叉概率 p_c

交叉概率 p_c 与交叉操作的使用频率有着密切的联系,比较大的交叉概率可以提高遗传算法开辟新的搜索区域的能力,但高性能的模式遭到破坏的可能性较大;若选用的交叉概率太低,遗传算法可能陷入迟钝状态。一般选取概率为 0.4~0.9。

(3)变异概率 p_m

变异在遗传算法中属于辅助性搜索操作,其主要目的是增强遗传算法的局部搜索能力,较低的变异概率可防止群体中重要的单一基因丢失,高频度的变异概率将使遗传算法趋向于简单的随机搜索。通常取变异概率 p_m 为 0.001~0.1。

3.5.7 遗传算法的特点

遗传算法作为一种新的随机搜索算法，与其他传统方法相比，有着其自身的优点。

①不需要任何辅助信息，仅需目标函数的信息，就可对目标函数进行优化处理。

②不易陷入局部最优。

③并行性和并行计算能力较强，可以与其他技术结合使用。

④传统的搜索方法在搜索多峰分布的搜索空间时，经常陷入局部极值点，而遗传算法因为同时对多个解进行评估，所以具有良好的全局搜索能力。

⑤不受搜索空间是否连续或可微的限制。

同时，遗传算法也有很多缺点和不足，具体如下。

①没有适用范围非常广的且很全面的遗传算法收敛理论。

②遗传算法很容易出现“早熟”收敛，搜索性能不高，不易达到全局收敛。

③遗传算法的时间复杂度往往比较高，而搜索的效率却比较低。

3.6 顺序选择遗传算法(SBOGA)

3.6.1 算法原理

基本遗传算法中个体的选择概率与个体的适应度值直接相关，其计算公式为：

$$p_i = \frac{fitness(x_i)}{\sum_{i=1}^{NP} fitness(x_i)} 。 \tag{3.7}$$

一旦某个个体的适应度值为 0，则其选择概率为 0，这个个体就不能产生后代，这是基本遗传算法一个很大的缺点。顺序选择策略将选择概率固定化，其具体步骤如下。

①按适应度值大小对个体进行排序。

②定义最好个体的选择概率为 q，则排序后的第 j 个个体的选择概率为：

$$p_j = \frac{q\,(1-q)^{j-1}}{1-(1-q)^{NP}}。\tag{3.8}$$

这样每个个体都有可能被选中从而产生后代。

3.6.2　算法步骤

顺序选择遗传算法的流程如图 3.2 所示。

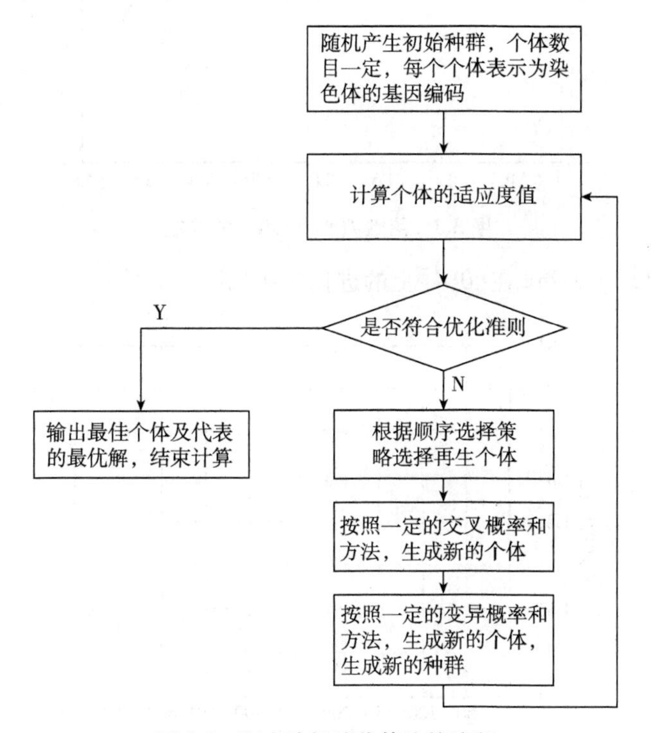

图 3.2　顺序选择遗传算法的流程

3.6.3　仿真实例

求函数 $f(x)=x\sin x(0 \leqslant x \leqslant 4)$ 的最大值，个体数目取 50，最大进化代数取 500，最好个体的选择概率取 0.2，离散精度取 0.01，杂交概率取 0.9，变异概率取 0.05。

函数 $f(x)=x\sin x$ 在$[0,4]$上的曲线如图 3.3 所示。

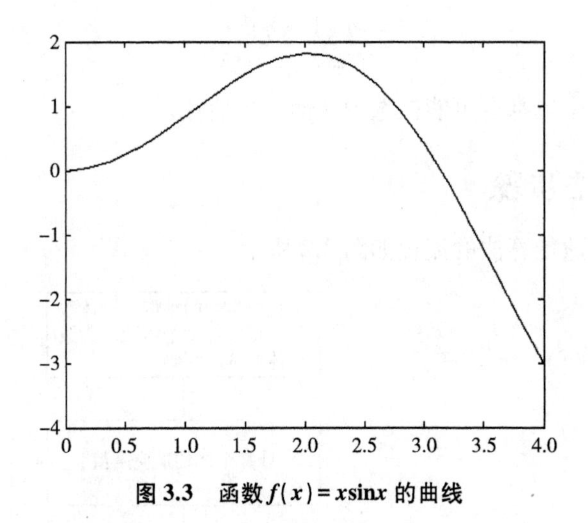

图 3.3　函数 $f(x)=x\sin x$ 的曲线

函数 $f(x)=x\sin x$ 在[0,4]上的进化曲线如图 3.4 所示。

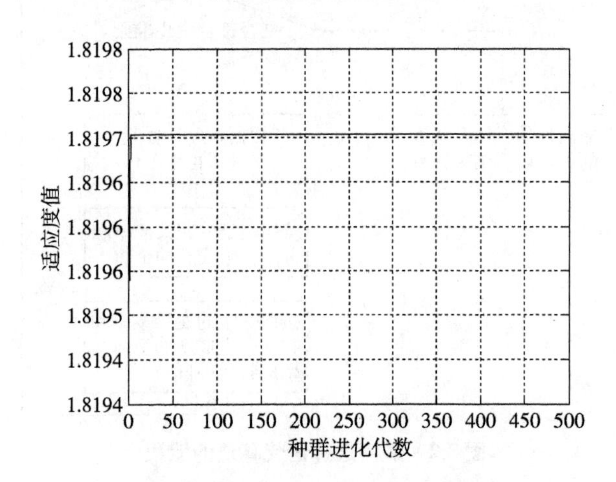

图 3.4　函数 $f(x)=x\sin x$ 的进化曲线

由进化曲线可以看出，最大点为 $x=2.0288$，最大值为 1.8197，可知用顺序选择遗传算法可以求得非常好的值。

3.7　大变异遗传算法(GMGA)

理论上，遗传算法中的变异操作可以使算法避免“早熟”，但是为了保证算法的稳定性,变异操作的变异概率通常取值很小,所以算法一旦出现"早熟",单靠传统的变异操作需要很多代才能变异出一个不同于其他个体的新个体。大变异操作的思路是:当某代中所有个体集中在一起时,以一个远大于通常的变异概率执行一次变异操作,具有大变异概率的变异操作(即大变异操作)能够随机、独立地产生许多新个体,从而使整个种群脱离"早熟"。

3.7.1　算法步骤

大变异遗传算法的流程如图 3.5 所示。

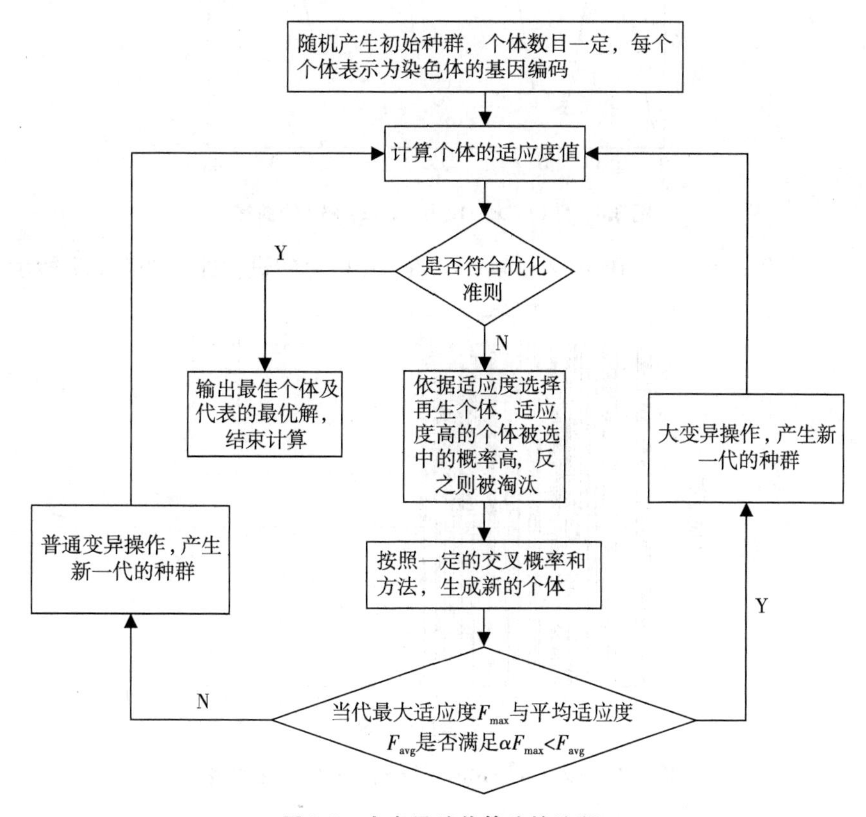

图 3.5　大变异遗传算法的流程

3.7.2　仿真实例

求函数$f(x) = x^2 - 10\cos(2\pi x) + 10 (0 \leqslant x \leqslant 4)$的最大值,个体数目取

50,最大进化代数取500,离散精度取0.01,杂交概率取0.9,变异概率取0.03。

函数 $f(x)=x^2-10\cos(2\pi x)+10$ 在[0,4]上的曲线如图3.6所示。

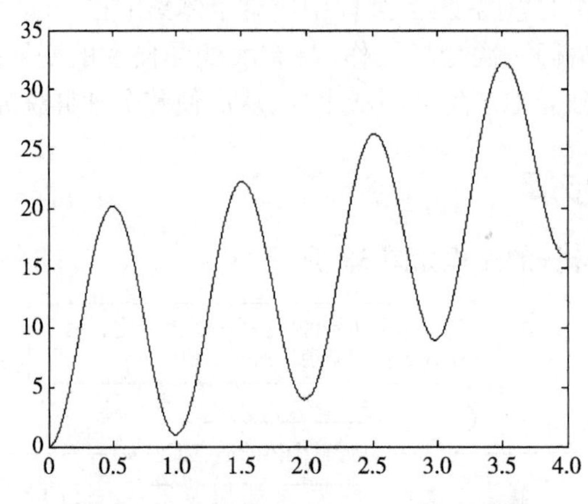

图3.6 $f(x)=x^2-10\cos(2\pi x)+10$ 的曲线

函数 $f(x)=x^2-10\cos(2\pi x)+10$ 在[0,4]上的进化曲线如图3.7所示。

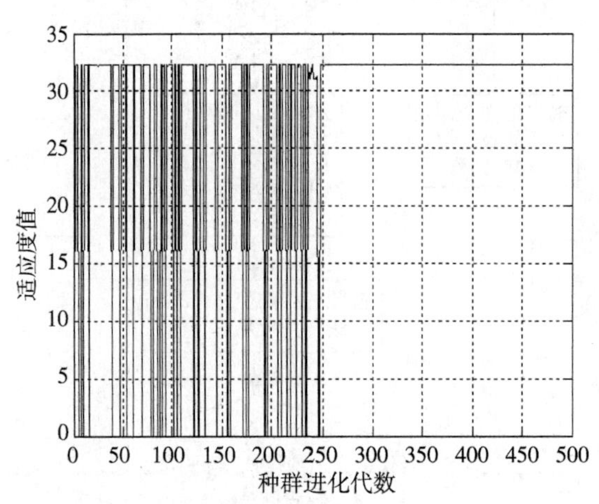

图3.7 $f(x)=x^2-10\cos(2\pi x)+10$ 的进化曲线

虽然大变异遗传算法的进化曲线在一开始存在很大的波动,但是当种群迭代250代之后,整个种群趋于收敛,最大点为 $x=3.5178$,最大值为32.3124。用大变异遗传算法求得了比较好的结果。

3.8　双切点交叉遗传算法(DblGEGA)

3.8.1　算法原理

单点交叉遗传使得父代双方交换基因量较大,有时候很容易破坏优秀个体,而双切点交叉相对单点交叉来说,父代双方交换的基因量较小,有利于个体的保留。

例如,对于下面的两个个体,切点 1 在第 2 位,切点 2 在第 5 位,即

切点 1　切点 2

10　110　011

01　011　101

则通过交叉后,两个个体分别变为:

10　011　011

01　110　101

即只有两个切点之间的部分进行了交换。

双切点交叉遗传算法的具体步骤如图 3.8 所示。

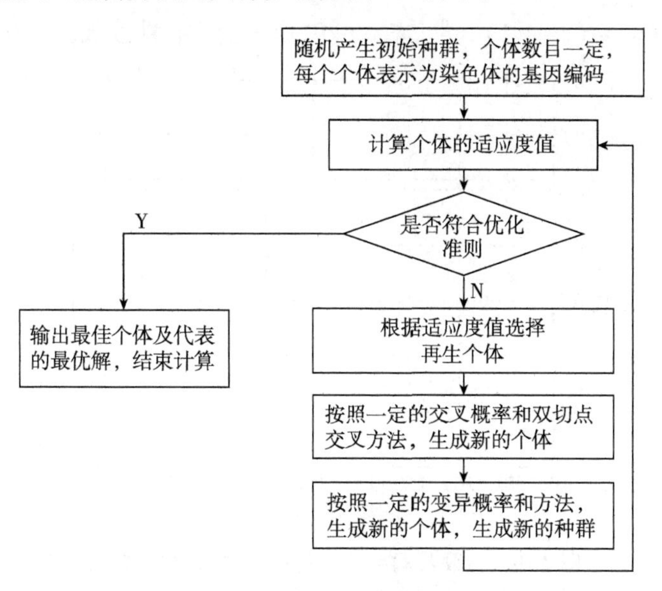

图 3.8　双切点交叉遗传算法的流程

3.8.2 仿真实例

求函数 $f(x)=(2x+1)\mathrm{e}^{-10x^2+2x-1}(0\leqslant x\leqslant 1)$ 的最大值，个体数目取 50，最大进化代数取 500，离散精度取 0.01，杂交概率取 0.9，变异概率取 0.05。

函数 $f(x)=(2x+1)\mathrm{e}^{-10x^2+2x-1}$ 在[0,1]上的曲线如图 3.9 所示。

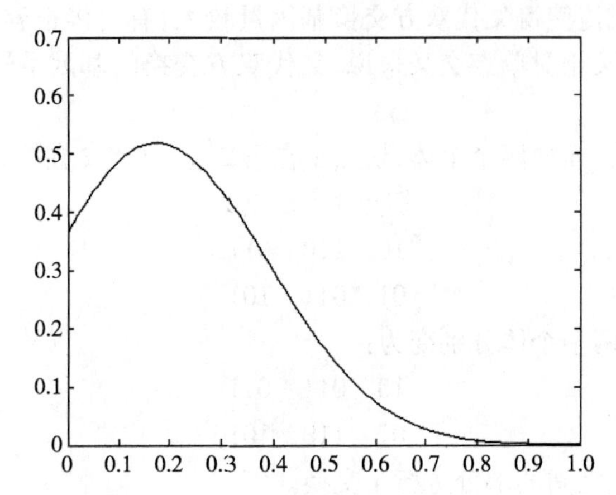

图 3.9 函数 $f(x)=(2x+1)\mathrm{e}^{-10x^2+2x-1}$ 的曲线

函数 $f(x)=(2x+1)\mathrm{e}^{-10x^2+2x-1}$ 在[0,1]上的进化曲线如图 3.10 所示。

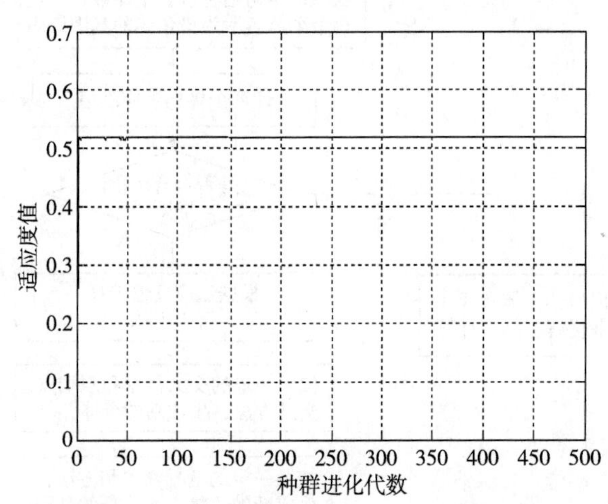

图 3.10 函数 $f(x)=(2x+1)\mathrm{e}^{-10x^2+2x-1}$ 的进化曲线

可以看出,最大点为 $x = 0.1742$,最大值为 0.5189。用双切点交叉遗传算法求得的结果是非常好的。

3.9　遗传算法应用实例及其分析

3.9.1　3 种常用的测试函数

Griewank 函数：$f_1 = \frac{1}{4000}\sum_{i=1}^{n} x_i^2 - \prod_{i=1}^{n}\cos(\frac{x_i}{\sqrt{i}}) + 1$，函数图形如图 3.11 所示。

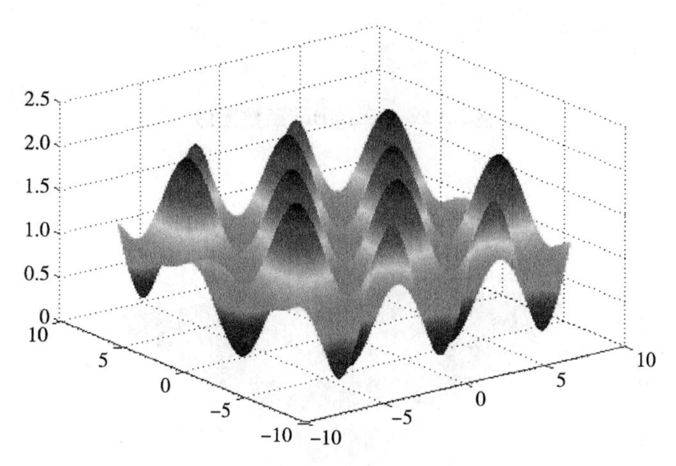

图 3.11　Griewank 函数图形

Rastrigrim 函数：$f_2 = \sum_{i=1}^{n}(x_i^2 - 10\cos(2\pi x_i) + 10)$，函数图形如图 3.12 所示。

Ackley 函数：$f_3 = -20\exp(-0.2\sqrt{\frac{1}{n}\sum_{d=1}^{n} x_d^2}) - \exp(\frac{1}{n}\sum_{d=1}^{n}\cos(2\pi x_d)) + 20 + e$，函数图形如图 3.13 所示。

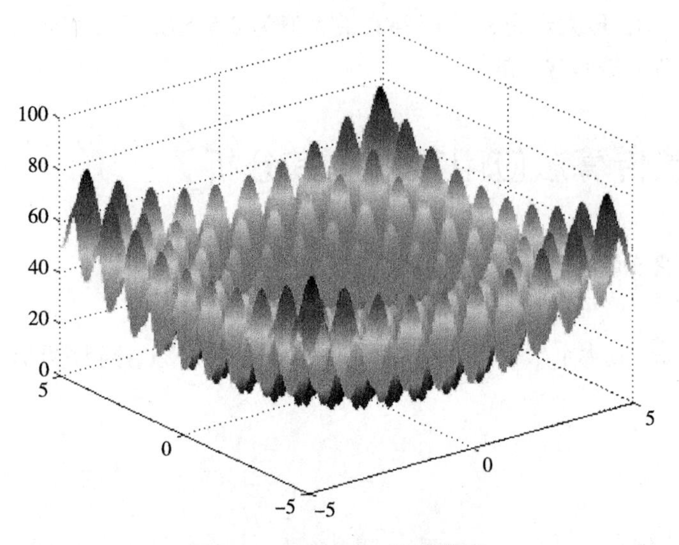

图 3.12　Rastrigrim 函数图形

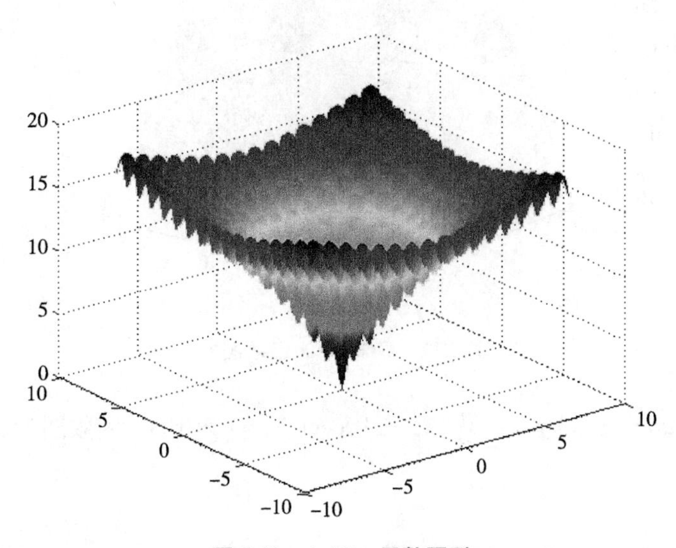

图 3.13　Ackley 函数图形

3.9.2　仿真实例分析

分别用 GA、SBOGA、GMGA 和 DblGEGA 对这 3 个测试函数进行测试，得到的进化曲线如图 3.14 至图 3.16 所示。

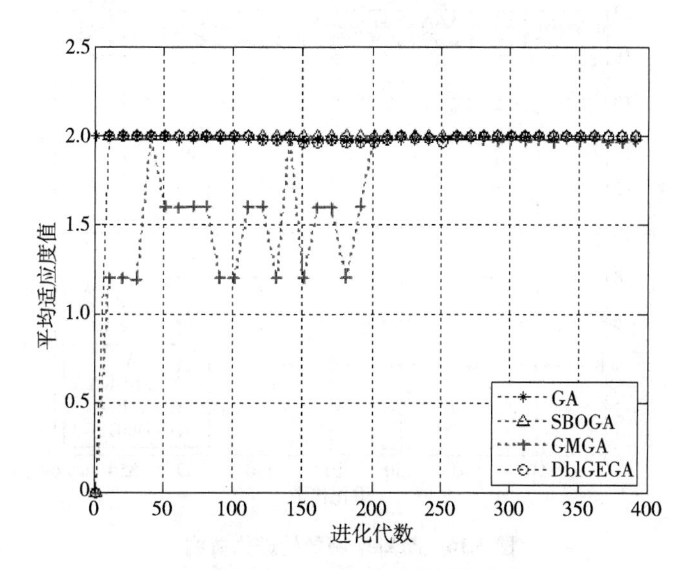

图 3.14　Griewank 函数的进化曲线

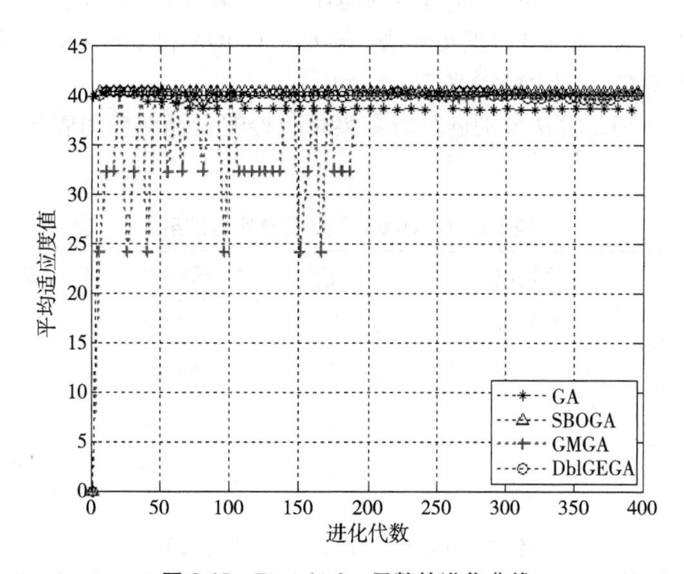

图 3.15　Rastrigrim 函数的进化曲线

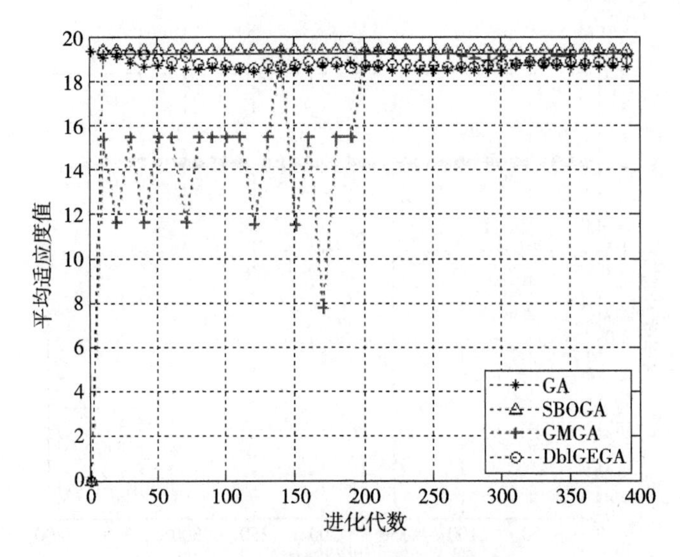

图 3.16　Ackley 函数的进化曲线

由图 3.14 至图 3.16 可知,虽然基本遗传算法 GA 也能得到比较优良的解,但是对于改进后的 3 种遗传算法(SBOGA、GMGA 和 DblGEGA)而言,得到的解无疑更近似于理论最优解。

利用 4 种遗传算法分别进行仿真实验获得的运行结果如表 3.1 至表 3.3 所示。

表 3.1　Griewank 函数仿真实验结果

	平均值	最好值	最差值	标准偏差
GA	1.9716	2.0021	1.9579	0.0593
SBOGA	2.0025	2.0025	2.0025	0
GMGA	1.9731	2.0024	1.8710	0.0572
DblGEGA	1.9767	2.0019	1.9191	0.0331

表 3.2　Rastrigrim 函数仿真实验结果

	平均值	最好值	最差值	标准偏差
GA	39.9558	40.3415	39.2718	0.4442

续表

	平均值	最好值	最差值	标准偏差
SBOGA	40.3525	40.3525	40.3525	0
GMGA	39.9990	40.3525	39.6344	0.3290
DblGEGA	40.2375	40.3525	39.8472	0.2195

表 3.3　Ackley 函数仿真实验结果

	平均值	最好值	最差值	标准偏差
GA	18.8064	19.3703	17.9110	0.5985
SBOGA	19.3709	19.3711	19.3705	0.000339
GMGA	19.0679	19.3600	18.6204	0.3792
DblGEGA	19.2080	19.3703	18.7145	0.2787

由进化曲线和运行结果可知，在进行的 5 次运行中，这 3 种不同的改进算法都能寻到该应用的最优解，并且算法非常稳定，但各种算法的标准偏差有区别。

比较 3 种改进后的遗传算法，显然 SBOGA 的性能最优且最为稳定；虽然 GMGA 在最初的几代变化波动比较大，但是一旦其代数增加到某一代开始，其收敛效果也是非常好的，说明进化代数的选择直接影响到最终的运行成果，这就要求在测试 GMGA 的时候尽可能挑选合适的进化代数；DblGEGA 的性能比较中规中矩。

3.10　小结

遗传算法自提出以来，因全局搜索的强鲁棒性而受到了广泛的关注。大多数与遗传算法仿真计算和应用有关的文章在肯定了遗传算法高性能的同时也指出了它的一些缺点：局部搜索能力较弱，且容易出现“早熟”收敛现象，为了改进其性能，人们提出了很多改进方法。本章就是在这样的背景下应运而生的，通过对遗传算法基本概念知识的了解，对其存在的问题进行了一定的理论探讨，并在这一基础上提出了 3 种改进的遗传算法，即顺序选择算法（SBO-

GA)、大变异遗传算法(GMGA)和双切点交叉遗传算法(DblGEGA),并对这3种改进的遗传算法进行仿真实例分析,验证其性能的提高。

当今,信息技术飞速发展,遗传算法在备受人们关注的同时,越来越多的缺点也在被人们发现,但是这无法否定遗传算法的优越性。在未来的工作中,如何克服遗传算法的各种缺点,使其能够更好地应用于各个领域,是需要继续努力的方向。

第 4 章　基于差分进化算法的函数优化问题研究

4.1　引言

当今,科学技术正处于多学科相互交叉和渗透的时代。特别是计算机科学与技术的迅速发展,从根本上改变了人类的生产与生活。同时,随着人类生存空间的扩大及认识与改造世界范围的拓宽,人们对科学技术提出了新的和更高的要求,其中对高效的优化技术和智能计算的要求日益迫切。

优化技术是一种以数学为基础,用于求解各种工程问题优化解的应用技术。作为一个重要的科学分支,它一直受到人们的广泛重视,并在诸多工程领域得到迅速的推广和应用,如系统控制、人工智能、模式识别、生产调度、VLSI 技术和计算机工程等。鉴于实际工程问题的复杂性、约束性、非线性、多极值、建模困难等特点,寻求一种适合于大规模并行且具有智能特征的算法已成为有关学科的一个重要研究目标和引人注目的研究方向。受达尔文的进化论和孟德尔的遗传学说的启发,在遗传、选择和变异的作用下,自然界生物体优胜劣汰,不断由低级向高级进化和发展,人们利用适者生存的进化规律形式化地构造了一些优化算法,它是由遗传算法、进化策略和进化规划三大分支组成的。这 3 种算法从不同层次、不同角度模拟自然进化规律,达到求解问题的目的。

20 世纪 80 年代以来,一些新颖的优化算法,如模拟退火算法、遗传算法、进化策略、进化规划、遗传程序设计、微粒群优化算法、蚁群算法、差分进化算法、人工免疫系统、DNA 计算等,通过模拟或揭示某些自然现象或过程而得到发展,其思想和内容涉及数学、物理学、生物进化、人工智能、神经学科和统计力学等方面,为解决复杂问题提供了新的思路和手段。这些算法独特的优点和机制,引起了国内外学者的广泛重视,并掀起了该领域的研究热潮,且在诸多领域得到了成功应用。在优化领域,由于这些算法构造的直观性与自然机制,通常称作智能优化算法。

差分进化算法(DE)是由 Storn 和 Price 于 1995 年提出的一种智能优化算法,它的主要特点是算法简单、收敛速度快、所需领域知识少。通过大量研究发现,DE 算法具有很强的收敛能力,比较适合于解决复杂的优化问题。DE 算法是一种随机的并行直接搜索算法,它可对非线性不可微连续空间函数进行最小化,以其易用性、稳健性和强大的全局寻优能力在多个领域应用中取得成功。DE 算法用于求解最优问题时优势比较明显,但也发现该算法存在许多待改进的地方,无论是从理论角度还是从实践方面考虑,DE 算法目前都尚未成熟。因此,很有必要继续研究 DE 算法,从而扩大算法的应用领域,解决更多的问题。

4.2 最优化方法简介

无论做什么事情,人们总希望以最小的代价获取最大的效益,也就是力求最好,这就是优化问题。优化问题是一个很古老的问题,同时也是一个很困难的问题,最优化就是在一切可能的方案中选择一个最好的方案以达到最优目标。例如,从甲地到乙地有公路、水路、铁路、航空 4 种走法,如果追求的目标是省钱,那么只要比较一下这 4 种走法的票价,从中选择最便宜的那一种走法就可以达到目标,这是最简单的优化问题。尽管经典的方法能够很好地解决部分优化问题,但是有些问题如多目标优化问题却没有高效实用的解决方法。然而现实生活中的多数优化问题都涉及多个目标的优化,而且这些目标通常不是独立存在的,它们往往是耦合在一起且处于相互竞争状态,每个目标都有不同的意义,它们的竞争和复杂性使得对其优化变得十分困难。在现实生活中,人类改造自然的方案规划与设计过程总体上反映了“最大化效益,最小化成本”这一基本优化原则,在合作对策问题中如何求解最优策略以获得共赢目标,在竞争对策问题中如何使得自己的利益实现最大,对方的收益最小,以及控制工程中的稳、准、快等时域指标与稳定域度、系统带宽等频域特性的综合问题等实际上都是较复杂的优化问题。因此,最优化问题在现实生活中随处可见,对最优化问题的研究也就成了一个引人注目的领域。

概括地说,凡是追求最优目标的数学问题都属于最优化问题。作为最优化问题,一般要有 3 个要素:第一是目标;第二是方案;第三是限制条件。

4.2.1　最优化问题的一般模型

最优化问题数学模型的一般形式为：

$$\min f(x)$$

$$\text{s.t.}\begin{cases} g_i(x)\leqslant 0, i\in I=\{1,2,3,\cdots,m\} \\ h_j(x)=0, j\in E=\{1,2,3,\cdots,l\} \end{cases}$$

其中，$x=(x_1,x_2,\cdots,x_n)^{\mathrm{T}}\in R^D$ 称为决策变量；$f:R^D\rightarrow R$ 称为目标函数；$g_i:R^D\rightarrow R(i\in I)$ 和 $h_j(x):R^D\rightarrow R(j\in E)$ 称为约束函数；$g_i\leqslant 0(i\in I)$ 称为不等式约束；$h_j=0(j\in E)$ 称为等式约束。

令 $S=\{x\in R^n\mid g_i\leqslant 0, i\in I, h_j=0, j\in E\}$，称 S 为问题的可行域，为可行点或可行解。对于最优化问题的求解，是指在可行域 S 内找一点 x'，使得目标函数 $f(x)$ 在该点取得极小值。

4.2.2　最优化问题的分类

最优化问题根据其中的变量、约束、目标、问题性质、时间因素和函数的解析性质等不同情况，可分成多种类型。

①根据有无约束条件可分为无约束优化和约束优化。其中，约束优化又分为等式约束优化、不等式约束优化和混合约束优化。在约束优化问题中，根据约束条件函数的性质，又可分为非线性约束优化问题和线性约束优化问题。

②根据函数的性质可分为：线性规划（Linear Programming，LP）：目标函数和约束函数都是线性函数；非线性规划（Nonlinear Programming，NP）：目标函数和约束函数至少有一个是非线性函数。

③根据目标函数的个数将优化问题分为单目标优化和多目标优化。

④凸规划：目标函数是凸函数，可行域也是凸集。

⑤二次规划：目标函数是二次函数，约束条件是线性函数。

⑥整数规划（Integer Programming，IP）：决策变量必须取整数值。

⑦混合整数规划：决策变量有部分取整数。

⑧动态规划（Dynamic Programming，DP）：解决多阶段决策过程的优化问题。

⑨几何规划：目标函数具有多项式形式。

4.2.3 最优化问题的求解方法

不同类型的最优化问题可以有不同的最优化方法,同一类型的问题也可有多种最优化方法。反之,某些最优化方法可适用于不同类型的模型。根据目标函数的个数不同,最优化问题的求解方法大体也可分为两类:一类是单目标的求解;另一类是多目标的求解。一般有如下的求解方法。

(1)单目标函数的求解方法

单目标函数的求解方法一般可以分为解析法、直接法、数值计算法和其他方法等。

①解析法:这种方法只适用于目标函数和约束条件有明显的解析表达式的情况。求解方法是:先求出最优的必要条件,得到一组方程或不等式,再求解这组方程或不等式。一般是用求导数的方法或变分法求出必要条件,通过必要条件将问题简化,因此也称间接法。

②直接法:当目标函数较为复杂或者不能用变量显函数描述时,无法用解析法求必要条件,此时可采用直接搜索的方法经过若干次迭代搜索到最优点。这种方法常常根据经验或通过试验得到所需结果。对于一维搜索(单变量极值问题),主要用消去法或多项式插值法;对于多维搜索问题(多变量极值问题)主要应用爬山法。

③数值计算法:这种方法也是一种直接法。它以梯度法为基础,所以是一种解析与数值计算相结合的方法。

④其他方法:如网络最优化方法等。

优化方法也可以从别的角度进行分类,例如,按照得到最优解的性质可分为局部优化算法和全局优化算法;按照是否有随机性可分为确定性优化算法和不确定性优化算法(或随机性优化算法);按照历史发展历程及优化机制可分为传统优化算法和现代优化算法(或智能优化算法)等。

针对不同的问题可以有各种不同的求解方法。例如,求解线性规划问题的单纯形法;求解无约束优化问题的方法有 0.618 法、逐次插值逼近法、最速下降法、共轭梯度法、牛顿法、拟牛顿法(变尺度法)等;约束最优化方法可分为间接法和直接法两大类,间接法是先将约束优化问题转化为一系列无约束优化问题,再调用无约束优化方法来求解;求解线性约束优化问题的方法有可行方向法、有效集法、内点法等;求解非线性约束优化问题的罚函数法等。问题不同则求解的难易也会有所不同。一般来说,非凸、带有非线性约束及函数不可微的全局优化问题较难求解。目前,传统的优化方法大多是基于梯度的局部优化算法,不能得到全局最优解,并且对函数的要求过于严格,因此,通用性较差,应用范围有限。

相比之下,20 世纪 80 年代以来兴起的智能优化算法有很多优良的性质,其原理和特点将在后面给出简要的说明。

(2)多目标函数的求解方法

上面介绍的各种方法都是针对单一目标函数而设计的,但在实际生活和工程优化问题中往往遇到的是多目标的优化设计问题。通常情况下,多目标函数的表示形式为:

$$\max \{z_1=f_1(x), z_2=f_2(x), \cdots, z_q=f_q(x)\}$$

$$\text{s.t.} \begin{cases} g_i(x) \leqslant 0, i=1,2,\cdots,m \\ h_j(x)=0, j=1,2,\cdots,l \end{cases}$$ 。

对于此问题的求解我们通常有两种方法:一种是将多目标问题转化为一个单目标规划问题进行求解;另一种是转化为多个单目标规划问题进行求解。求解多目标问题最常用的方法就是将多目标问题转化为一个单目标规划问题,首先将多目标问题转化为一个单目标规划问题,然后再利用单目标规划问题的有关算法求解此单目标规划。不同的多目标优化方法有着不同的转化方法,常用的多目标转化方法有目标规划法、乘除法、线性加权组合法、极大极小化法和功效系数法等。

4.3　智能进化算法综述

进化计算是模拟自然界生物进化过程与机制求解优化与搜索问题的一类自组织、自适应人工智能技术,它的产生对人类社会的发展起到了至关重要的作用。

4.3.1　产生背景

生物群体的生存过程普遍遵循达尔文的“物竞天择,适者生存”的进化准则,生物通过个体间的选择、交叉、变异来适应大自然环境。20 世纪 60 年代以来,如何模仿生物来建立功能强大的算法,进而将它们运用于复杂的优化问题,越来越成为一个研究热点。进化计算(Evolutionary Computation)正是在这一背景下孕育而生的。进化算法模仿的是一切生命与智能的生成和进化过程，它不仅模拟达尔文“物竞天择，适者生存”的进化原理激励好的结构，也通过模拟孟德尔等的遗传变异理论在优化过程中保持已有的结构，同时寻找更好的结构。进化计算也就是借用生物进化的规律，通过繁殖，竞争，再繁殖，再竞争，实现优胜劣汰，一步一步地逼近问题的最优解。进化算法作为一种随机搜索技术，对优化问题的不连续性、不可微性、高度非线性没有要求，是一种具有通用、并行、稳健、简单与全局优化能力强等特点的优化算法。

进化算法中，无论是遗传算法、遗传规划、进化策略或进化规划，都是从一组随机生成的初始个体出发，经过复制（选择）、交换（重组）、突变等操作，并根据适应度值大小进行个体的优胜劣汰，提高新一代群体的质量，再经过多次反复迭代，逐步逼近最优解。从数学角度讲，进化算法实质上是一种搜索寻优的方法。

4.3.2 研究进化算法的意义

进化算法是一种新型的优化技术，它仿效生物界的进化与遗传，不依赖于问题的具体领域，对问题的种类有很强的鲁棒性，能弥补传统优化技术的不足，所以广泛应用于很多领域来处理大量的优化问题，其应用领域主要如下。

结构性优化。通常，工程技术的优化包括结构优化和参数优化。对于后者，人们已经成功地使用了许多方法，如运筹学、数理统计、有限元等数值计算。然而对于结构优化，还缺少成熟、有效的方法。近年来，人们运用进化算法，成功地解决了建筑桁架结构、飞机结构设计、电网及管网等网络结构等结构性问题，充分显示了进化算法在这一领域的广泛应用前景。

人工智能。进化算法继模糊数学、专家系统、人工神经网络之后，成为处理人工智能的又一个有力工具。许多研究工作者利用这种技术，从事机器学习、自动程序设计、聚类分析、博弈对策等工作。在知识工程方面，进化算法发挥越来越重要的作用。

复杂问题的优化。当要解决的问题具有非线性、多峰值、不确定性时，使用传统的优化方法常常不能奏效。进化算法由于是一种黑箱式的框架型技术，不要求有明确的因果关系数学表达式，因此它是解决问题的有力工具，可以解决诸如液体流动、气候变化及军事战略等非线性动态系统问题。

此外，进化算法还在机器学习、模糊系统、人工神经网络训练、程序自动生成、专家系统的知识库维护、数据挖掘、分子计算、蛋白质预测、基因对比、各种图论与网络中的组合问题、多目标规划等方面得到广泛应用。近年来，随着进化算法的不断研究和发展，进化算法将会在越来越多的领域得到应用。

4.3.3 国内外研究现状

Storn 和 Price 于 1995 年提出了差分进化算法(Differential Evolution, DE),并进行了广泛研究。该算法在 1996 年首届 IEEE 进化算法大赛中表现突出,被证明是最快的进化算法,而且 DE 算法在收敛速度和稳定性方面都超过了其他几种知名的随机算法,如退火单纯形算法、自适应模拟退火算法、进化策略和随机微分方程法等。对于大多数数值 Benchmark 问题,DE 算法优于粒子群优化算法(PSO 算法)。

虽然差分进化算法有很多优点,但是它也存在一些无法克服的缺陷。例如,参数选取困难,后期收敛慢,有时陷入局部最优解等,针对这些不足,国内外学者做了大量的研究工作,概括如下。

针对参数选取困难问题,Storn 和 Price 给出了一些经验规则,但是这些规则只是根据经验而来的未经过理论分析的。Liu 等利用模糊逻辑控制器来调整缩放因子和交叉因子,提出了模糊自适应差分进化算法。Lee 等提出了一种基于适应性步长局部搜索来确定缩放因子的策略,缩小了参数选取的难度,加速了算法搜索的进程。谢晓锋等将缩放因子由固定数值转化为随机函数,放宽了交叉因子的取值范围,数值实验表明该策略具有较大的优势。Chiou 等提出了一种可变缩放因子,有效克服了固定或者随机因子的缺陷,提高了算法的性能。Ali 等在 DE 算法中引入自适应缩放比例因子,它能在算法早期增强全局搜索能力,后期具有较强的局部开发能力。

许多学者从改变差分进化算法的操作算子入手来提高其性能。Storn 和 Price 根据变异和交叉操作的不同提出了 10 种差分进化算法策略。Fan 等在 DE 算法中引入三角形变异策略,沿着三角形的 3 条边分别以不同的步长搜索,来产生变异个体,增强了算法跳出局部极小点的概率。Feoktistov 等提出了一种广义的变异策略框架,为开发新的变异策略提供了便利。Liu 等提出了一类协进化差分进化算法。Wang 等为加快 DE 算法的收敛速度引入了加速算子,同时为了提高种群多样性,当种群的分散度小于一定阈值时进行迁徙操作,从而保持了种群的多样性。Cheng 等在 DE 算法中加入了搜索空间扩展机制,有效增强了算法的全局收敛能力,通过对种群的控制来调节多样性,进而提高算法的效率。Plagianakos 等和 Tasoulis 分别提出了并行 DE 算法,在提高计算能力的同时也加大了算法的计算量。

为了构造出更加有效的算法,人们展开了差分进化算法的混合算法研究。

单纯形法搜索能力较强，无须梯度信息，易于实现，因此，方强等在 DE 算法中加入单纯形寻优操作和重布操作，提高了单纯形法的收敛速度，同时也提高了 DE 算法的收敛精度。Hrstka 等将遗传算法的部分染色体通过 DE 算法的变异操作产生，同时利用二进制竞争选择策略选择子代。张昊等提出将粒子滤波和 DE 算法结合，大大改善了差分进化算法的性能。Becerra 等将文化算法引入到 DE 算法中，并用于求解约束优化问题，但是容易出现“早熟”收敛。除此之外，差分进化算法还有和其他算法的混合策略。

算法的有效性必须在应用中才能体现，因此差分进化算法的应用一直是人们研究的热点。差分进化算法主要用于连续无约束的确定性优化问题，为了拓展其应用范围，许多学者做了努力。Lampinen 等先利用静态罚函数方法转化为无约束问题，其后通过增大使不可行解朝约束违背少的方向的选择压力来提高算法向可行域收敛的速度。Sariiweis 等提出了一种利用增广拉格朗日方法处理约束的排列 DE 算法，并根据算法的进程调节罚因子和拉格朗日乘子。Chiou 等将问题转化为最大最小(min-max)问题。Orwubolu 等利用前向转化机制将整数变量转化为便于 DE 算法处理的连续变量，利用后向转化机制将连续变量转化为可以进行目标评价的整数量，从而将 DE 算法用于处理离散问题。宋立明等将 DE 算法用于优化叶轮机械三维气动优化设计。Aydin 等将 DE 算法与模糊推理相结合，用于解决机器人最优路径规划问题。Kapadi 等利用 DE 算法解决间歇发酵最优控制和参数选取问题。Qian 等利用多目标问题的特点，提出了一种自适应调节变异因子的差分进化算法，并将其应用于多目标优化当中，取得了较好的结果。

此外，差分进化算法还被应用到噪声、电力系统、自动聚类、信号处理、有限缓冲区的流水车间调度问题、网络训练等复杂环境中。

4.4 差分进化算法概述与进展

差分进化算法是一种基于种群并行随机搜索的新型进化算法，该算法从原始种群开始，通过变异、杂交、选择几种遗传操作来衍生出新的种群，经过逐步迭代，不断进化，可实现全局最优解的搜索，在函数优化和实际工程领域已取得了较好的成功应用案例。但是，它作为一种较新的进化算法也有其缺陷，即优化迭代后期接近最优解时收敛速度缓慢，易陷入局部最优。

为了克服 DE 算法在求解全局优化问题时的缺陷，本章在对基本差分进化算法描述的基础上,提出了几种改进的差分进化算法,来平衡全局搜索能力和局部搜索能力,使算法快速收敛到最优解。同时采用一种变异机制,对陷入停滞现象的个体进行随机变异。最后采用了一系列常用的基准测试函数,对基本差分进化算法和改进差分进化算法的性能进行测试,并对几种不同的算法进行了比较。同时将其应用于实际,解决一些优化问题,如单目标函数和多目标函数的求解问题等。

4.4.1　差分进化算法的发展过程

基本 DE 算法可以表示为:DE/rand/1/bin。其中,“bin”表示交叉操作。实际应用中还发展了 DE 算法的几个变形形式,并用符号 DE/x/y/z 加以区分,其中,x 限定当前被变异的向量是“随机的”或“最佳的”;y 是所利用的差分向量的个数;z 表示交叉程序的操作方法。当只考虑到基点的选择方式、差分向量的个数时,DE 算法的变异操作有如下形式(表 4.1)。

表 4.1　DE 算法的变异操作形式

DE/rand/1	$v_i^t = x_{r_1}^t + F \times (x_{r_2}^t - x_{r_3}^t)$
DE/best/1	$v_i^t = x_{\text{best}}^t + F \times (x_{r_1}^t - x_{r_2}^t)$
DE/rand/2	$v_i^t = x_{r_1}^t + F \times (x_{r_2}^t - x_{r_3}^t + x_{r_4}^t - x_{r_5}^t)$
DE/best/2	$v_i^t = x_{\text{best}}^t + F \times (x_{r_1}^t - x_{r_2}^t + x_{r_3}^t - x_{r_4}^t)$
DE/rand-to-best/1	$v_i^t = x_i^t + F \times (x_{\text{best}}^t - x_i^t) + F \times (x_{r_1}^t - x_{r_2}^t)$

4.4.2　差分进化算法的特征

同其他进化算法相比,差分进化算法主要具有以下几个特征。

①算法通用,不依赖于问题信息。

②算法原理简单,容易实现。

③群体搜索能力强,具有记忆个体最优解的能力。

④协同搜索,具有利用个体局部信息和群体全局信息指导算法进一步搜索的能力。

4.4.3　几种基准测试函数

①香蕉函数(Banana 函数,图 4.1):$f(x) = 100(x_2^2 - x_1^2)^2 + (1 - x_1)^2(-3 \leqslant$

$x_1 \leqslant 3, -3 \leqslant x_2 \leqslant 3$)。

全局最优解为:$x_1 = 9.998\ 919e-01$, $x_2 = 9.998\ 012e-01$, $f(x) = 0.000\ 000$。

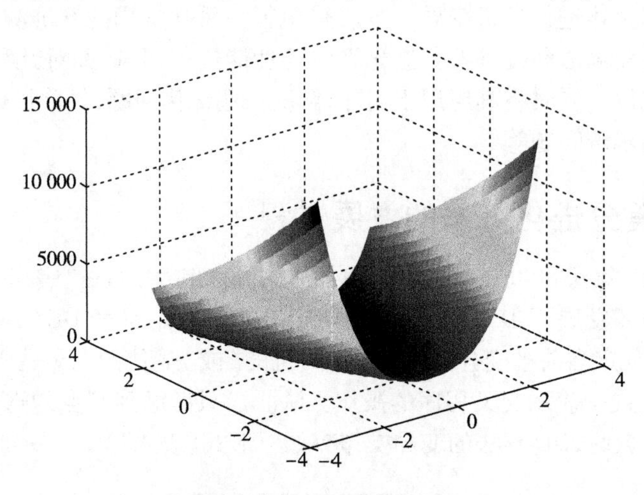

图 4.1 Banana 函数图形

②Schaffer 函数(图 4.2):$f(x) = 0.5 + [(\sin\sqrt{x_1^2 + x_2^2})^2 - 0.5]/(1 + 0.001 \times (x_1^2 + x_2^2))^2$($-10 \leqslant x_1 \leqslant 10, -10 \leqslant x_2 \leqslant 10$)。

全局最优解为:$x_1 = 0.000\ 000$, $x_2 = 0.000\ 000$, $f(x) = 0.500\ 000$。

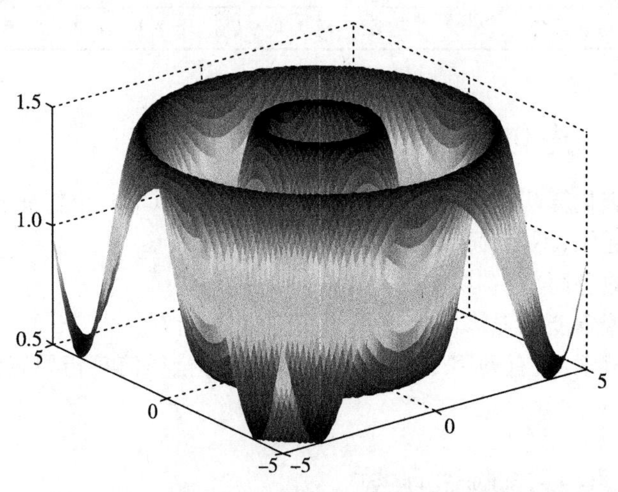

图 4.2 Schaffer 函数图形

③Bohachevsky 函数(图 4.3):$f(x) = x_1^2 + x_2^2 - 0.3 \times \cos(3\pi x_1) + 0.3 \times \cos(4\pi x_2) + 0.3(-10 \leqslant x_1 \leqslant 10, -10 \leqslant x_2 \leqslant 10)$。

最优解为-0.24,分布在[-0.24,0]和[0,0.24]上。

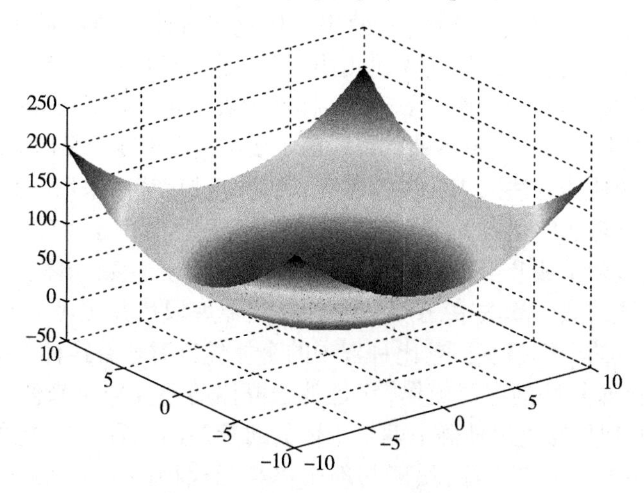

图 4.3　Bohachevsky 函数图形

④多峰函数(图 4.4):$f(x) = (x_1^2 + x_2^2)^{0.25}(\sin(50(x_1^2 + x_2^2)^{0.1})^2 + 1)$ $(-5.12 \leqslant x_1 \leqslant 5.12, -5.12 \leqslant x_2 \leqslant 5.12)$。

该函数有一个最小值 0,存在无穷的局部极小值。

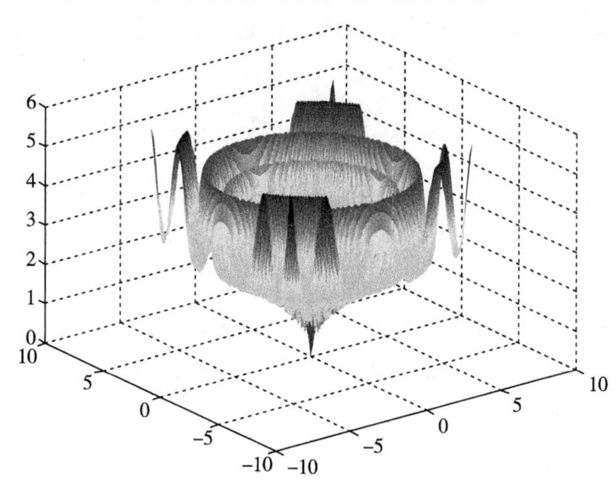

图 4.4　多峰函数图形

4.5 基本差分进化算法

DE 算法是一种基于实数编码的用于优化函数最小值的进化算法，是在求解有关切比雪夫多项式的问题时提出来的，是基于群体差异的进化计算方法。它的整体结构类似于遗传算法，一样都存在变异、交叉和选择操作，但是它又不同于遗传算法。与基本遗传算法的主要区别在于变异操作上，具体如下。

①传统的遗传算法采用二进制编码，而差分进化算法采用实数编码。

②在遗传算法中通过两个父代个体的交叉产生两个子个体，而在差分进化算法中通过两个或几个个体的差分矢量做扰动来产生新个体。

③在传统的遗传算法中，子代个体以一定概率取代其父代个体，而在差分进化中新产生的个体只有当它比种群中的个体优良时才替换种群中的个体。

变异是 DE 算法的主要操作，它是基于群体的差异向量来修正各个体的值，其基本原理是通过把种群中两个个体的向量差加权后，按一定的规划与第 3 个个体求和来产生新个体，然后将新个体与当代种群中某个预先决定的个体相比较，如果新个体的目标值优于与之相比较的个体的目标值，则在下一代中就用新个体取代，否则，旧个体仍保存下来。

差分进化算法的基本思想是：首先由父代个体间的变异操作构成变异个体；然后按一定的概率，父代个体与变异个体之间进行交叉操作，生成一实验个体；最后在父代个体与实验个体之间根据适应度值的大小进行“贪婪”选择操作，保留较优者，实现种群的进化。

4.5.1 变异操作

对于每个个体 x_i^t，按式(4.1)产生变异个体 $v_i^t = (v_{i1}^t, v_{i2}^t, \cdots, v_{iD}^t)^{\mathrm{T}}$，则

$$v_{ij}^t = x_{r_1 j}^t + F(x_{r_2 j}^t - x_{r_3 j}^t),\ j = 1,2,3,\cdots,D。 \tag{4.1}$$

其中，$x_{r_1}^t = (x_{r_1 1}^t, x_{r_1 2}^t, \cdots, x_{r_1 D}^t)^{\mathrm{T}}$，$x_{r_2}^t = (x_{r_2 1}^t, x_{r_2 2}^t, \cdots, x_{r_2 D}^t)^{\mathrm{T}}$ 和 $x_{r_3}^t = (x_{r_3 1}^t, x_{r_3 2}^t, \cdots, x_{r_3 D}^t)^{\mathrm{T}}$ 是群体中随机选择的 3 个个体，并且 $r_1 \neq r_2 \neq r_3 \neq i$，$x_{r_1 j}^t$，$x_{r_2 j}^t$ 和 $x_{r_3 j}^t$ 分别是个体 r_1，r_2 和 r_3 的第 j 维分量；F 为变异因子，一般取值在[0.5,1]，这样就得到了变异个体 v_i^t。

4.5.2 交叉操作

根据以下原理由变异个体 v_i^t 和父代个体 x_i^t 得到实验个体 u_i^t =

$(u_{i1}^t, u_{i2}^t, \cdots, u_{iD}^t)^{\mathrm{T}}$，则

$$u_{ij}^t = \begin{cases} v_{ij}^t, \mathrm{rand}[0,1] \leqslant CR \text{ 或 } j = j\_rand \\ x_{ij}^t, \mathrm{rand}[0,1] > CR \text{ 或 } j \neq j\_rand \end{cases} \quad。\tag{4.2}$$

其中，rand[0,1]是[0,1]的随机数；*CR* 是范围在[0,1]的常数，称为交叉因子，*CR* 的值越大，发生交叉的可能性越大；*j_rand* 是在[1,*D*]随机选择的一整数，它保证了对于实验个体 u_i^t 至少要从变异个体 v_i^t 中获得一个元素。

以上的变异操作和交叉操作统称为繁殖操作。

4.5.3　选择操作

差分进化算法采用的是“贪婪”选择策略，即从父代个体 x_i^t 和实验个体 u_i^t 中选择一个适应度值最好的作为下一代的个体，选择操作为：

$$x_i^{t+1} = \begin{cases} x_i^t, fitness(x_i^t) < fitness(u_i^t) \\ u_i^t, \text{其他} \end{cases} \quad。\tag{4.3}$$

其中，*fitness*( )为适应度函数。一般以所要优化的目标函数为适应度函数。本书的适应度函数如无特殊说明均为目标函数且为求函数极小值。

4.6　差分进化算法的算法流程

由前面对基本差分进化算法的基本原理的了解，可以得到差分进化算法的算法流程如下。

①初始化参数：种群规模 *NP*；缩放因子 *F*；变异因子空间维数 *D*；进化代数 $t=0$。

②随机初始化初始种群 $X(t) = \{x_1^t, x_2^t, \cdots, x_{NP}^t\}$，其中 $x_i^t = (x_{i1}^t, x_{i2}^t, \cdots, x_{iD}^t)^{\mathrm{T}}$。

③个体评价：计算每个个体的适应度值。

④变异操作：按式(4.1)对每个个体进行变异操作，得到变异个体 v_i^t。

⑤交叉操作：按式(4.2)对每个个体进行交叉操作，得到实验个体 u_i^t。

⑥选择操作：按式(4.3)从父代个体 x_i^t 和实验个体 u_i^t 中选择一个作为下一代个体。

⑦终止检验：由上述产生的新一代种群 $X(t+1) = \{x_1^{t+1}, x_2^{t+1}, \cdots, x_{NP}^{t+1}\}$，设

$X(t+1)$ 中的最优个体为 x_{best}^{t+1}，如果达到最大进化代数或满足误差要求，结束并输出 x_{best}^{t+1} 为最优解，否则令 $t=t+1$，转流程③。

基本差分进化算法的流程如图 4.5 所示。

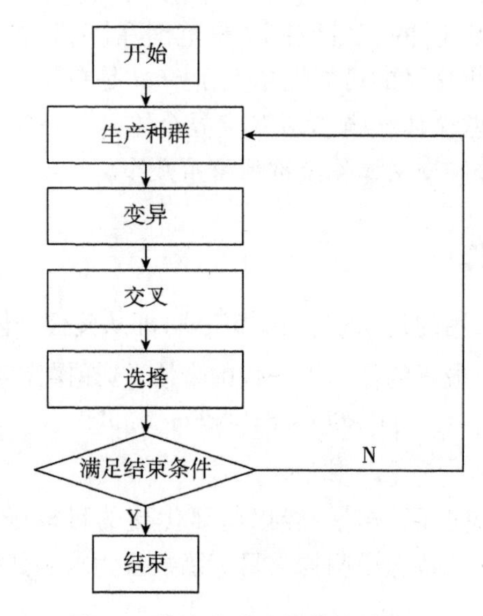

图 4.5　基本差分进化算法的流程

4.7　参数因子的选择

4.7.1　种群大小 *NP* 的选择

从计算复杂度分析，种群规模越大，搜索到全局最优解的可能性就越大，然而所需的计算量和计算时间也要增加。但是最优解的质量并非随种群规模的增大而一味地变好，有时种群规模的增大，反而会使最优解的精度降低。因此，合理选取种群规模对算法搜索效率的提高具有重要意义。

为了测试种群规模对算法性能的影响，设定缩放因子 $F=0.6$ 和交叉因子 $CR=0.9$ 的情况下，种群规模从 5 取到 100，中间间隔为 5，部分测试函数的测试结果如图 4.6 至图 4.11 所示，图中纵轴是适应度值，横轴是种群规模。

从图 4.6 至图 4.11 可以看出，当种群规模 NP 增大到一定个数时，解的精度不再提高，甚至会出现降低的情况。这是因为较大的种群规模能保持种群的多样性,但会降低收敛速度,多样性和收敛速度必须保持一定的平衡。因此,当种群规模太大时,如果不增加最大进化代数,精度反而会降低。另外,种群规模越大,多样性就越大,所以如果种群过早收敛,就要增加种群规模以增加多样性。

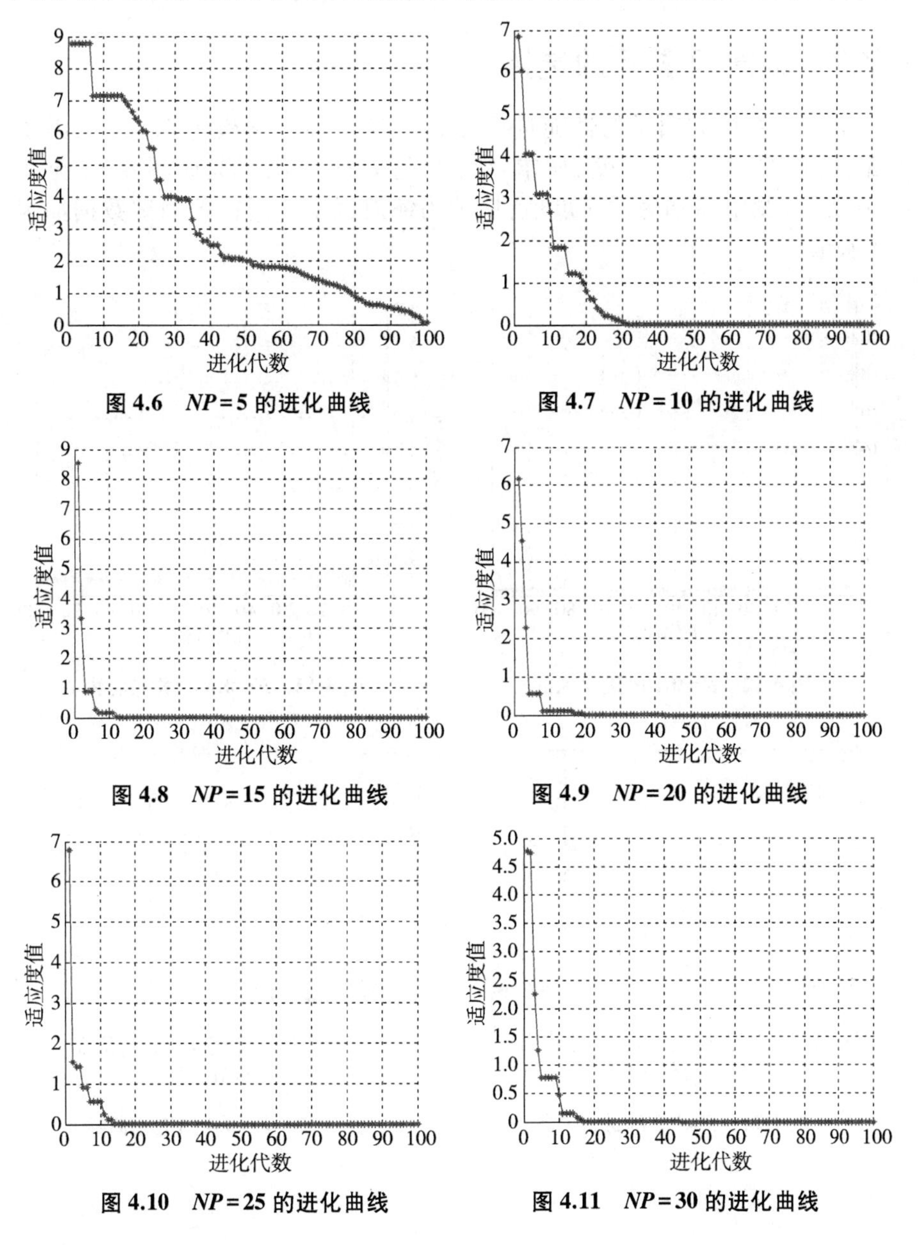

图 4.6　$NP=5$ 的进化曲线

图 4.7　$NP=10$ 的进化曲线

图 4.8　$NP=15$ 的进化曲线

图 4.9　$NP=20$ 的进化曲线

图 4.10　$NP=25$ 的进化曲线

图 4.11　$NP=30$ 的进化曲线

由图 4.6 至图 4.11 可知,在给定最大进化代数的情况下,对低维简单问题,种群规模在 15~35 较好。在给定最大进化代数的情况下,种群规模在 15~50 时,能很好地保持多样性和收敛速度的平衡。

4.7.2 缩放因子 *F* 的选择

下面将对缩放因子的性能进行测试。设定种群规模为 15,交叉因子和最大进化代数保持不变,所求最优解随 *F* 的变化情况如图 4.12 至图 4.20 所示,图中纵轴为适应度值,横轴为缩放因子。所得的测试数据如表 4.2 所示。

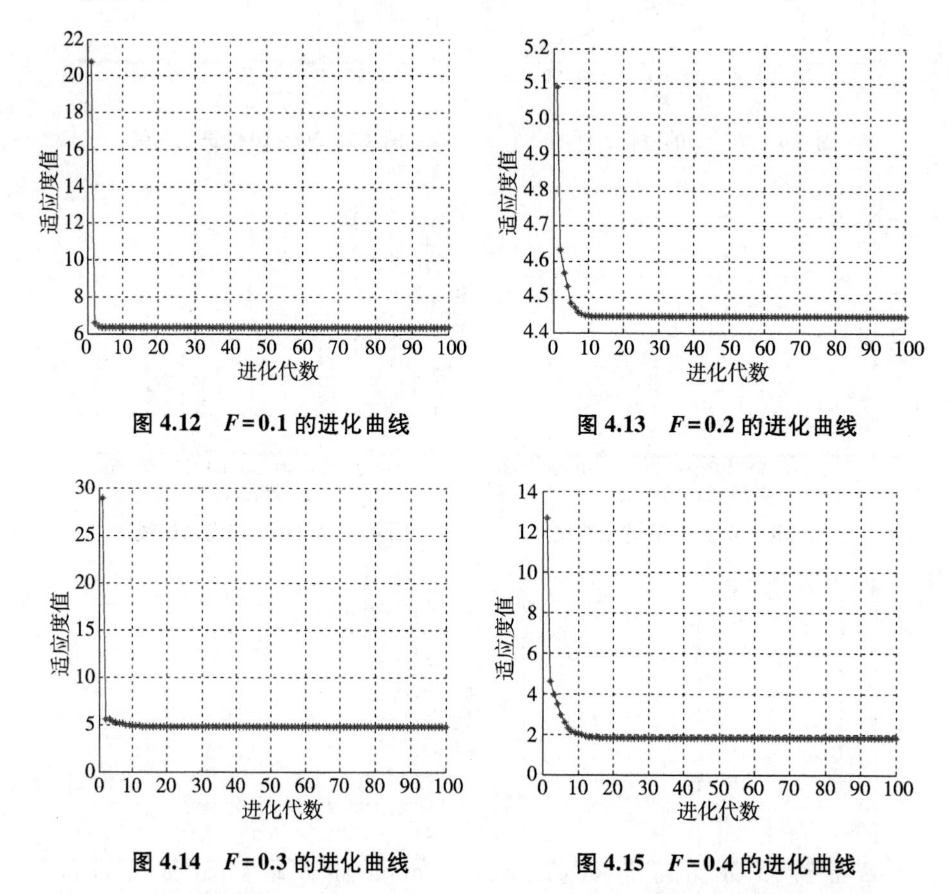

图 4.12 *F*=0.1 的进化曲线

图 4.13 *F*=0.2 的进化曲线

图 4.14 *F*=0.3 的进化曲线

图 4.15 *F*=0.4 的进化曲线

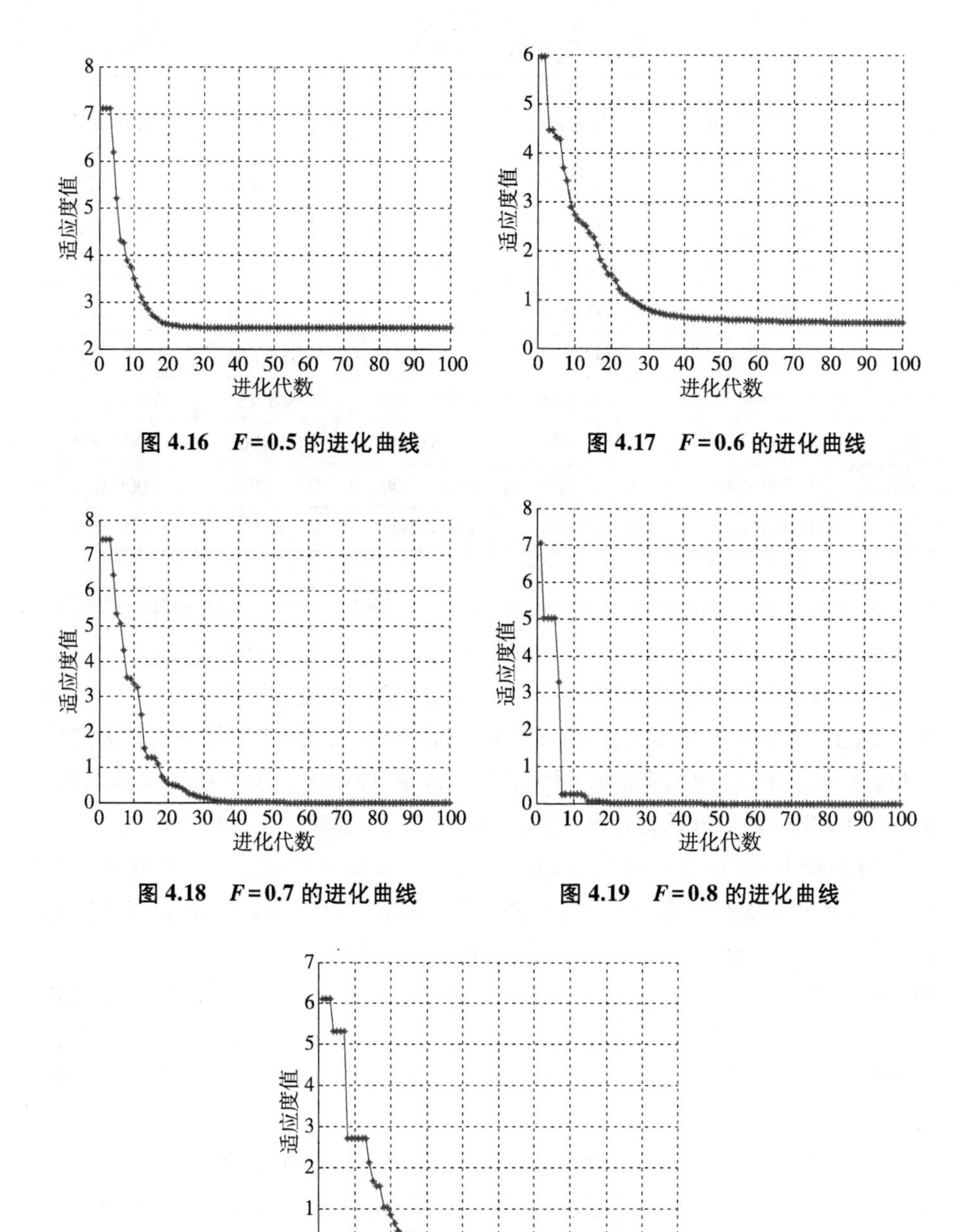

图 4.16　$F=0.5$ 的进化曲线

图 4.17　$F=0.6$ 的进化曲线

图 4.18　$F=0.7$ 的进化曲线

图 4.19　$F=0.8$ 的进化曲线

图 4.20　$F=0.9$ 的进化曲线

表 4.2　测试结果

缩放因子 F	平均适应度值	运行时间	最好值	最差值	标准差
0.1	4.931 393	0.991 262	3.448 317	7.149 241	0.943 825
0.2	4.936 319	0.988 023	2.995 122	7.238 001	1.169 582
0.3	4.395 769	0.986 410	2.594 113	6.988 824	1.199 357
0.4	3.037 585	0.856 900	0.332 183	6.287 524	1.582 463
0.5	1.727 505	0.998 650	0.005 933	4.619 668	1.381 553
0.6	0.336 171	0.630 638	0.000 000	1.628 935	0.404 157
0.7	0.000 000	0.291 784	0.000 000	0.000 001	0.000 000
0.8	0.000 000	0.185 703	0.000 000	0.000 001	0.000 000
0.9	0.000 000	0.281 604	0.000 000	0.000 001	0.000 000

由上述对香蕉函数改变 rand/1 算法的 F 因子测试可知，在初始种群相同的情况下，当 $F<0.7$ 时，平均 30 次每次的运行结果差异较大，寻优成功率不高，运行时间也较长，但具有较好的局部寻优率，收敛速度很快；当 $F>0.7$ 时，平均 30 次每次的运行结果差异不大，具有很好的全局寻优率，运行时间很短，收敛速度很快。因此，rand/1 算法针对香蕉函数的 F 因子，应是 F 因子在 0.7～1 范围内，而在 $F=0.8$ 时有最好的寻优率、最快的收敛速度、最快的运行时间。

当 F 较大时，差分矢量 $(x_j^{r_2}(t)-x_j^{r_1})$ 对 v_i^t 的影响较大，能产生较大的扰动，从而有利于保持种群多样性；反之，当 F 较小时，扰动较小，缩放因子能起到局部精细化搜索的作用。因此，F 对种群的多样性起到了一定的调节作用。缩放因子 F 取值太大，虽然能保持种群多样性，但算法近似随机搜索，搜索效率低下，求得的全局最优解精度低；反之，F 太小，种群多样性丧失很快，算法易于陷入局部最优，出现“早熟”收敛。这就是 F 取值为 0.7～1 得到的结果较好的原因。

由于 DE 算法是一种“贪婪”选择算法，所以，随着种群的不断进化，各个个体逐渐靠近最优个体，个体间的差异也会逐渐减小。这就意味着，当算法进化到一定程度时，种群多样性就会丧失。种群多样性对算法的全局搜索能力有一定影响。种群多样性大，增加了从局部最优逃脱的可能性，有利于全局搜索，但会降低收敛速度；种群多样性小，有利于局部搜索，收敛速度快，但是，易于陷入局部最优,出现所谓的“早熟”现象。

综上,F 对算法的局部搜索和全局搜索起到了一定的调节作用。F 较大,有利于保持种群多样性和全局搜索;F 较小,有利于局部搜索和提高收敛速度。所以,F 的取值既不能太大,又不能小于某一特定值,这就很好地解释了 $F\in[0.7,1]$ 时,算法能够得到很好的效果的原因。

4.7.3　交叉因子 *CR* 的选择

为了测试交叉因子对算法性能的影响,在设定缩放因子 $F=0.9$ 种群规模为 20 的情况下,把交叉因子从 0 取到 1,中间间隔为 0.1,最大进化代数保持不变。部分测试函数的测试结果如图 4. 21 至图 4. 29 所示,图中纵轴为适应度值,横轴为交叉因子。测试结果如表 4.3 所示。

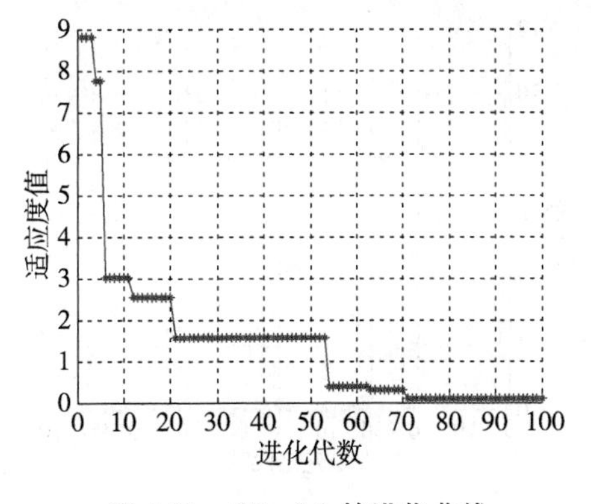

图 4.21　*CR* = 0.1 的进化曲线

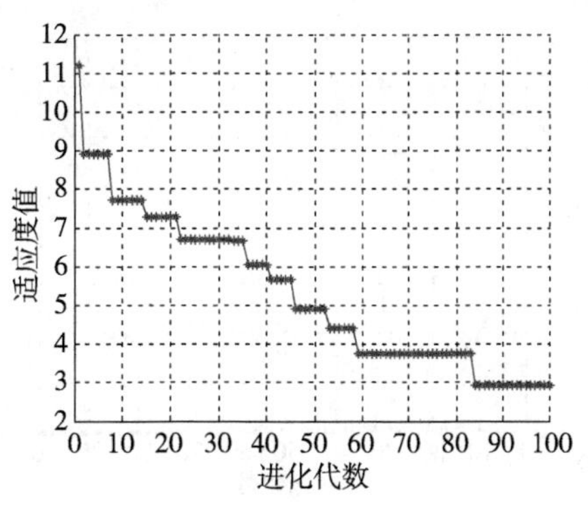

图 4.22　*CR* = 0.2 的进化曲线

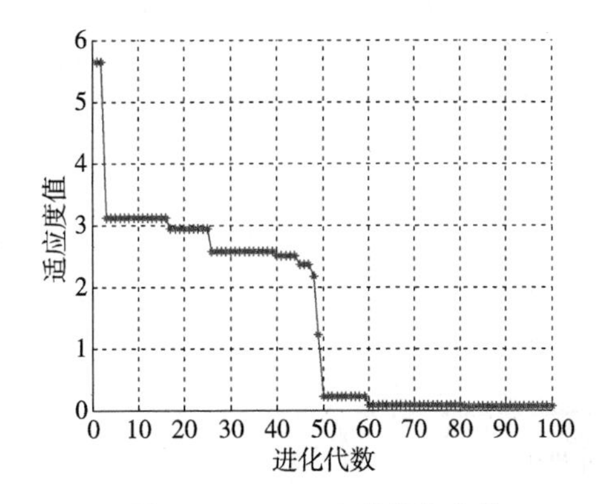

图 4.23　*CR* = 0.3 的进化曲线

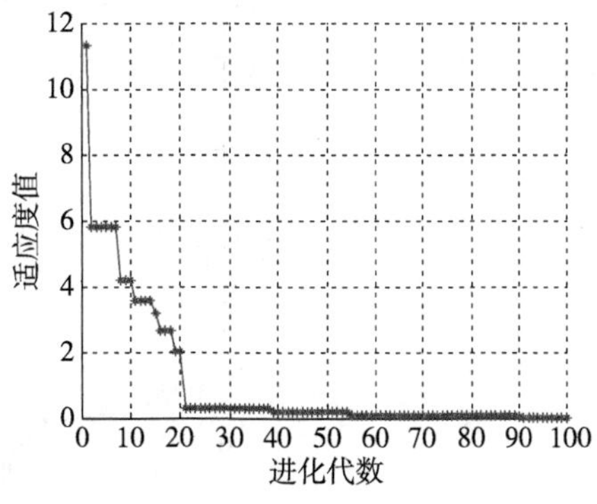

图 4.24　*CR* = 0.4 的进化曲线

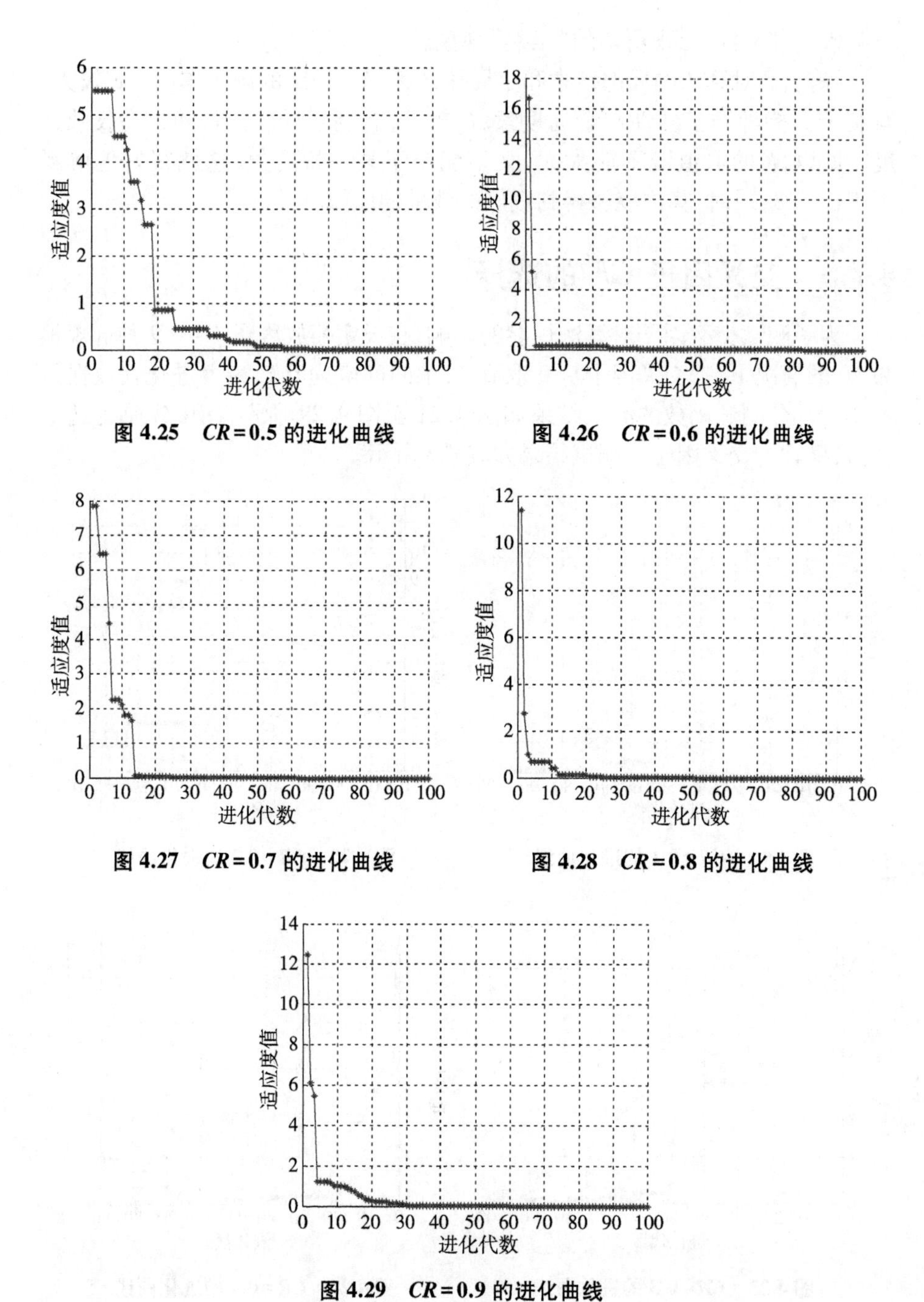

图 4.25 *CR*=0.5 的进化曲线

图 4.26 *CR*=0.6 的进化曲线

图 4.27 *CR*=0.7 的进化曲线

图 4.28 *CR*=0.8 的进化曲线

图 4.29 *CR*=0.9 的进化曲线

表 4.3　测试结果

交叉因子 *CR*	平均适应度值	运行时间	最好值	最差值	标准差
0.1	1.260 080	0.458 277	0.000 077	4.427 875	1.606 661
0.2	0.069 224	0.567 405	0.000 050	0.615 423	0.155 285
0.3	0.001 668	0.481 310	0.000 000	0.035 828	0.006 590
0.4	0.000 001	0.370 689	0.000 000	0.000 014	0.000 003
0.5	0.000 002	0.289 637	0.000 000	0.000 044	0.000 008
0.6	0.000 000	0.205 592	0.000 000	0.000 001	0.000 000
0.7	0.000 001	0.162 848	0.000 000	0.000 001	0.000 000
0.8	0.000 001	0.147 634	0.000 000	0.000 001	0.000 000
0.9	0.000 000	0.281 604	0.000 000	0.000 001	0.000 000

由上述对香蕉函数改变 rand/1 算法的 *CR* 因子测试可知，在初始种群相同的情况下，当 $CR<0.3$ 时，平均 30 次每次的运行结果差异较大，寻优成功率不高，运行时间也较长，虽具有较好的局部寻优能力，但其收敛速度不快；在 $0.3\leqslant CR<0.6$ 时，收敛速度较慢，运行时间较长，当 $CR\geqslant 0.6$ 时，收敛速度较快，运行时间较短。因此，rand/1 算法针对香蕉函数的 *CR* 因子，应是 *CR* 因子在 0.6~1 范围内，而当 $CR=0.7$ 或 $CR=0.8$ 时，具有最好的寻优能力、最快的收敛速度、最短的运行时间。

根据差分进化算法公式可知，实验个体 u_i^t 是由变异个体 v_i^t 和父代个体 x_i^t 分量间相互交叉而产生的。*CR* 的值越大，v_i^t 对 u_i^t 的贡献越多，有利于开拓新空间，从而加速收敛，但在后期变异个体趋于同一，不利于保持多样性，从而易于“早熟”，稳定性差；*CR* 的值越小，v_i^t 对 u_i^t 的贡献越少，这样就减弱了算法开拓新空间的能力，收敛速度相对较慢，但有利于保持种群多样性，从而能有较高的成功率。

4.8　测试 5 种改进 DE 算法

利用 4.4.3 所列举的几种测试函数对 5 种改进 DE 算法做出测试，其中 $NP=15$，$F=0.9$，$CR=0.9$，最大的进化代数是 200。测试结果取 30 次运行结果的平均值。

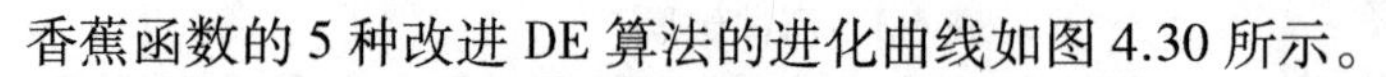

香蕉函数的 5 种改进 DE 算法的进化曲线如图 4.30 所示。

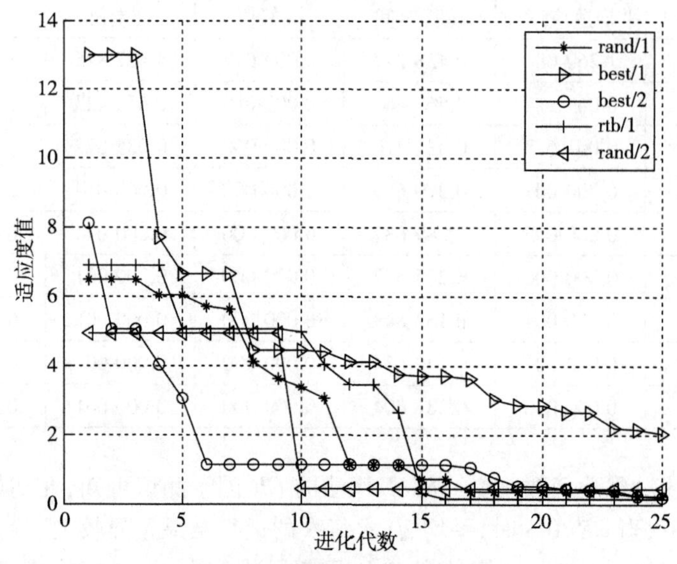

图 4.30　香蕉函数的进化曲线

Schaffer 函数的 5 种改进 DE 算法的进化曲线如图 4.31 所示。

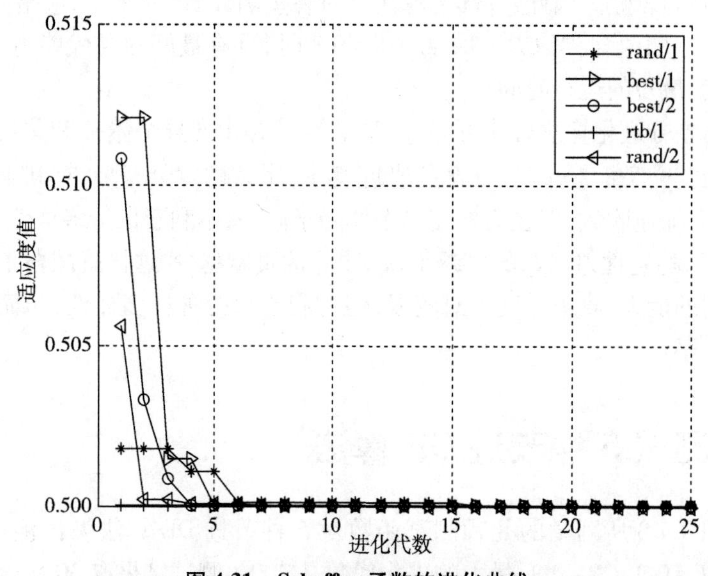

图 4.31　Schaffer 函数的进化曲线

Bohachevsky 函数的5种改进DE算法的进化曲线如图4.32所示。

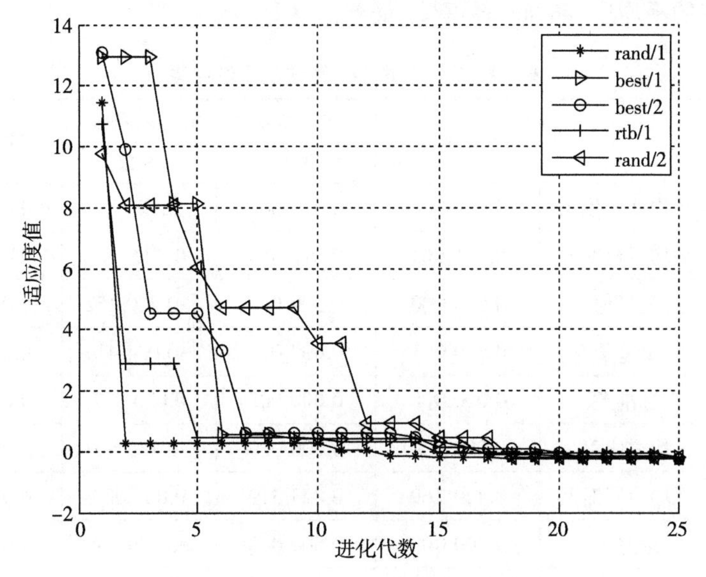

图4.32 Bohachevsky 函数的进化曲线

多峰函数的5种改进DE算法的进化曲线如图4.33所示。

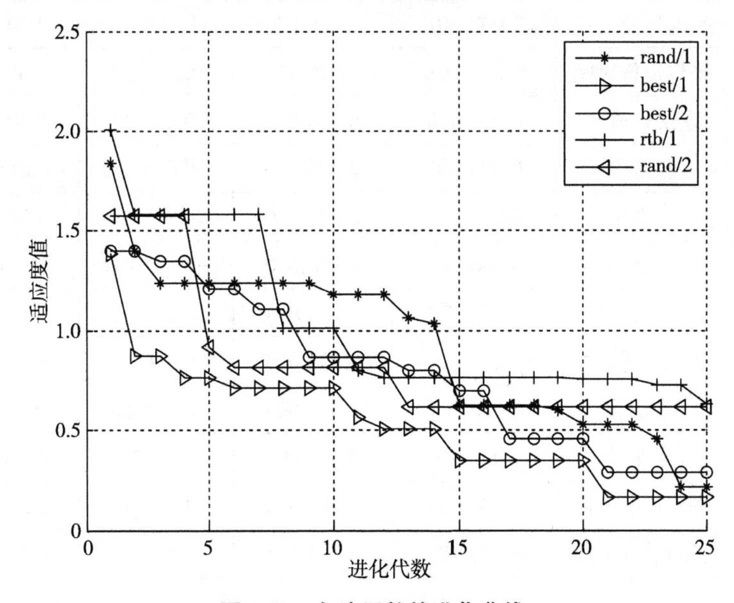

图4.33 多峰函数的进化曲线

表4.4是5种改进DE算法在默认参数下各运行30次得到的平均适应度值和程序的平均运行时间、最好值、最差值、标准差。

表4.4 5种改进DE算法的测试结果

		香蕉函数	Schaffer函数	Bohachevsky函数	多峰函数
rand/1	平均适应度值	0.000 000	0.500 001	−0.107 217	0.028 248
	平均运行时间	0.281 604	0.019 855	0.002 069	0.017 655
	最好值	0.000 000	0.500 000	−0.220 152	0.000 000
	最差值	0.000 001	0.500 012	−0.004 414	0.178 688
	标准差	0.000 000	0.000 003	0.070 037	0.045 077
best/1	平均适应度值	0.000 000	0.500 000	−0.135 403	0.000 042
	平均运行时间	0.420 769	0.023 319	0.004 080	0.020 388
	最好值	0.000 000	0.500 000	−0.239 246	0.000 000
	最差值	0.000 001	0.500 000	−0.013 329	0.000 353
	标准差	0.000 000	0.000 000	0.073 296	0.000 084
best/2	平均适应度值	0.000 001	0.500 000	−0.106 222	0.001 042
	平均运行时间	0.257 208	0.020 422	0.003 433	0.017 562
	最好值	0.000 000	0.500 000	−0.221 777	0.000 000
	最差值	0.000 001	0.500 000	−0.008 625	0.015 149
	标准差	0.000 000	0.000 000	0.067 137	0.003 125
rtb/1	平均适应度值	0.000 000	0.500 000	−0.115 447	0.001 005
	平均运行时间	0.506 174	0.024 094	0.003 732	0.022 688
	最好值	0.000 000	0.500 000	−0.236 577	0.000 101
	最差值	0.000 001	0.500 000	−0.001 670	0.004 743
	标准差	0.000 000	0.000 000	0.065 759	0.000 940
rand/2	平均适应度值	0.000 008	0.500 000	−0.125 380	0.004 721
	平均运行时间	0.752 922	0.024 117	0.004 354	0.019 848

续表

		香蕉函数	Schaffer 函数	Bohachevsky 函数	多峰函数
rand/2	最好值	0.000 000	0.500 000	−0.217 499	0.000 955
	最差值	0.000 192	0.500 000	−0.032 008	0.008 924
	标准差	0.000 036	0.000 000	0.060 747	0.001 995

由上述运行结果和进化曲线可知，在初始种群相同的情况下，平均运行 30 次每次的运行结果没有较大的变化，并且 5 种改进 DE 算法都能够很好地对函数进行优化，得到很好的效果。但对于不同的函数，收敛最快的函数不同，并且搜索最优解的效率也有所差别。例如，对香蕉函数，best/2 改进 DE 算法的收敛速度最快，并且该改进算法的运行时间也最短；对 Schaffer 函数，best/2 改进 DE 算法的收敛速度最快，但是该算法的运行时间稍长；对 Bohachevsky 函数，best/1 改进 DE 算法的收敛速度最快；对多峰函数，best/1 改进 DE 算法有最好的平均值、最好的寻优率，运行时间也短，所以 best/1 对多峰函数有较好的优化结果。由上可知，这 5 种改进 DE 算法的优化性能基本相似，但有些算法的运行时间稍长，有些函数的优化效果更好些。

4.9　差分进化算法在函数优化中的应用

由前面的描述可知，差分进化算法在求解复杂优化问题时有着很好的应用，下面是利用差分进化算法求解含等式或不等式约束的单、多目标优化问题。

4.9.1　单目标优化问题

通常情况下，单目标优化问题的标准形为：

$$\min \quad f(x_1, x_2, x_3, \cdots, x_n)$$

$$\text{s.t.} \quad \begin{cases} g_i(x_1, x_2, x_3, \cdots, x_n) \leqslant 0, i = 1,2,3,\cdots,m \\ h_j(x_1, x_2, x_3, \cdots, x_n) = 0, j = 1,2,3,\cdots,l \\ a_i \leqslant x_i \leqslant b_i \end{cases}。$$

对于上述问题的求解通常采用的是将有约束的转化为无约束问题来处

理,其常用的处理方法为罚函数法,其基本思想为:把问题的约束函数以某种方式归并到目标函数上,使整个问题变为无约束问题,为了实现这一点,可以构造如下形式的适应度评价函数,其形式为:$W(x)=f(x)+rD(x)$。其中,罚函数 $D(x)$ 为满足下列条件的连续函数:$D(x)\begin{cases}=0, x\in X\\<0, x\notin X\end{cases}$, X 为问题的可行域;r 为罚函数的尺度系数且 $r>0$。另外,可以对上述约束条件 $a_i\leqslant x_i\leqslant b_i$ 做如下处理:

$$\begin{cases}g_{m+i}=x_i-b_i, & i=1,2,3,\cdots,m\\g_{2m+i}=a_i-x_i, & i=1,2,3,\cdots,m\end{cases},$$

则罚函数 $D(x)$ 可以由外点法来构造,有

$$D(x)=\sum_{j=1}^{i}(h_j(x))^2+\sum_{i=1}^{3m}(g_i(x))^2\mu(g_i(x))。$$

其中,$\mu(g_i(x))=\begin{cases}0, g_i(x)\geqslant 0\\1, g_i(x)<0\end{cases}$。

如果目标函数是求最大化,将其转化为最小化后再利用差分进化算法进行实现,其转化方式为利用如下的适应度函数:$fitness(f(x))=W_{\min}-W(x)$。其中,$fitness(f(x))<0$, $W_{\min}$ 为一事先给定的值或 $W(x)$ 中的最小值,这样就把无约束问题的极大化转化为了极小化问题。

4.9.2 多目标优化问题

通常情况下,多目标优化问题的表示形式为:

$$\max\ \{z_1=f_1(x), z_2=f_2(x),\cdots,z_q=f_q(x)\}$$

$$\text{s.t.}\ \begin{matrix}g_i(x)\leqslant 0, & i=1,2,3,\cdots,m\\h_j(x)=0, & j=1,2,3,\cdots,l\end{matrix}。$$

对于此问题的求解通常有两种方法:一种是将多目标转化为一个单目标规划问题进行求解;另一种是转化为多个单目标规划问题进行求解。

(1)单目标规划的例子

形式为:

$$\max\ y=x^2\cos x+\sin x+3$$

$$\text{s.t.}\ \begin{matrix}x-2<0\\-1<x<3\end{matrix}。$$

(2)多目标规划的例子

形式为:

$$\min \quad x^3 - 3x^2 + 2$$

$$\max \quad x\sin x + \cos x + 3$$

$$\text{s.t.} \quad \begin{matrix} x^2 - 3x - 4 \leqslant 0 \\ x - 2 < 0 \end{matrix}$$ 。

在上述参数设置的基础上对于问题(1)的实现,其等价于

$$\max \quad y = x^2\cos x + \sin x + 3$$

$$\text{s.t.} \quad -1 < x < 2$$ 。

首先对 y 的最小值 $y_{\min}$ 做一估计值(或者可以先利用差分进化算法求得 $y_{\min}=2.2447$),然后将最大化问题的求解转化为形如下述形式的最小化问题:

$$\min \quad f = y_{\min} - y$$

$$\text{s.t.} \quad -1 < x < 2$$ 。

利用差分进化算法求得上述最大化问题的部分模拟结果如表 4.5 所示。

表 4.5　5 种改进 DE 算法的最大化问题的模拟结果

	平均适应度值	最好值	最差值	运行时间	方差
rand/1	-2.210 311	-2.210 311	-2.210 311	0.016 847	0.000 000
best/1	-2.210 311	-2.210 311	-2.210 311	0.016 705	0.000 000
best/2	-2.210 311	-2.210 311	-2.210 311	0.016 541	0.000 000
rtb/1	-2.210 311	-2.210 311	-2.210 311	0.016 875	0.000 000
rand/2	-2.210 311	-2.210 311	-2.210 311	0.017 157	0.000 000

进化曲线如图 4.34 所示。

得到根本问题的最大值如表 4.6 所示。

表 4.6　5 种改进 DE 算法得到的最大值

改进 DE 算法	最大值
rand/1	2.244 700+2.210 311=4.455 000
best/1	2.244 700+2.210 311=4.455 000
best/2	2.244 700+2.210 311=4.455 000
rtb/1	2.244 700+2.210 311=4.455 000
rand/2	2.244 700+2.210 311=4.455 000

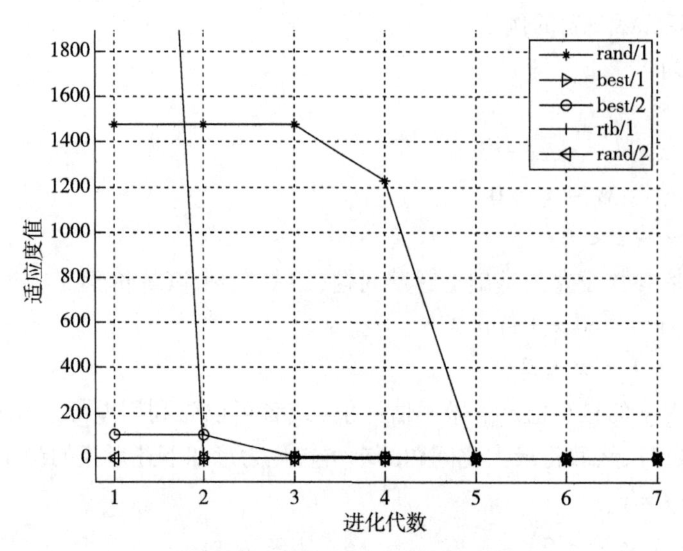

图 4.34 单目标函数的进化曲线

依据进化曲线和运行结果可知,改进的 DE 算法都能对单目标优化问题进行非常好的优化,在进行的 30 次运行中,每次都能找到最优解,算法很稳定,算法运行时间也较快,各算法运行时间有微小的差别。

同样,在上述参数设置的基础上对于问题(2)的求解可以做如下处理:首先利用加权法对各个目标函数进行加权处理,其中的权系数可以利用公式 $\omega_k = \dfrac{r_k}{\sum_{j=1}^{q} r_j}$ 求得,其中 $k = 1,2,3,\cdots,q$,r_j 是非负随机数。也可以利用决策者的相关经验和偏好关系产生。在这里利用决策者的不同偏好程度来产生,如对最大化的权重比例为 $\omega_1 = 0.6$,而对最小化的权重比例为 $\omega_2 = 0.4$,且取 $|x| < 100$。这样就将上述多目标优化问题转化为了单目标优化问题:

$$\begin{aligned}&\min\ (x^3 - 3x^2 + 2) - \omega_1(x\sin x + \cos x + 3)\\&\text{s.t.}\quad x^2 - 3x - 4 \leqslant 0\end{aligned}。$$

然后再利用罚函数法进行处理,将其约束问题转化为无约束问题来处理。这里所用罚函数为:

$$f(x) = \omega_2(x^3 - 3x^2 + 2) - \omega_1(x\sin x + \cos x + 3) + \begin{cases}0, & -1 \leqslant x \leqslant 4\\(x^2 - 3x - 4)^2, & x > 4, x < -1\end{cases}。$$

最后利用差分进化算法求得其模拟结果及其进化曲线如表 4.7 和图 4.35 所示。

表 4.7　30 次运行平均结果

	平均适应度值	最好值	最差值	方差
rand/1	−3.476 123	−3.476 123	−3.476 123	0.000 000
best/1	−3.476 123	−3.476 123	−3.476 123	0.000 000
best/2	−3.476 123	−3.476 123	−3.476 123	0.000 000
rtb/1	−3.476 123	−3.476 123	−3.476 123	0.000 000
rand/2	−3.476 123	−3.476 123	−3.476 123	0.000 000

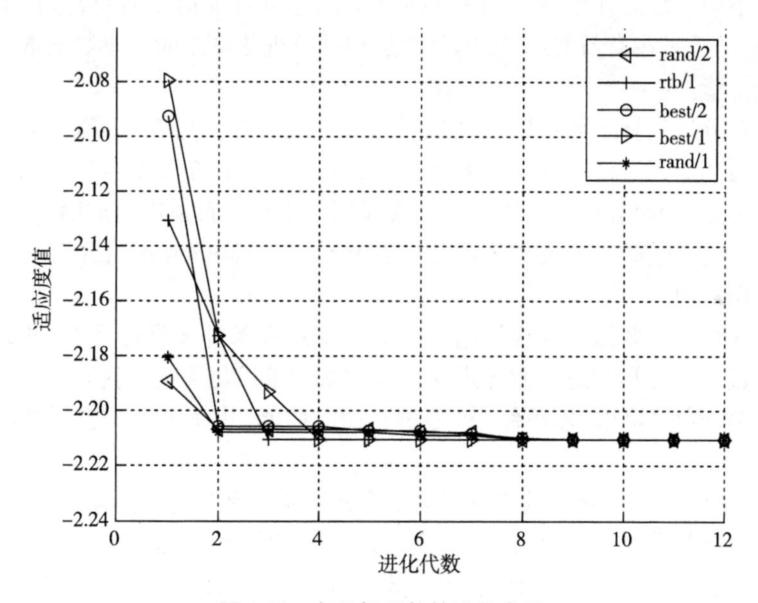

图 4.35　多目标函数的进化曲线

由进化曲线和运行结果可知，在进行的 30 次运行中，这 5 种不同的改进 DE 算法都能寻到该应用的最优解，并且算法非常稳定，但各种算法的收敛速度不同，算法的运行时间有所差别。

4.10 小结

差分进化算法是一种新颖的智能优化算法，简单，容易理解，易于实现且可以做到全局收敛，其优越的性能已广泛应用于各种工程实际问题中，但它也存在很多不足，例如，研究成果分散，易于“早熟”，参数选取困难，后期收敛缓慢等。因此，对差分进化算法的改进和提高有进一步研究的必要。

本章在给出差分进化算法基本原理的基础上，主要做了如下工作。

①差分进化算法收敛速度和全局优化性能对参数的选取有很大的依赖性，算法的性能主要受3个参数的影响：种群规模、缩放因子、交叉因子。如果参数的选取不当，就会使差分进化算法出现“早熟”或精度不高等问题，因此，对具有不同特征的几个典型的 Benchmark 问题进行了仿真研究，分析了其结果，并给出了一些有益的结论，这些对运用差分进化算法时的参数选取有很好的参考价值。

②差分进化算法研究广泛，但成果相对分散，尤其是变异策略，从而影响了其发展和应用。已有的变异策略很多，鉴于此，本章在详细分析不同变异策略和交叉方式的基础上，给出了一些交叉因子策略和自适应缩放因子策略，并提出了一些改进的差分进化算法，这对差分进化算法的应用研究有着很好的指导作用。

③采用罚函数法和加权策略分别处理带约束条件多目标问题，并运用基本差分进化算法和改进的差分进化算法求解约束优化问题。对它们进行数值实验，比较两种算法的求解结果，分析它们的性能，从而进一步扩展算法的应用领域。

DE 算法是一种新兴的进化算法，已有的研究和应用成果都证明了其有效性与广阔的发展前景，但由于人们对其研究刚刚开始，远没有像遗传算法那样已经具有良好的理论基础、系统的分析方法和广泛的应用基础，因此，还有待进一步研究。综观差分进化算法的研究现状，目前主要在以下几个领域还有待于进一步开展研究。

①算法理论方面的研究。差分进化算法虽然在实际应用中被证明是有效的，但是对算法的收敛性、收敛速度、参数选取等方面还缺乏理论分析，还需要进一步的数学证明。

②参数选择和优化。种群数量、变异算子、交叉算子等参数选择对 DE 算

法的性能有重要影响,如何选择、优化和调整参数,使算法既能避免“早熟”又能较快收敛,对研究和应用有着重要的意义。

③算法的改进。由于实际问题的多样性和复杂性,单靠一种算法的机制是不能满足需要的,因此,应注重高效的差分进化算法的开发,在分析算法优劣的基础上,改进状态更新公式,并有效地均衡全局和局部搜索,如何将其他算法和 DE 算法结合,构造出更加高效的混合差分进化算法仍是当前算法改进的热点。此外,针对特定问题,还可以将问题的信息融入算法当中,给算法以更有效的指导。

④算法的应用研究。基本差分进化算法主要适用于连续空间的函数优化问题,如何改变其搜索及变异机制使其用于离散空间的优化,特别是组合优化问题,将是差分进化算法研究的热点之一。此外,差分进化算法在多目标、噪声环境、动态等复杂优化问题中的应用还有待于进一步拓宽。

第5章　$PM_{2.5}$及其他空气污染物的时空分布

自2012年冬季以来,我国空气污染的状况越发严重,雾霾更是频繁侵袭京津冀等广大中东部地区城市上空。近几年,虽然空气污染的状况有所缓解,但是重度空气污染天气仍时有发生,为了探究雾霾的形成原因,以便为京津冀地区的城市制定相应的大气污染治理政策提供科学的依据及建议。本章尝试利用京津冀地区12个城市(除邯郸市,下同)2014—2017年6种污染物的逐日数据,对京津冀地区近几年的雾霾时空分布状况进行分析,以期能较为深入地解释京津冀地区的污染物空间分布特征及时间变化规律,从而为我国政府和环境保护部门制定环境保护政策、修改相关技术标准提供全面的信息及建议。

5.1　$PM_{2.5}$的时空分布

5.1.1　$PM_{2.5}$年际变化

京津冀地区12个城市2014—2017年$PM_{2.5}$的年际变化如图5.1所示,在这期间,12个城市$PM_{2.5}$的年均浓度整体上呈现明显下降趋势。其中,2014年及

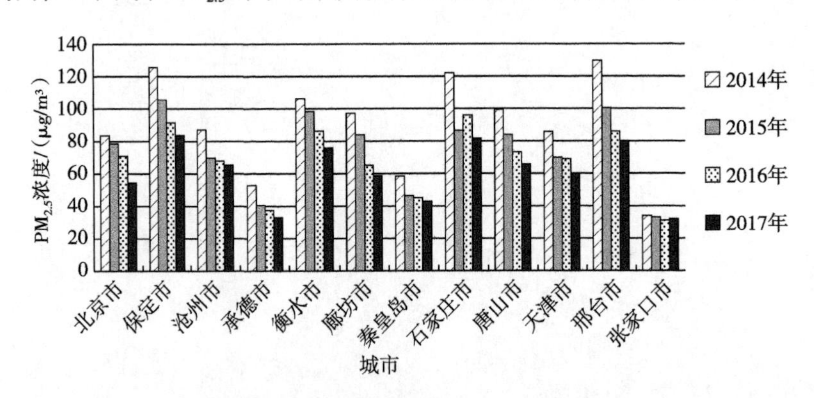

图5.1　2014—2017年$PM_{2.5}$的年际变化

2017 年 $PM_{2.5}$的年均浓度对比如表 5.1 所示。可以看出，与 2014 年 $PM_{2.5}$的年均浓度相比，除张家口市由于其 $PM_{2.5}$浓度本就远低于其他城市，2017 年其他 11 个城市下降了 25%~40%，其中廊坊市下降幅度最大，达到了 40%。

表 5.1　2014 年及 2017 年 $PM_{2.5}$的年均浓度对比

城市	2014 年 $PM_{2.5}$浓度/（$\mu g/m^3$）	2017 年 $PM_{2.5}$浓度/（$\mu g/m^3$）	下降比例
北京市	83.523 55	54.621 85	35%
保定市	125.687 00	83.648 65	33%
沧州市	87.113 57	65.428 31	25%
承德市	52.814 40	33.226 00	37%
衡水市	106.252 10	75.940 10	29%
廊坊市	97.213 30	58.785 56	40%
秦皇岛市	58.531 86	42.961 20	27%
石家庄市	122.180 10	81.767 37	33%
唐山市	99.375 00	65.668 16	34%
天津市	85.709 14	59.989 36	30%
邢台市	129.783 90	80.096 34	38%
张家口市	34.096 95	32.133 44	6%

根据生态环境部于 2012 年发布的《环境空气质量指数（AQI）技术规定（试行）》（HJ 633—2012）规定，当 $PM_{2.5}$日均值浓度达到 150 $\mu g/m^3$ 时，AQI 即达到 200；当 $PM_{2.5}$日均浓度达到 250 $\mu g/m^3$ 时，AQI 即达 300；当 $PM_{2.5}$日均浓度达到 500 $\mu g/m^3$ 时，对应的 AQI 指数达到 500。

京津冀地区 12 个城市 2014—2017 年 $PM_{2.5}$浓度>150 $\mu g/m^3$ 的天数的年际变化和 $PM_{2.5}$浓度>250 $\mu g/m^3$ 的天数的年际变化如图 5.2、图 5.3 所示。在这其中，邢台市、石家庄市和保定市这 3 个城市的情况最为严峻，仅在 2014 年的 365 天中，这 3 个城市就分别有 109 天、100 天、97 天 $PM_{2.5}$浓度大于 150 $\mu g/m^3$，即一年中超过 1/4 的时间都在重度污染以上，在这其中又分别有 32 天、36 天、33 天 $PM_{2.5}$浓度大于 250 $\mu g/m^3$，即一年中近 1/10 的时间都在严重污染。与之相比，其他城市 $PM_{2.5}$浓度大于 150 $\mu g/m^3$ 的天数远低于上述 3 个城市。该情况在 2014—2017 年的 4 年间有所好转，不仅 $PM_{2.5}$的浓度大幅下降，而且其大于 150 $\mu g/m^3$ 的天数和大于 250 $\mu g/m^3$ 的天数亦大幅下降，这

3 个城市因 $PM_{2.5}$浓度大于 150 μg/m³ 而重度污染的天数都下降至了 40 天左右，因 $PM_{2.5}$浓度大于 250 μg/m³ 而严重污染的天数也都下降至了 10 天左右，而其他城市亦下降了至少 50%，依然远低于上述 3 个城市。

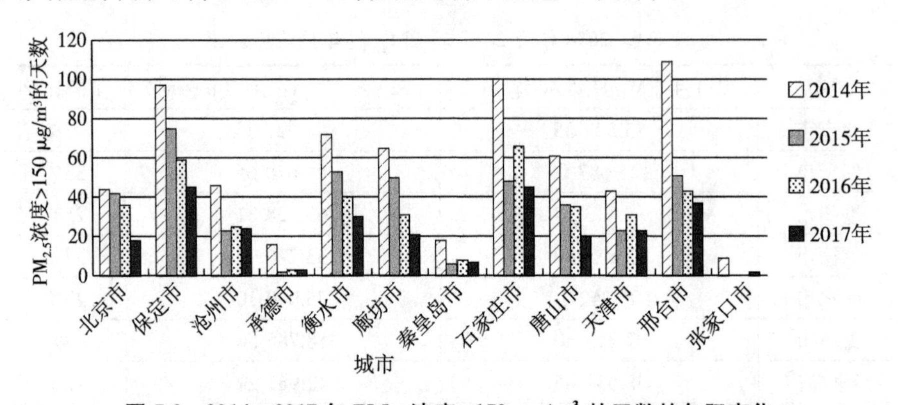

图 5.2 2014—2017 年 $PM_{2.5}$浓度>150 μg/m³ 的天数的年际变化

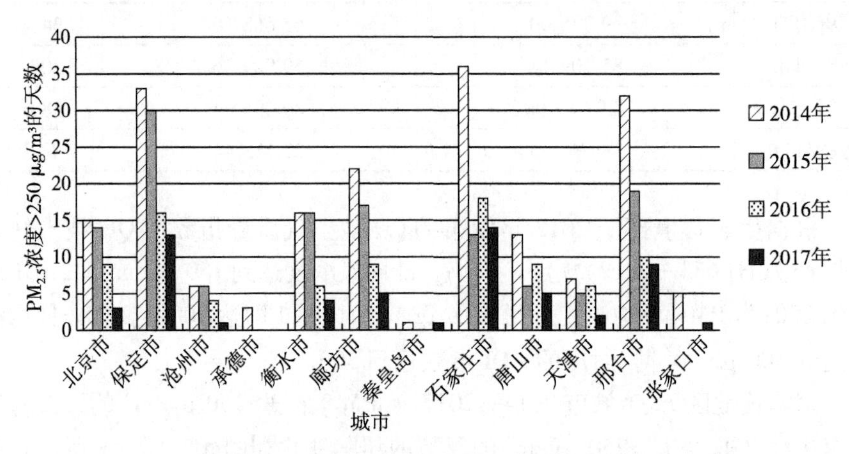

图 5.3 2014—2017 年 $PM_{2.5}$浓度>250 μg/m³ 的天数的年际变化

5.1.2 $PM_{2.5}$季节分布特征

为了能更加深入地分析京津冀地区 $PM_{2.5}$的空间分布情况，以便探究其成因，本小节对 $PM_{2.5}$的浓度进行季节性和月份分析。在以下所有季节分布图中定义前一年 12 月至本年 2 月为冬季，3—5 月为春季，6—8 月为夏季，9—11 月为秋季，京津冀地区 12 个城市 2017 年 $PM_{2.5}$的季节分布图按春、夏、秋、冬四季依次绘制。而月份的分布情况，以承德市代表 $PM_{2.5}$整体浓度较低的北部城市，石家庄市代表 $PM_{2.5}$整体浓度较高的南部城市，北京市和廊坊市代表中间过渡地带城市，绘制 4 个城市的月份分布图。

京津冀地区 12 个城市 2017 年 $PM_{2.5}$的季节分布如图 5.4 所示，京津冀地区代表城市 2017 年 $PM_{2.5}$的月份分布如图 5.5 所示。就不同季节来看，雾霾呈现

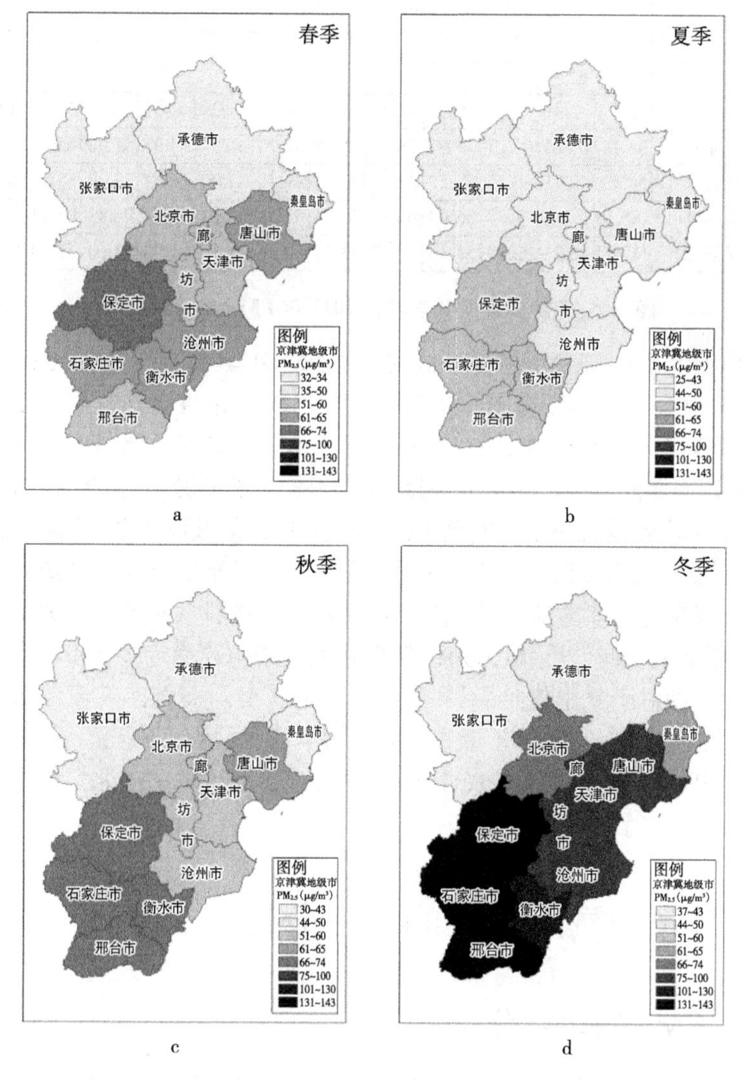

图 5.4　京津冀地区 12 个城市 2017 年 $PM_{2.5}$的季节分布

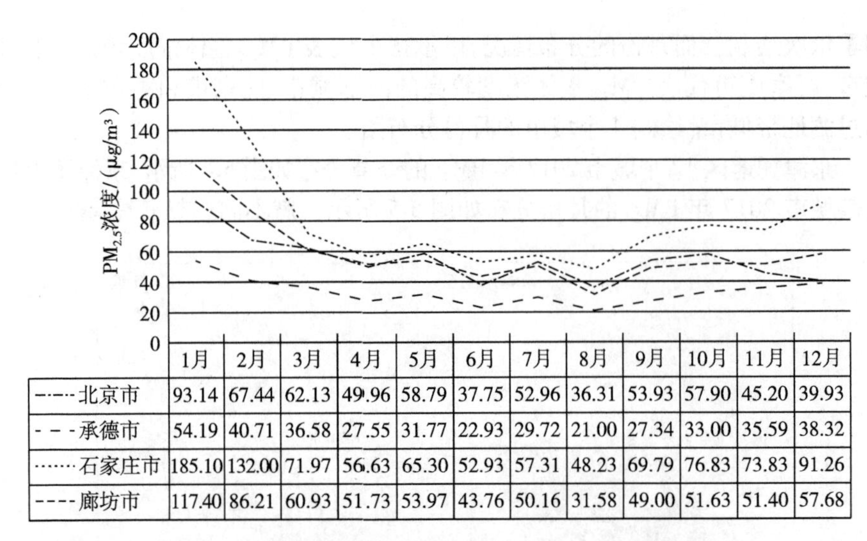

	1月	2月	3月	4月	5月	6月	7月	8月	9月	10月	11月	12月
北京市	93.14	67.44	62.13	49.96	58.79	37.75	52.96	36.31	53.93	57.90	45.20	39.93
承德市	54.19	40.71	36.58	27.55	31.77	22.93	29.72	21.00	27.34	33.00	35.59	38.32
石家庄市	185.10	132.00	71.97	56.63	65.30	52.93	57.31	48.23	69.79	76.83	73.83	91.26
廊坊市	117.40	86.21	60.93	51.73	53.97	43.76	50.16	31.58	49.00	51.63	51.40	57.68

图 5.5　京津冀地区代表城市 2017 年 $PM_{2.5}$ 的月份分布

明显的季节性规律，即冬季高夏季低，春、秋季居中，其中春季又比秋季的 $PM_{2.5}$ 浓度稍低一些。结合月份分布图来看，1—8 月，$PM_{2.5}$ 浓度逐渐从高浓度回落至低浓度，而从 8 月开始，$PM_{2.5}$ 浓度开始逐渐上升。就地域上看，四季 $PM_{2.5}$ 的空间分布情况与年际分布情况基本一致，即位于较北部的城市，如张家口市、承德市 $PM_{2.5}$ 的浓度较低且一年四季变化不太明显，中部的城市次之，西南部的城市，如保定市、石家庄市、邢台市 $PM_{2.5}$ 的浓度最高且可以看出明显的季节性变化。

以上现象与京津冀地区的气象状况和污染物的排放有着密切关系。在冬季，地面压强呈现弱低压、风力持续较低和大气结构较稳定等气象因素使得大气扩散能力相对于夏季较弱，不利于污染物的扩散。而偏南气流带来的水汽使气溶胶的吸湿增长，同时还带来了周边污染物，加剧污染情况。这可能是偏南部城市 $PM_{2.5}$ 的浓度较北部城市更高、中部地区城市成为南北方城市的过渡带而浓度介于二者之间的原因。

5.2　其他空气污染物的时空分布

5.2.1　PM_{10} 的时空分布

京津冀地区 12 个城市 2014—2017 年 PM_{10} 的年际变化如图 5.6 所示，其

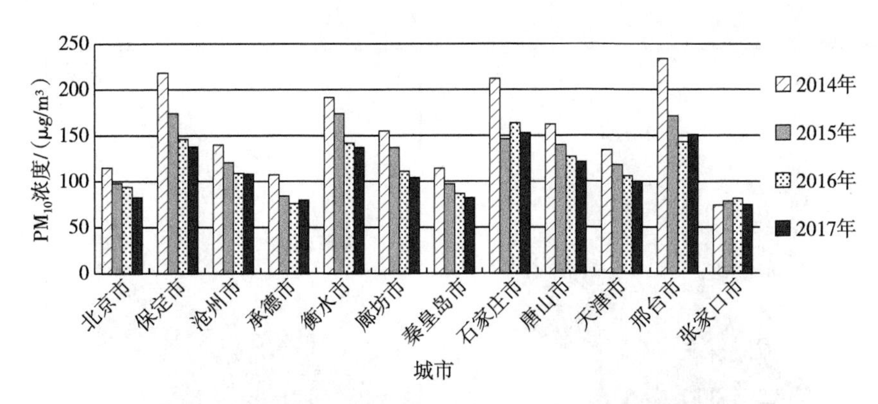

图 5.6　京津冀地区 12 个城市 2014—2017 年 PM_{10}的年际变化

2017 年 PM_{10}的季节分布情况如图 5.7 所示,其代表城市 2017 年 PM_{10}的月份分布情况如图 5.8 所示。2014—2017 年的 4 年间,PM_{10}与 $PM_{2.5}$的年际变化状况类似,但是 12 个城市之间的差距与 $PM_{2.5}$相比较小,且下降幅度较小,其中大部分城市在 4 年间下降幅度相似。与 $PM_{2.5}$不同的是,除了邢台市、保定市、石家庄市 3 个城市,衡水市 PM_{10}的浓度明显高于其他城市。

其季节性规律与 $PM_{2.5}$相似,即冬季高夏季低,春、秋季居中,但是春季明显比秋季 PM_{10}的浓度高。其月份分布规律是 1—8 月整体上下降,8—12 月上升,但是在 5 月和 9 月出现了两个峰值。就地域上看,依然是北部的城市 PM_{10}的浓度较低且一年四季变化不太明显,中部的城市 PM_{10}季节变化的情况明显比 $PM_{2.5}$复杂,其中唐山市 PM_{10}的浓度就明显高于其周围的城市且四季变化更加明显,而南部的城市整体浓度高且可以看出明显的季节性变化。

以上现象与特定的气象状况和人为的污染排放密不可分。与 $PM_{2.5}$冬季浓度高的原因类似,即弱气压、小风和大气结构使得人为排放的污染物不易扩散,所以冬季浓度较高。而春季浓度远高于夏、秋两季的原因是,春季是沙尘型重污染天气的多发季节,由于春季北方地区的植被覆盖稀疏,加之内蒙古草场退化、沙漠化,春季少雨导致土壤干燥疏松,所以当遇到较频繁的气旋和锋面系统活动时,内蒙古地区易形成沙尘粒子经大风作用引起京津冀地区城市的地面扬沙甚至造成沙尘暴天气,因此 3—5 月 PM_{10}的浓度会出现小幅上涨。同时在沙尘暴导致 PM_{10}骤增的情况下,$PM_{2.5}$的浓度亦会受其影响,随之激增。例如,在 2017 年 5 月 5 日,北方地区遭遇了沙尘暴,京津冀地区城市的 PM_{10}

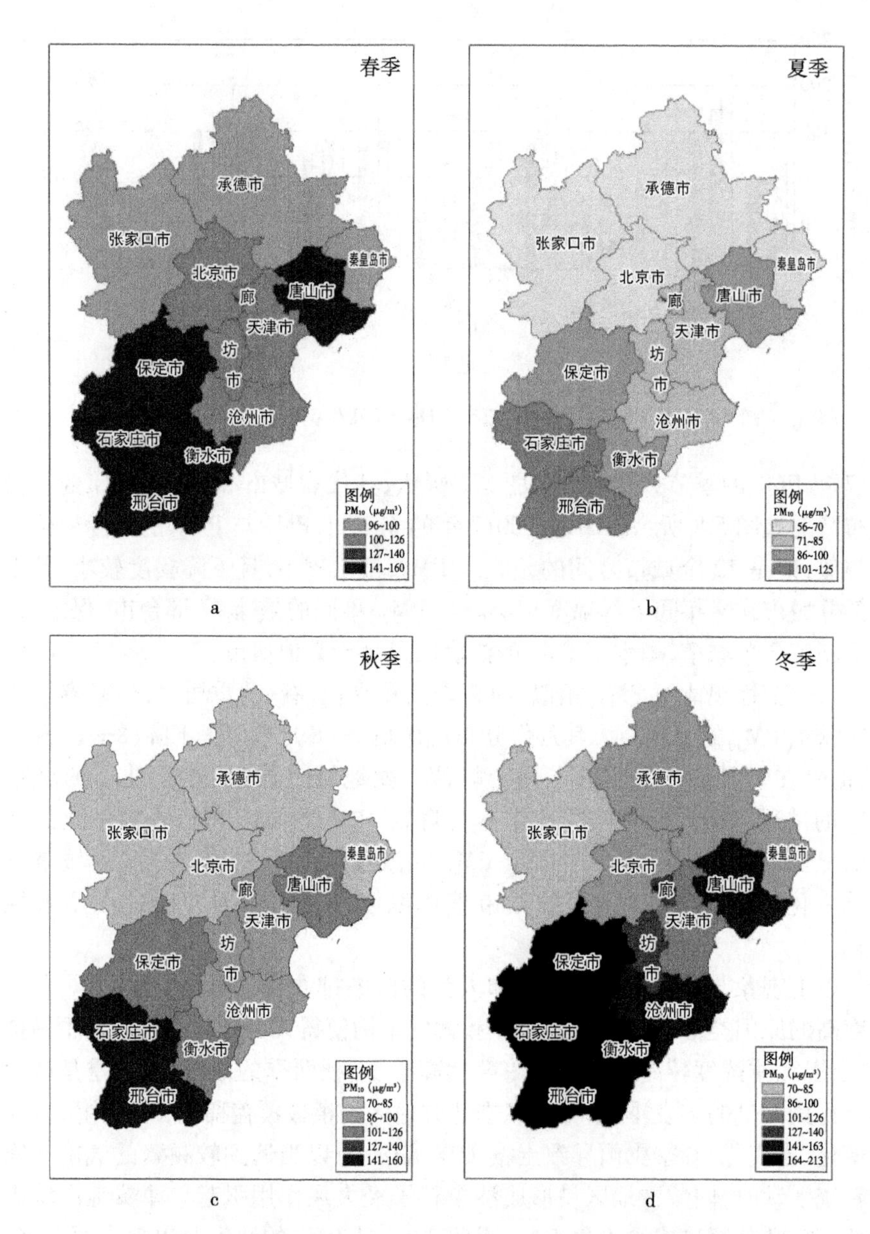

图 5.7　京津冀地区 12 个城市 2017 年 PM_{10}的季节分布

浓度骤增至 800 μg/m³ 上下，在这期间北京市 $PM_{2.5}$浓度随 PM_{10}变化的曲线如图 5.9 所示。可以看出，在 5 月 5 日这天，当 PM_{10}的浓度由 121 μg/m³ 突增至 772 μg/m³ 时，$PM_{2.5}$的浓度随之变化，由 72 μg/m³ 突增至 336 μg/m³。由于缺乏更加详细的分时数据，无法观察到 $PM_{2.5}$随 PM_{10}变化的速度和时间，但是仍然证明了上述观点。

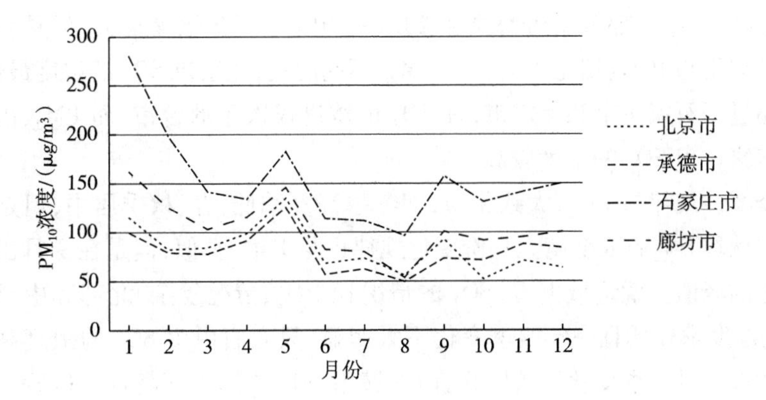

图 5.8　京津冀地区代表城市 2017 年 PM_{10}的月份分布

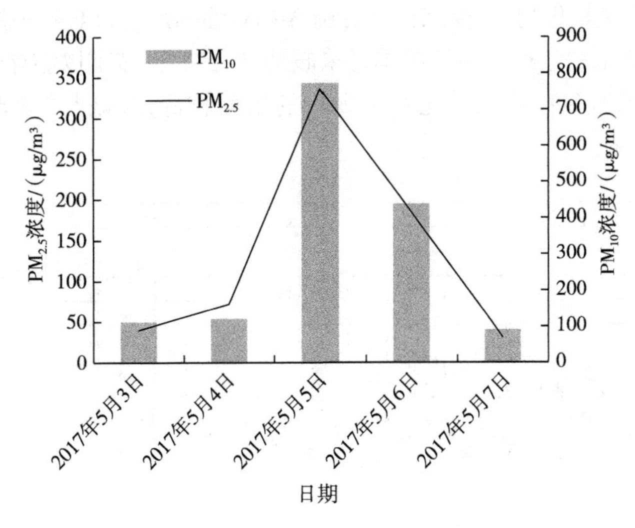

图 5.9　北京市 $PM_{2.5}$浓度随 PM_{10}变化的曲线

5.2.2 SO_2 的时空分布

京津冀地区 12 个城市 2014—2017 年 SO_2 的年际变化如图 5.10 所示，其 2017 年 SO_2 的季节分布如图 5.11 所示，其代表城市 2017 年 SO_2 的季节分布如图 5.12 所示。2014—2017 年，SO_2 与 $PM_{2.5}$ 的年际变化状况类似，也出现了大幅下降，其中大部分城市都是在 2014—2015 年下降幅度最大，但是各城市之间的差距与 $PM_{2.5}$ 相比较少。与 $PM_{2.5}$ 不同的是，北京市 SO_2 的浓度最低，唐山市超过了石家庄市和保定市，其 SO_2 的浓度仅次于邢台市，而 $PM_{2.5}$ 浓度最低的张家口市 SO_2 的浓度较高。

季节性规律与 $PM_{2.5}$ 大致相似，即冬季高夏季低，春、秋季居中，但是春季明显比秋季 SO_2 的浓度高。月份变化规律也与 $PM_{2.5}$ 类似，但是在 9 月出现了一个小的峰值。就地域上看，SO_2 的情况比 $PM_{2.5}$ 情况复杂，北部和中部城市 SO_2 的浓度都较低且一年四季变化不太明显，只有唐山市 SO_2 的浓度高于其周围的城市且四季变化比较明显，南部城市 SO_2 整体浓度高且可以看出明显的季节性变化，只有衡水市 SO_2 的浓度较低且一年四季变化不明显。

SO_2 属于硫氧化物，主要来源于含硫煤和石油的燃烧，以及一些有色金属冶炼、钢铁、化工的生产。由于冬季是采暖期，中国北方城市以燃煤供暖，燃煤量的增加会增加 SO_2 排放。北京市 SO_2 的浓度较低，应该与“煤改电，煤改气”有一定关系。

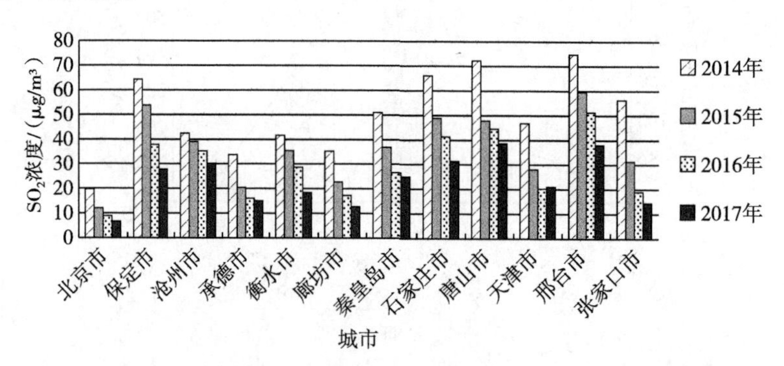

图 5.10 京津冀地区 12 个城市 2014—2017 年 SO_2 的年际变化

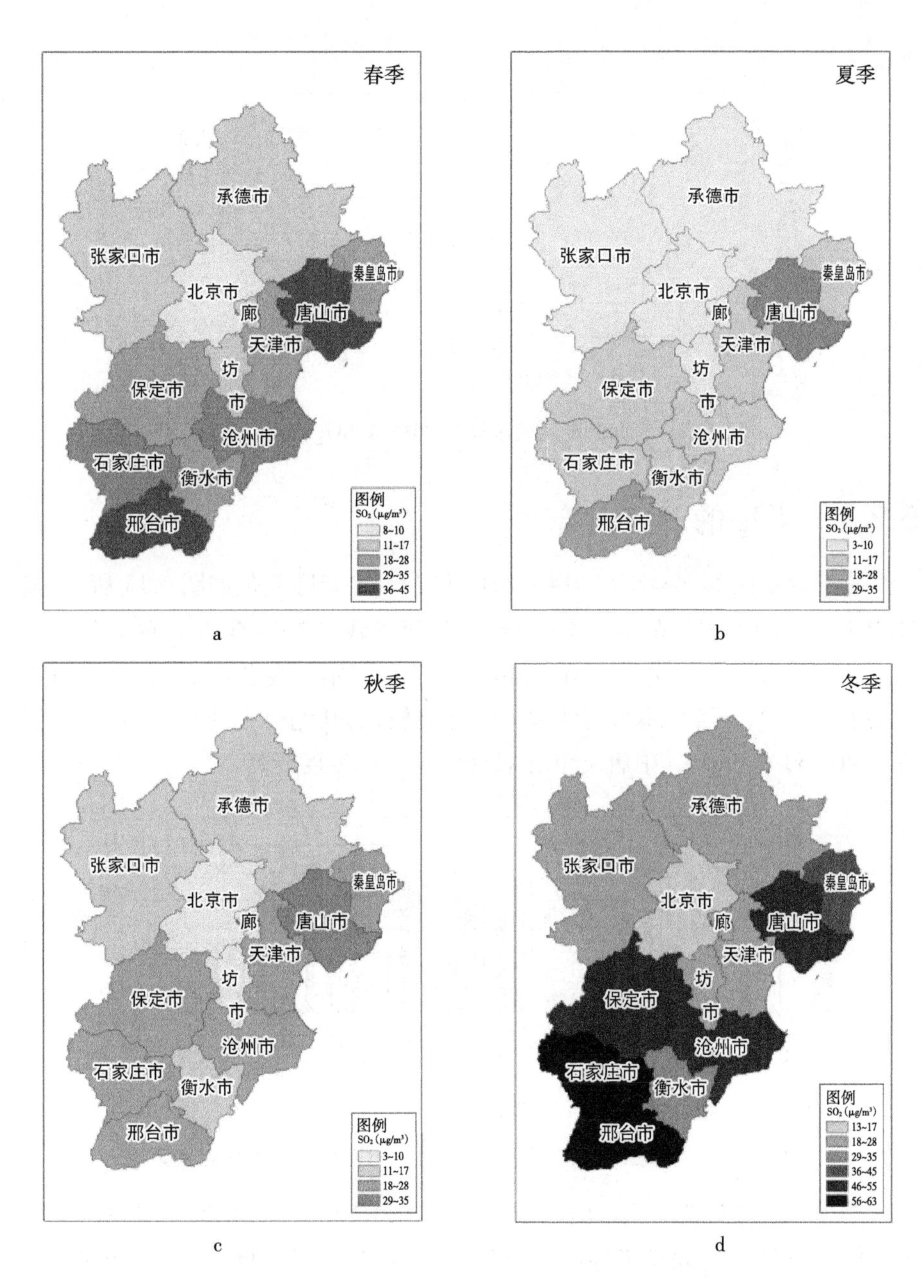

图 5.11 京津冀地区 12 个城市 2017 年 SO_2 的季节分布

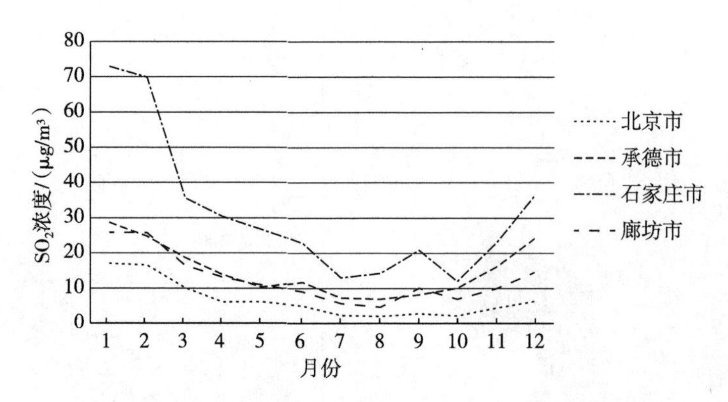

图 5.12 京津冀地区代表城市 2017 年 SO_2 的月份分布

5.2.3 NO_2 的时空分布

京津冀地区 12 个城市 2014—2017 年 NO_2 的年际变化如图 5.13 所示，其 2017 年 NO_2 的季节分布如图 5.14 所示，其代表城市 2017 年 NO_2 的月份分布如图 5.15 所示。NO_2 的浓度在 2014—2017 年基本上变化不大，各个城市之间的差异较少，除了承德市与张家口市相对较低，其他 10 个城市 NO_2 的浓度都在 40~60 $\mu g/m^3$，其中唐山市和邢台市 NO_2 的浓度较高。

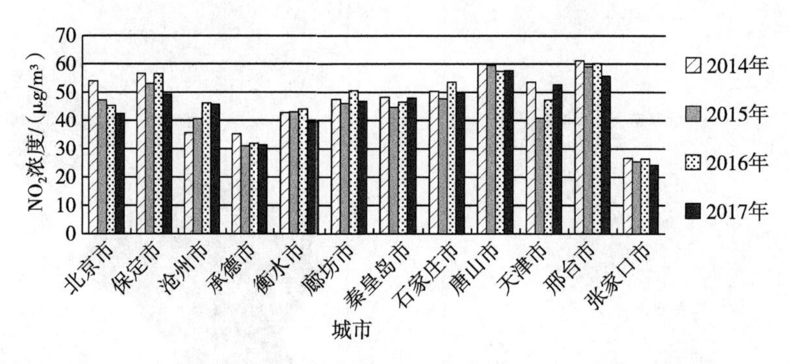

图 5.13 京津冀地区 12 个城市 2014—2017 年 NO_2 的年际变化

季节性规律类似 $PM_{2.5}$，即冬季高夏季低，春、秋季居中，秋季明显比春季 NO_2 的浓度高。月份变化规律与 SO_2 类似，在 9 月也出现了一个小的峰值。就地域上看，NO_2 的情况不同于 $PM_{2.5}$。自东北部的唐山市至西南部的邢台市区域的城市 NO_2 的浓度高且季节性变化较大，其他的城市 NO_2 的浓度较低且季节性变化较小。

由于 NO_2 是氮氧化合物的主要成分，而氮氧化合物的主要来源是机动车尾气的排放、矿物燃料的高温燃烧。尉鹏等的报告指出月降水量和 NO_2 的季节特征分布呈明显负相关，且相关系数为 0.71。但是对于为何近几年机动车数量上涨而 NO_2 浓度的年际变化不大问题仍需进一步研究。

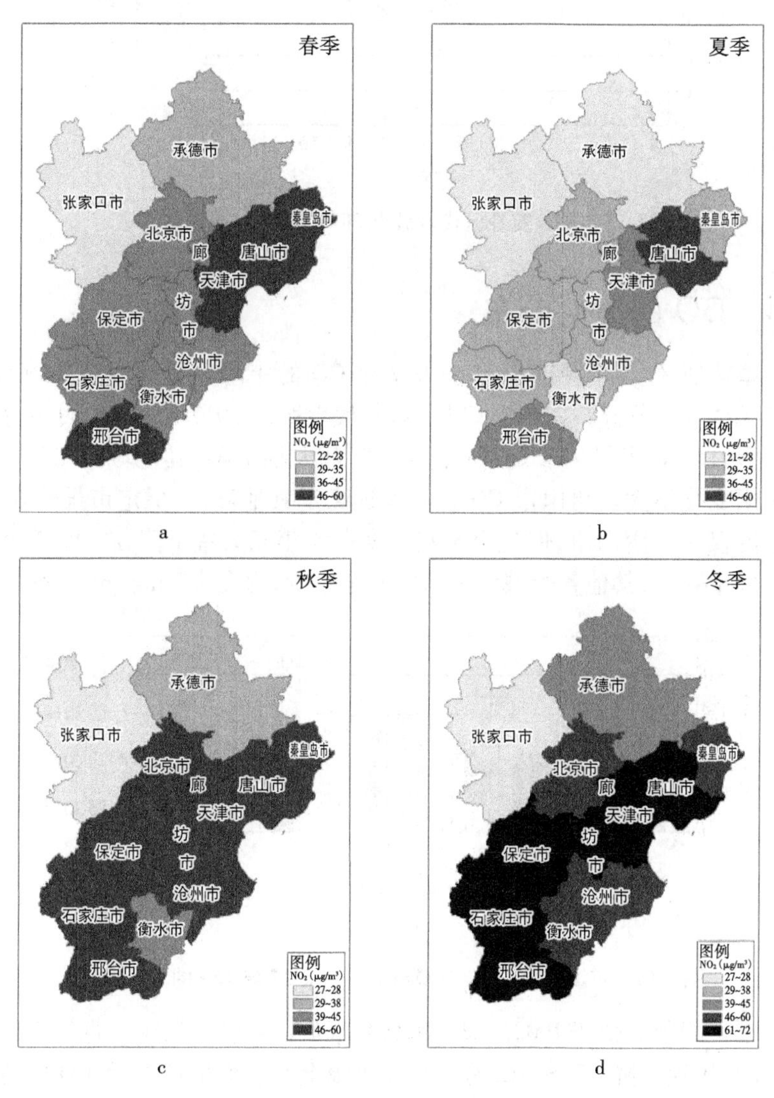

图 5.14　京津冀地区 12 个城市 2017 年 NO_2 的季节分布

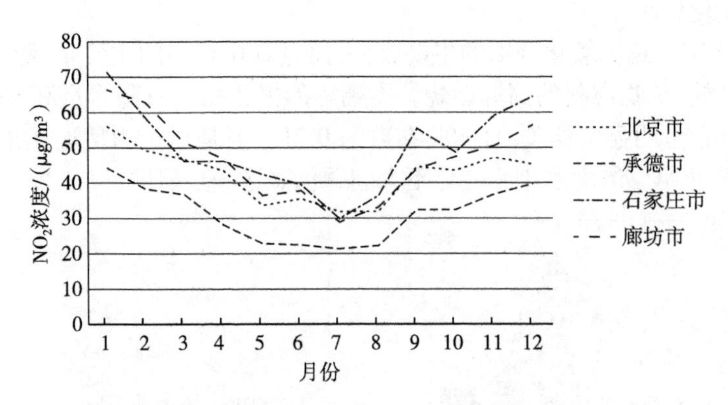

图 5.15　京津冀地区代表城市 2017 年 NO_2 的月份分布

5.2.4　CO 的时空分布

京津冀地区 12 个城市 2014—2017 年 CO 的年际变化如图 5.16 所示，其 2017 年 CO 的季节分布如图 5.17 所示，其代表城市 2017 年 CO 的月份分布如图 5.18 所示。除了保定市 CO 的浓度每年都大幅下降，其他城市 CO 的浓度在 4 年间变化不大。唐山市 CO 的浓度远高于其他城市，保定市虽然在 2014 年的浓度仅次于唐山市，但是由于其浓度在 4 年间大幅下降，在 2017 年已经和其他城市齐平，其他各个城市之间的差距较少，都在 1.3 mg/m³ 左右。

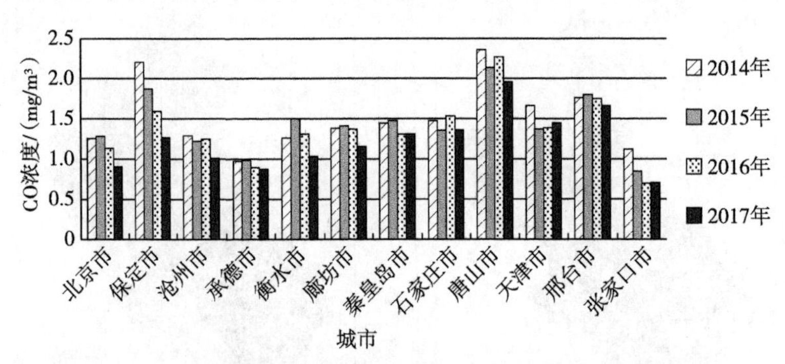

图 5.16　京津冀地区 12 个城市 2014—2017 年 CO 的年际变化

季节性规律类似于 $PM_{2.5}$，即冬季高夏季低，春、秋季居中。月份变化规律是 1—5 月迅速下降，而 6—12 月一直在小幅上升。就地域上看，CO 的情况不同于 $PM_{2.5}$，反而和 NO_2 相近，即自东北部的秦皇岛市至西南部的邢台市区域的城市(除天津市外)CO 的浓度高且季节性变化较大,其他的城市 CO 的浓度较低且季节性变化较小。

CO 主要来源于燃料的不完全燃烧,出现上述的地区分布的原因仍需要更多关于工厂大气污染物排放方面的数据,才能加以深入探究。

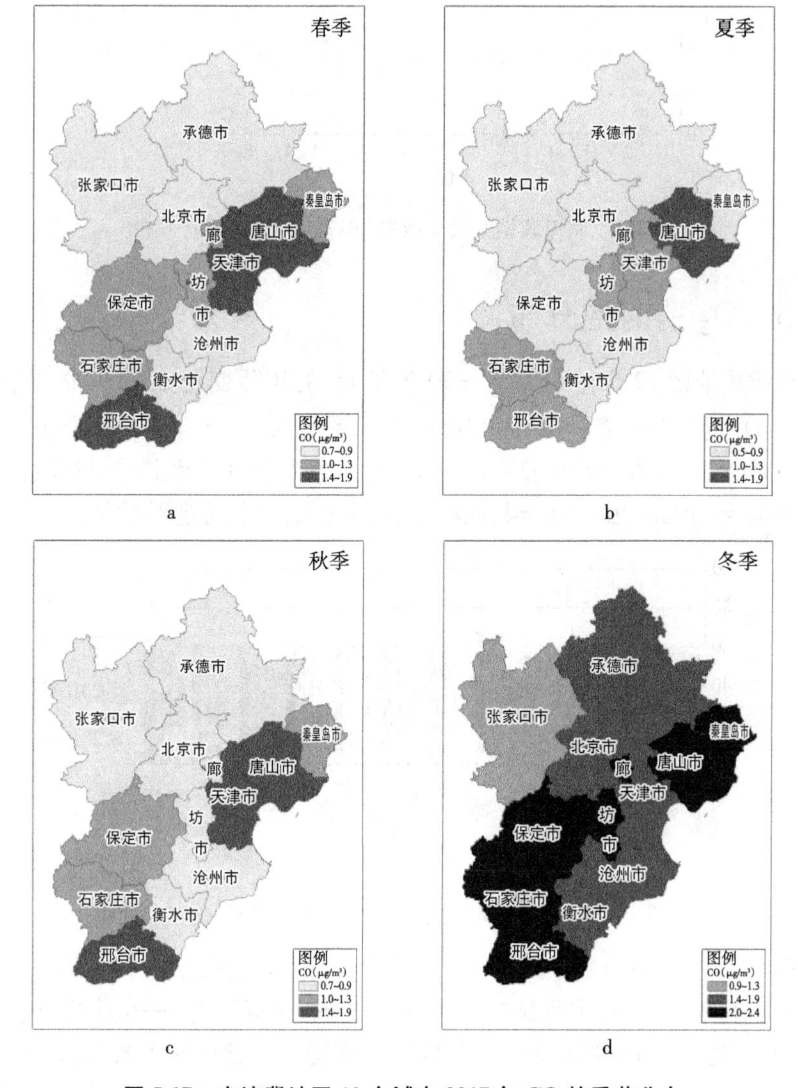

图 5.17　京津冀地区 12 个城市 2017 年 CO 的季节分布

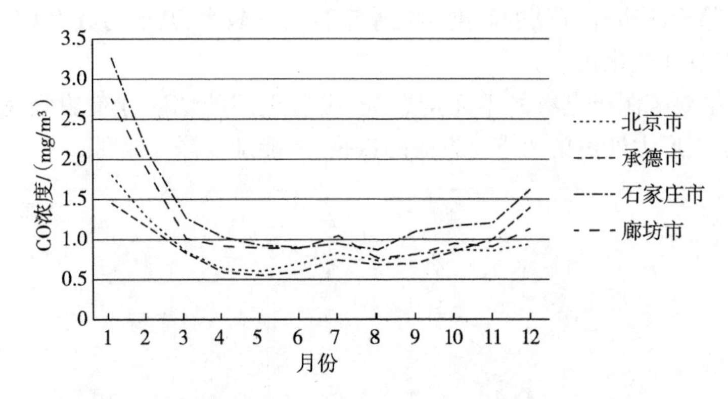

图 5.18 京津冀地区代表城市 2017 年 CO 的月份分布

5.2.5 O_3 的时空分布

京津冀地区 12 个城市 2014—2017 年 O_3 的年际变化如图 5.19 所示，其 2017 年 O_3 的季节分布如图 5.20 所示，其代表城市 2017 年 O_3 的月份分布如图 5.21 所示。O_3 在 2014—2017 年的年均浓度均呈现上涨趋势，除了张家口市在 2015 年小幅上涨后高于其他城市，其余各城市之间差距不大。

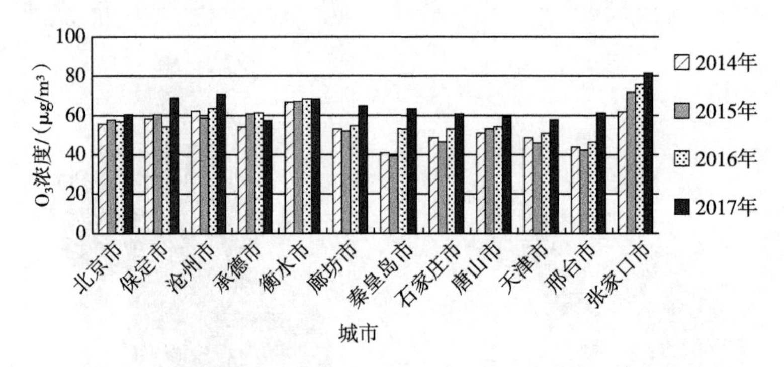

图 5.19 京津冀地区 12 个城市 2014—2017 年 O_3 的年际变化

O_3 的季节分布与其他污染物的季节性分布情况截然相反。其季节性规律是夏季高冬季低，春季明显高于秋季。月份变化规律为 1—6 月处于上升趋势，在 6 月达到峰值，然后 6—12 月处于下降趋势。就地域上看，自西北部的张家口市至东南部的衡水市和沧州市连成了一条斜跨北京市的线，处于线上的城市 O_3 浓度高且季节性变化较大，其他城市远离这条线的方向，其 O_3浓度逐渐递减,季节变化逐渐减小。

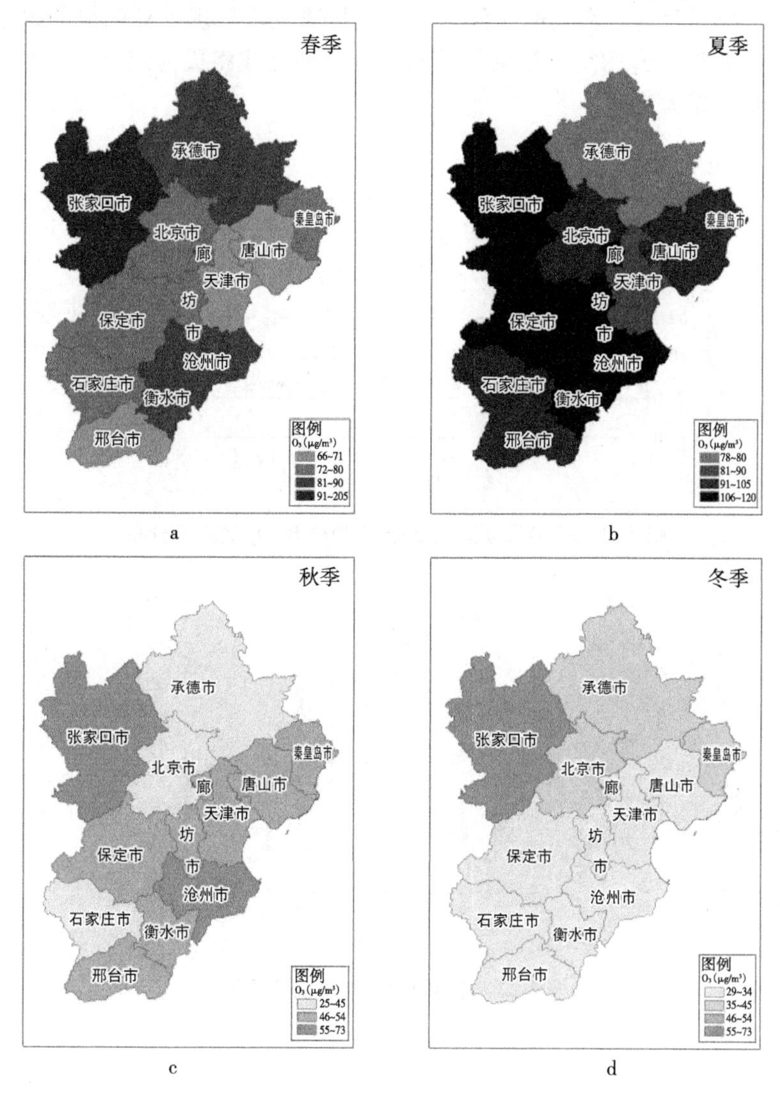

图 5.20 京津冀地区 12 个城市 2017 年 O_3 的季节分布

以北京市为例,O_3 与气温的关系如图 5.22 所示。可以看出,O_3 的浓度是随温度变化的,在温度升高时,O_3 浓度随之升高,而在温度降低时,O_3 浓度也随之降低。温度在 6 月达到最高,O_3 浓度也在 6 月达到峰值。O_3 夏季浓度高,冬季浓度低,是由于在夏季出现日照强、云量少、风力弱等气象情况较多,有利于光化学反应。在其他 5 种空气污染物浓度均呈现下降趋势的时候,O_3成了唯一浓度上升的空气污染物项目。臭氧问题或将成为继 $PM_{2.5}$后未来环境将面临的重大难题。

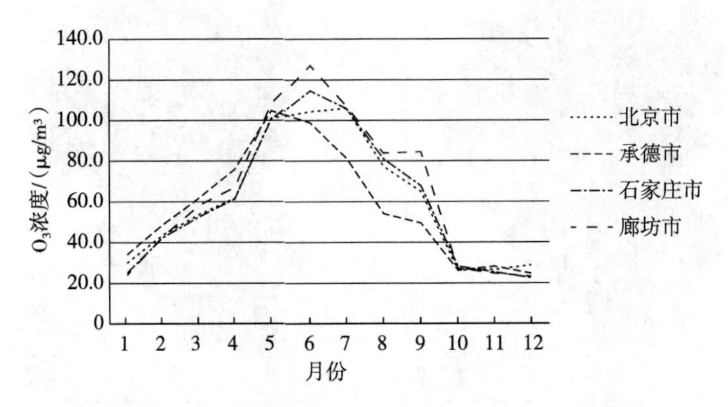

图 5.21 京津冀地区代表城市 2017 年 O_3 的月份分布

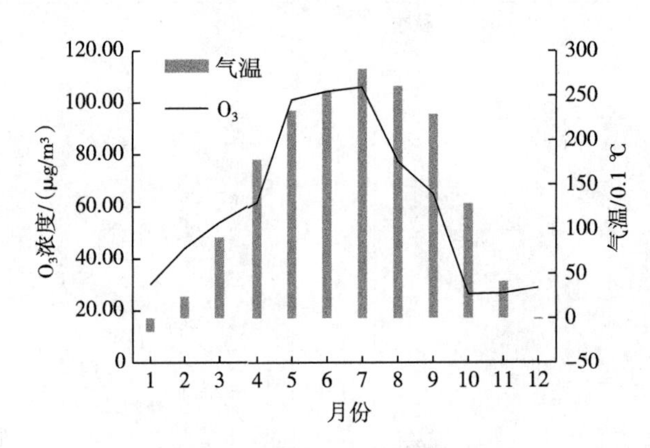

图 5.22 北京市 O_3 与气温的关系

第 6 章　京津冀地区空气质量评价

6.1　主要污染物浓度达标率分析

6.1.1　$PM_{2.5}$达标率分析

$PM_{2.5}$是影响空气质量的主要污染物，它的二级浓度限值年平均小于 35 μg/m³ 为达标，因此对样本数据进行处理筛选出 $PM_{2.5}$浓度小于 35 μg/m³ 的数据，用其除以每一个城市总的样本数据即为达标率。京津冀地区 2017 年 $PM_{2.5}$达标率与年均浓度的关系如图 6.1 所示。

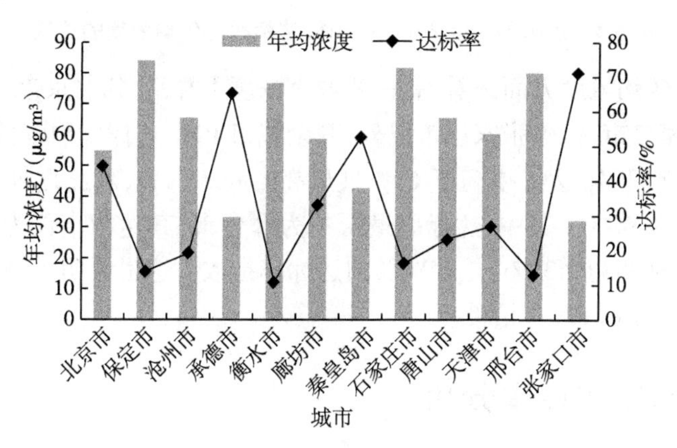

图 6.1　京津冀地区 2017 年 $PM_{2.5}$达标率与年均浓度的关系

图 6.1 表明，京津冀地区在 2017 年这一年的 $PM_{2.5}$年均浓度对比中有 3 个城市年均浓度较低，分别为承德市、秦皇岛市、张家口市，且张家口市的年均浓度最低，为 32.07 μg/m³。京津冀地区 $PM_{2.5}$达标率中仅有 2 个城市高于 60%，分别是承德市、张家口市，其中张家口市达标率最高，为 70.69%，剩下的城市达标率均低于 60%。整体来说，京津冀地区 2017 年所有城市 $PM_{2.5}$达标率均

较低,整个区域中约有 5/6 的城市都处于不达标水平。

6.1.2 PM_{10} 达标率分析

PM_{10} 的二级浓度限值年平均小于 70 μg/m^3 为达标,因此对样本数据进行处理筛选出浓度小于 70 μg/m^3 的数据,用其除以每一个城市总的样本数据即为达标率。京津冀地区 2017 年 PM_{10} 达标率与年均浓度的关系如图 6.2 所示。

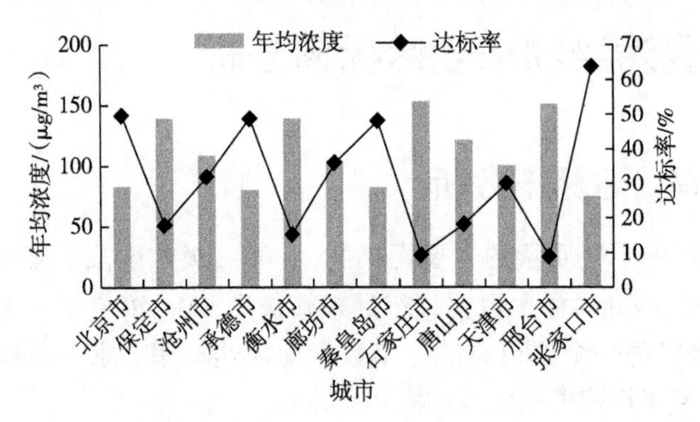

图 6.2 京津冀地区 2017 年 PM_{10} 达标率与年均浓度的关系

虽然从年均浓度方面来看,有一些城市浓度不算高,如北京市、承德市、秦皇岛市、张家口市,但除张家口市以外,其余城市 PM_{10} 达标率均较低。

张家口市 PM_{10} 达标率高于 60%且最高,为 63.51%,除此之外,其他城市达标率均低于 60%。其中,达标率最低的为邢台市,其达标率仅为 8.84%,石家庄市的达标率为 9.30%,是较次低的达标率指数。这也说明了 2017 年这一年京津冀地区内 PM_{10} 含量极多。

6.1.3 SO_2 达标率分析

在对 SO_2 达标率进行分析时,不再像颗粒物一样进行分析,即对样本数据的浓度限值筛选使用二级浓度限值。因为 SO_2 的二级浓度限值过高,为 60 μg/m^3,观察数据可发现大多数的 SO_2 浓度都较低,且低于其一级浓度限值 20 μg/m^3。故在研究 SO_2 达标率时对其一级浓度限值进行分析,达标率计算方法同上,得出京津冀地区 2017 年 SO_2 达标率与年均浓度的关系如图 6.3 所示。

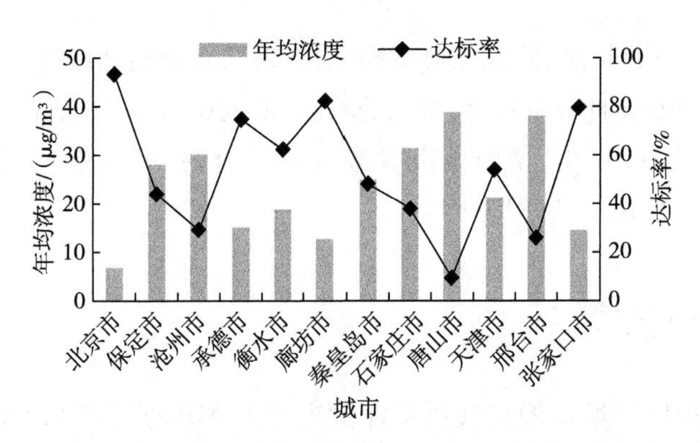

图 6.3　京津冀地区 2017 年 SO_2 达标率与年均浓度的关系

对于 SO_2 的污染，最严重的城市为唐山市，其年均浓度为 38.70 μg/m³，邢台市是次严重的城市，其年均浓度为 38.00 μg/m³，SO_2 污染浓度最低的城市为北京市。京津冀地区 2017 年 SO_2 达标率高于 60%的有北京市、承德市、衡水市、廊坊市、张家口市这 5 个城市，其中北京市 SO_2 达标率最高，为 93.24%。剩余城市的达标率低于 60%，唐山市最低，为 9.42%。

6.1.4　NO_2 达标率分析

对 NO_2 达标率进行分析，因为 NO_2 的一级和二级浓度限值都为 40 μg/m³，所以只需要筛选出浓度小于 40 μg/m³ 的 NO_2，就可对样本数据进行处理。京津冀地区 2017 年 NO_2 达标率与年均浓度的关系如图 6.4 所示。

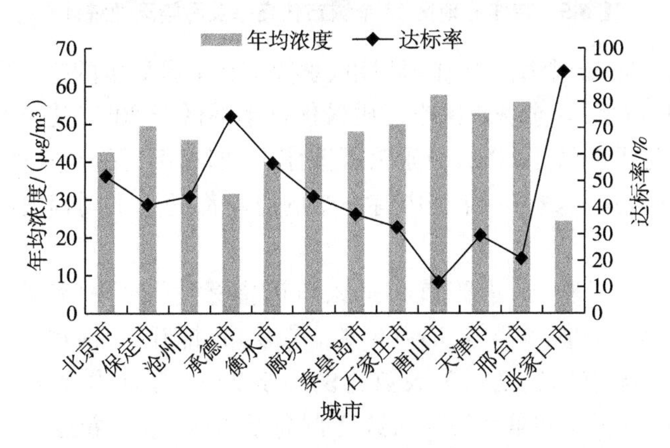

图 6.4　京津冀地区 2017 年 NO_2 达标率与年均浓度的关系

由图 6.4 可分析出，除张家口市和承德市外，京津冀地区其他城市的 NO_2 年均浓度相差不大且含量较多，平均分布在 40～50 $\mu g/m^3$。唐山市的 NO_2 达标率最低，仅为 11.63%，说明该市 NO_2 污染严重，张家口市“独树一帜”，其 NO_2 达标率达到最高，为 91.09%。

6.2 空气质量评价

京津冀地区各城市的空气质量评价主要由 AQI 评定，即 AQI≤100 则达到优良率。图 6.5 是京津冀地区各城市优良率及污染天数的统计情况。

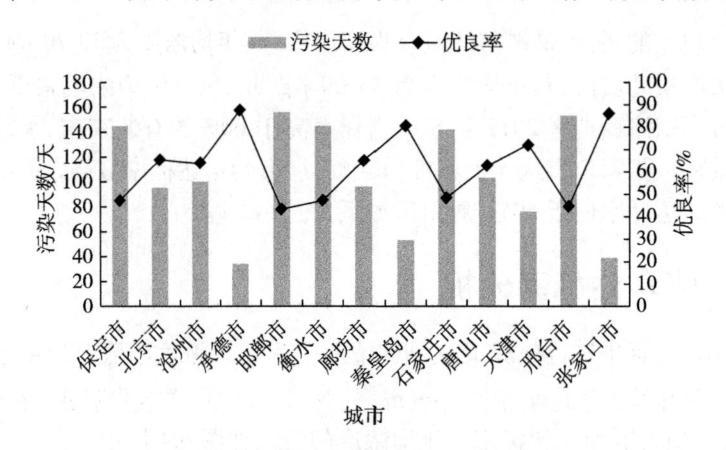

图 6.5　京津冀地区 13 个城市优良率及污染天数统计

京津冀地区 13 个城市中张家口市、承德市和秦皇岛市的空气质量优良率较高，在 80%以上，其余城市的空气质量优良率都低于 80%，甚至有 5 个城市的空气质量优良率低于 60%，分别为石家庄市、邯郸市、保定市、衡水市、邢台市，这就意味着这些城市一年当中有一半的时间都处于不同程度的大气环境污染中。

从图 6.6 可以看出，承德市和张家口市指标达“优”率最多，并且达到“良”水平的天数比例一样多，都为 61%。保定市、邯郸市、衡水市、石家庄市、邢台市这 5 个城市的轻度污染天数比例高于 25%，分别为 29%、39%、36%、32%、39%，中度污染和重度污染天数比例高于 10%，意味着这 5 个城市的污染状况较为严重。同时京津冀地区 13 个城市均存在着不同程度的污染问题，

并且存在的时间久、分布范围广。

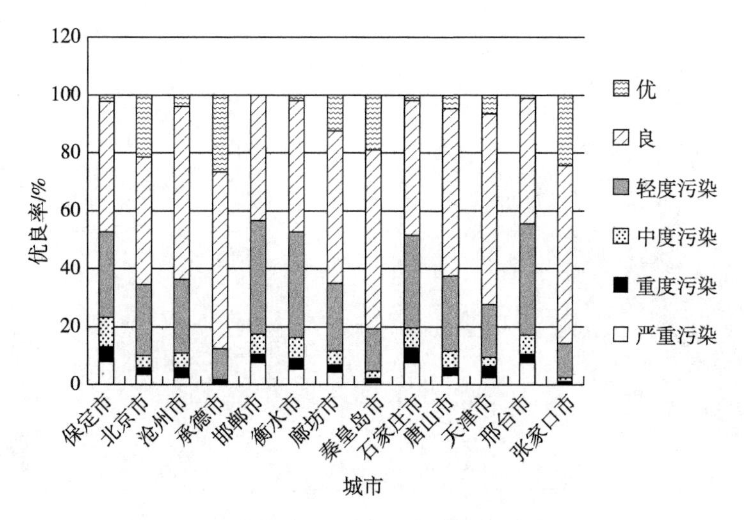

图 6.6　京津冀地区 13 个城市空气质量等级分布

6.3　空气质量变化规律

6.3.1　空气质量季节变化规律

空气质量的季节性变化非常明显且有规律可言。一般情况下，冬季 $PM_{2.5}$ 浓度最高，夏季 $PM_{2.5}$ 浓度最低。冬季 $PM_{2.5}$ 浓度高的主要原因是燃煤供暖不利于空气扩散，夏季 $PM_{2.5}$ 的浓度明显降低，这与供暖减少有关。此外，颗粒物的大规模沉积和海洋性季风气候对空气污染有着巨大的影响。

京津冀地区 $PM_{2.5}$ 的年均浓度最高，据统计，全国雾霾排名前十的城市中有一半都位于京津冀地区，分别为保定市、邢台市、石家庄市、邯郸市和衡水市（图 6.7）。京津冀地区的气候特征是形成此现象的原因之一，弱风和较低的大气边界层很容易使气溶胶进行聚积。

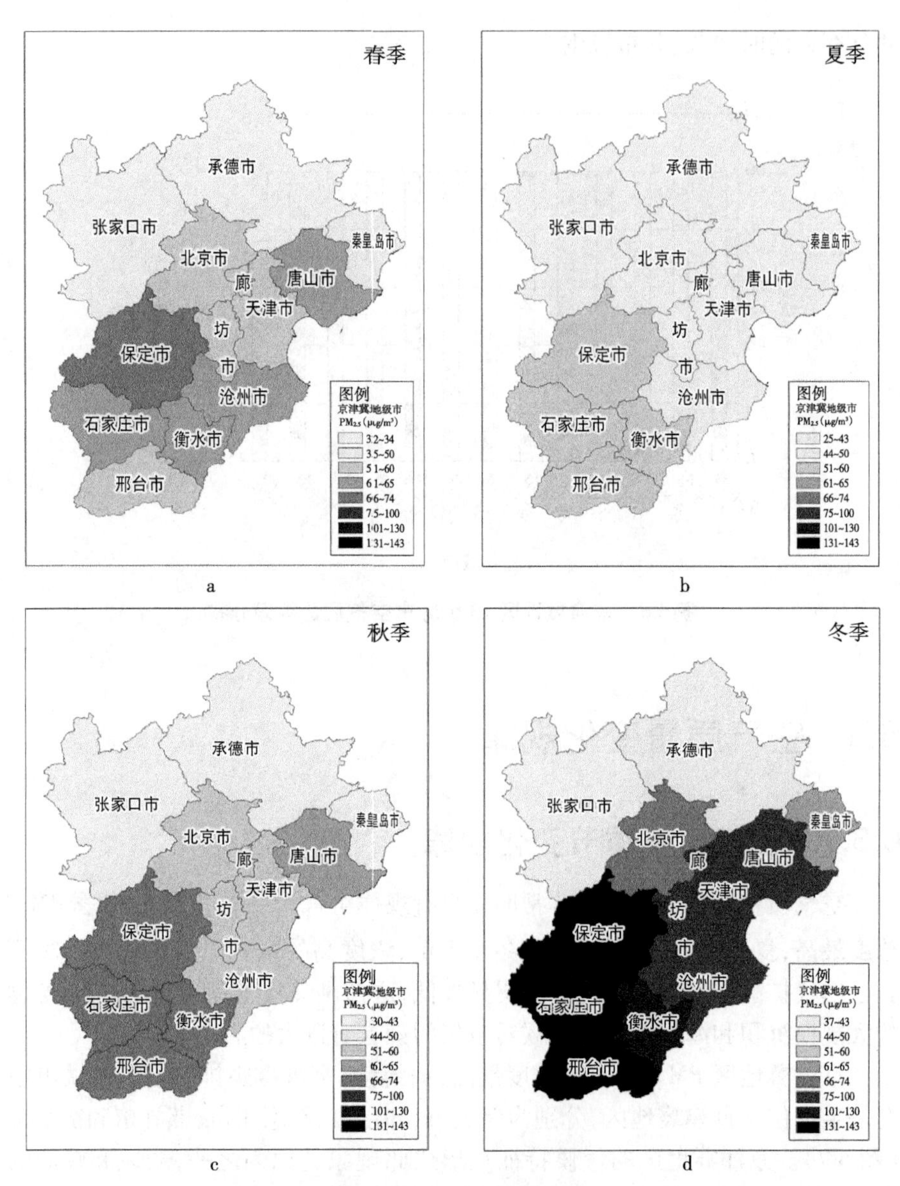

图 6.7　$PM_{2.5}$ 季节空间分布

6.3.2　空气质量月份变化规律

京津冀地区 1—3 月及 10—12 月是 AQI 指数的最高时期，而 4—9 月是

AQI 指数的最低时期(图 6.8)。高峰持续区在 1 月、2 月、11 月和 12 月,由于这几个月刚好为供暖时间,空气质量与其有很大联系。

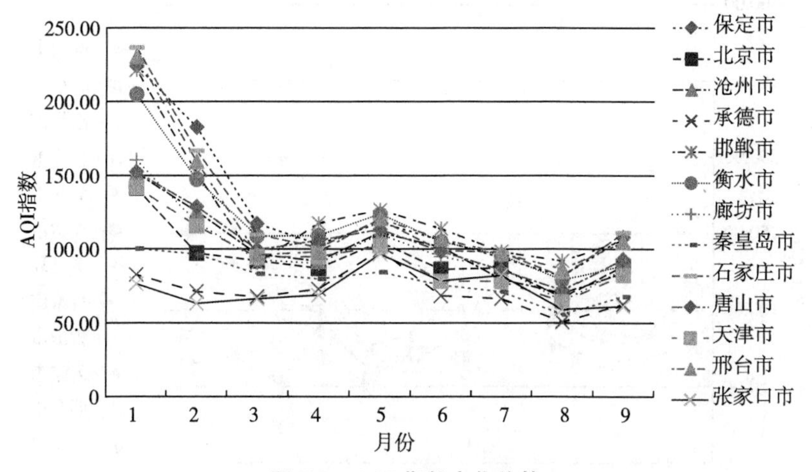

图 6.8　AQI 指数变化趋势

6.4　主要空气污染物月均浓度变化趋势

$PM_{2.5}$月均浓度变化趋势如图 6.9 所示。

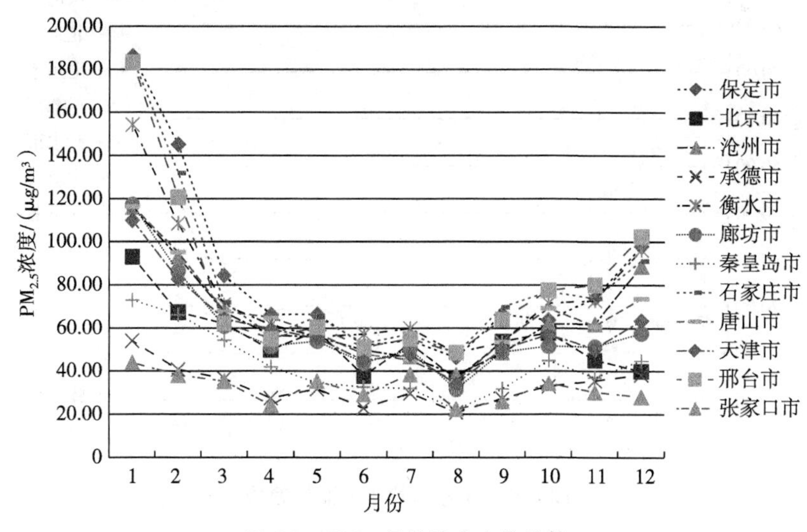

图 6.9　$PM_{2.5}$月均浓度变化趋势

PM_{10} 月均浓度变化趋势如图 6.10 所示。

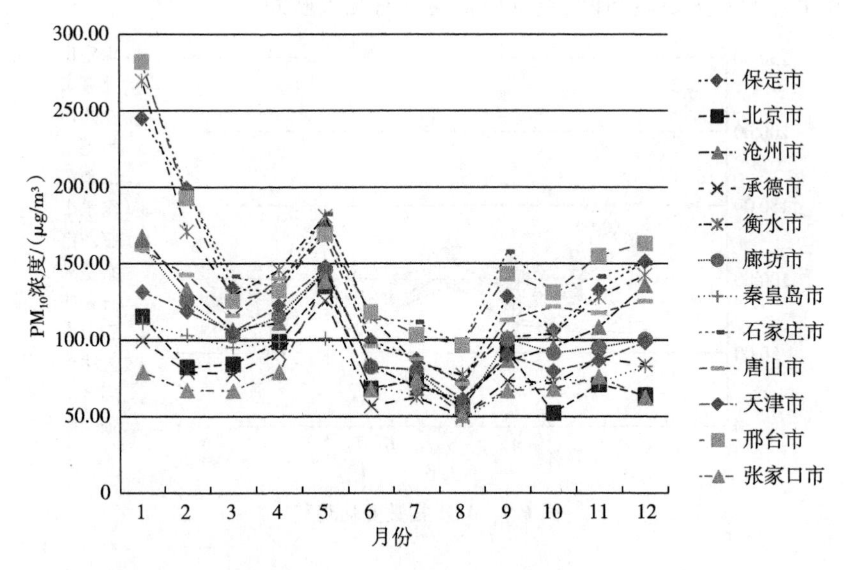

图 6.10　PM_{10} 月均浓度变化趋势

SO_2 月均浓度变化趋势如图 6.11 所示。

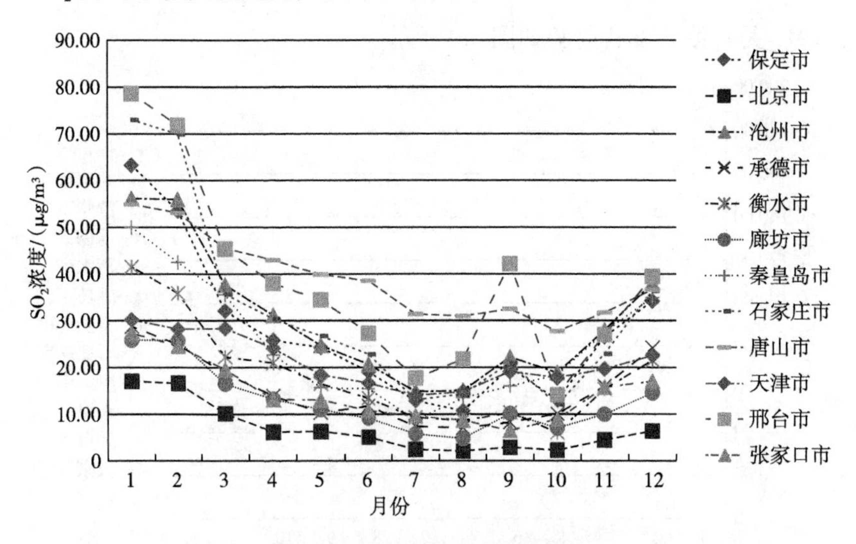

图 6.11　SO_2 月均浓度变化趋势

NO_2 月均浓度变化趋势如图 6.12 所示。

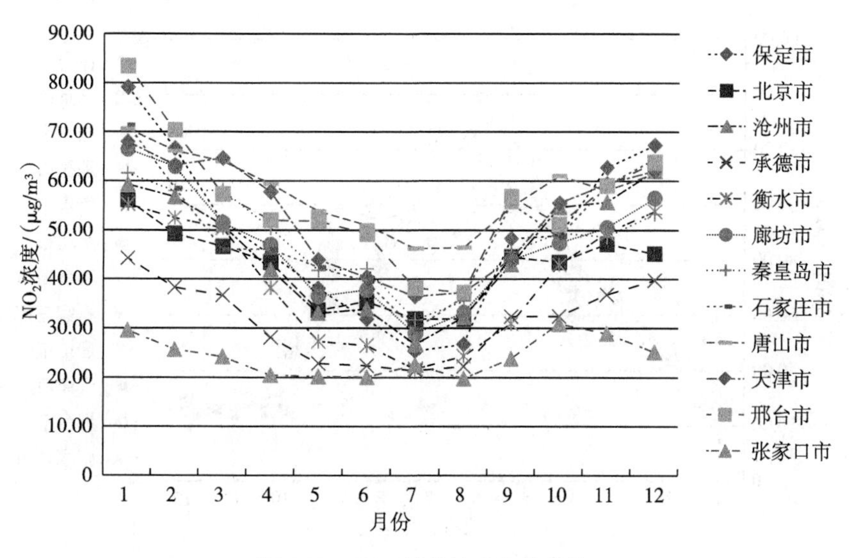

图 6.12　NO_2 月均浓度变化趋势

CO 月均浓度变化趋势如图 6.13 所示。

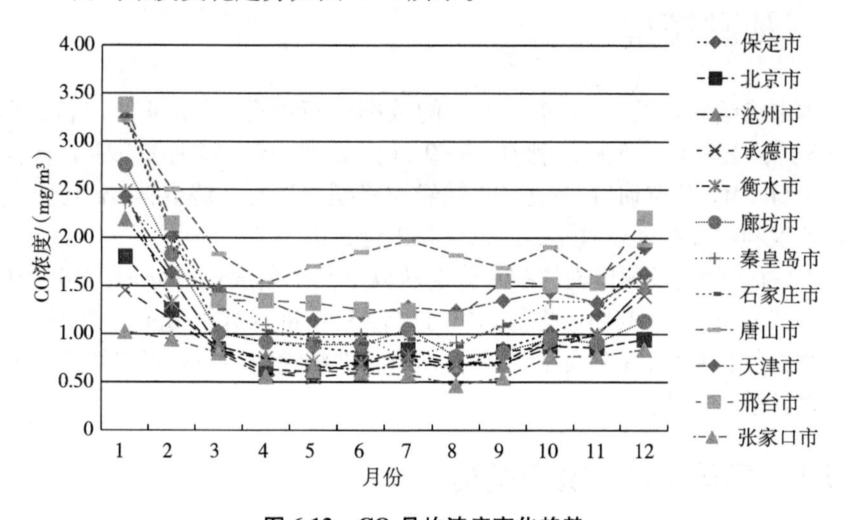

图 6.13　CO 月均浓度变化趋势

O_3 月均浓度变化趋势如图 6.14 所示。

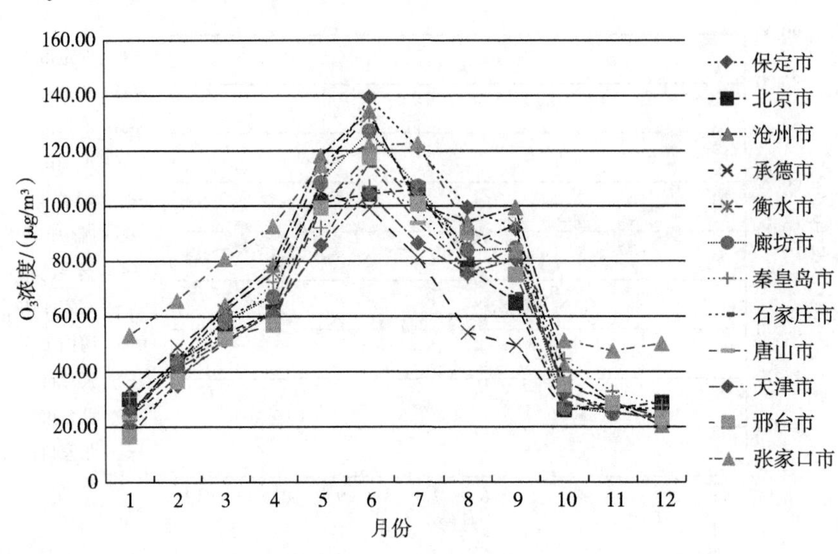

图 6.14　O_3 月均浓度变化趋势

6.5　预测模型

本书将整理好的 2017 年一整年的数据进行拆分，分为 4 个阶段：春季（1—3 月）、夏季（4—6 月）、秋季（7—9 月）、冬季（10—12 月）。对 4 个季节分别进行 $PM_{2.5}$ 预测研究，通过 BP 神经网络模型进行训练数据，不但分析其收敛速度和收敛精度还对预测的拟合度进行分析。

BP 神经网络预测模型的结果分别从以下几个角度进行分析：①BP 神经网络的误差值 *MSE*，其中还将仿真后的 *MSE* 列出进行对比；②BP 神经网络输出数据的复合系数；③对预测结果进行分析，即将预测结果和真实结果绘入一张图对其进行对比。

6.5.1　春季 $PM_{2.5}$ 预测模型

（1）BP 神经网络的误差值 *MSE*

BP 神经网络输出的均方差 *MSE* 是网络训练性能指标的主要测评，将模型的误差精度期望值设为 0.001。春季模型产生的网络训练结果如图 6.15 所示。

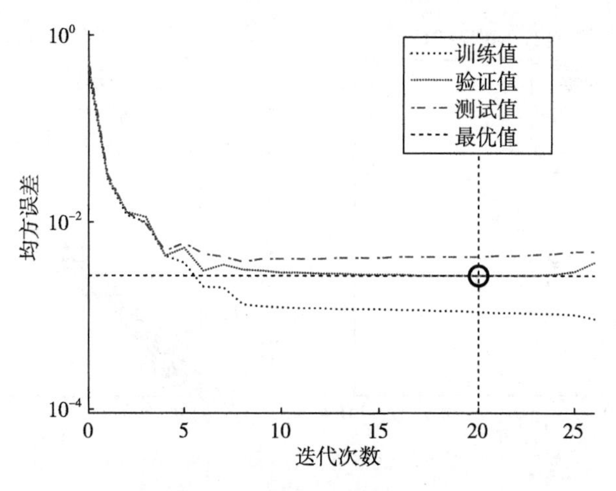

图 6.15 春季模型误差 MSE 图

由图 6.15 可知,BP 神经网络的最小输出误差值为 0.002 685 2,迭代次数为 20 次,其仿真之后的最小输出误差值为 0.002 303,迭代次数仅为 1 次。

(2)BP 神经网络输出数据的复合系数

春季 BP 神经网络复合系数如图 6.16 所示。

(3)预测结果分析

将训练好的 BP 神经网络预测值与真实值绘入一张图进行比较,通过对比不难看出,BP 神经网络在 $PM_{2.5}$预测上有着较高的准确率(图 6.17)。

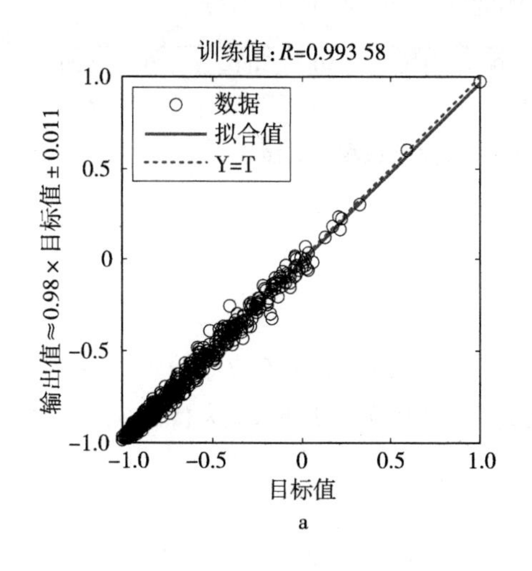

a

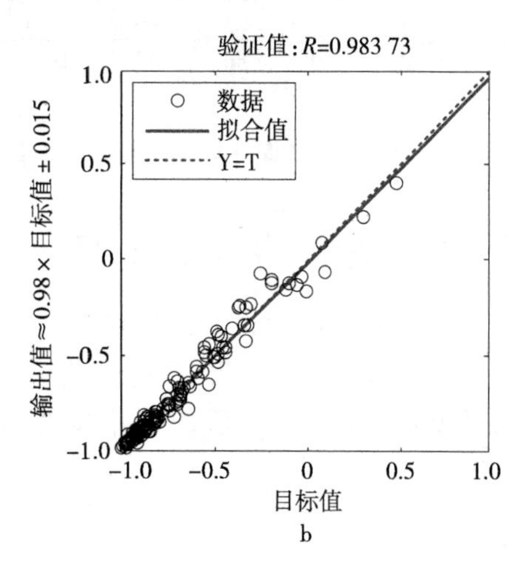

b

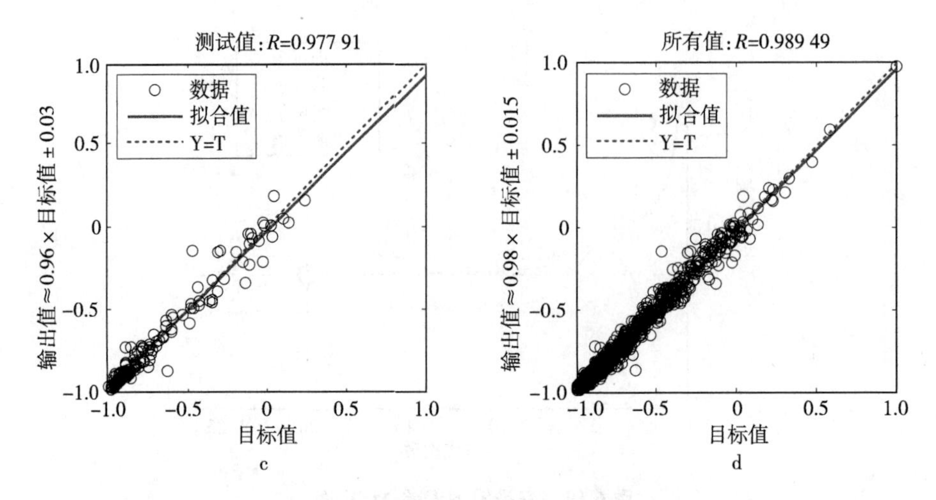

图 6.16　春季 BP 神经网络复合系数

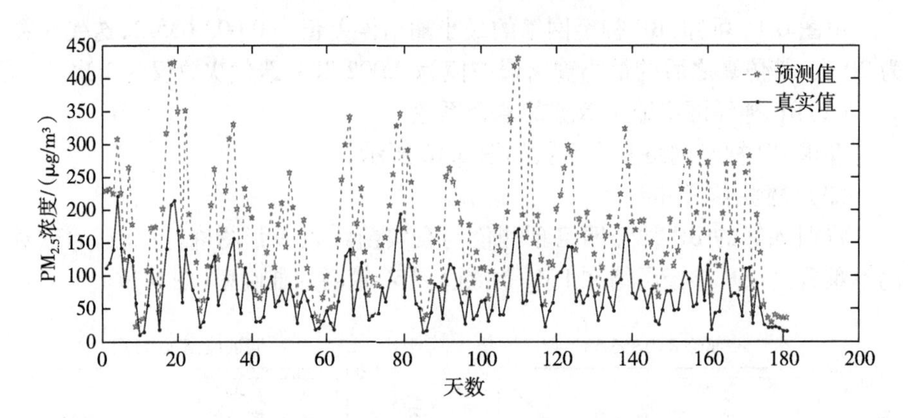

图 6.17　春季 BP 神经网络真实值与预测值对照

6.5.2　夏季 $PM_{2.5}$ 预测模型

(1) BP 神经网络的误差值 *MSE*

由图 6.18 可知,BP 神经网络的最小输出误差值为 0.007 120 8,迭代次数为 9 次,其仿真之后的最小输出误差值为 0.004 148 1,迭代次数仅为 0 次。

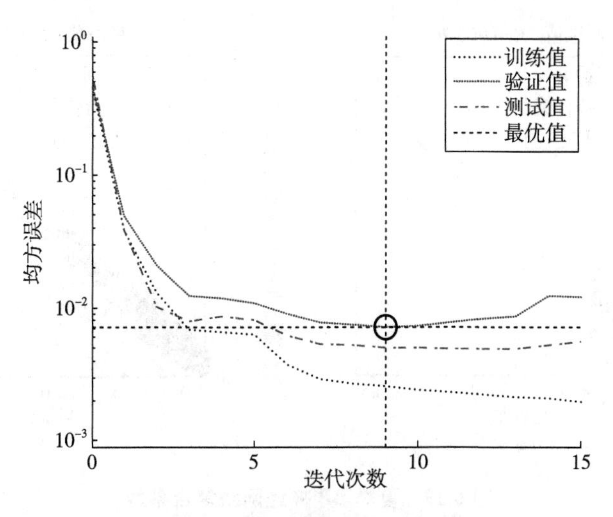

图 6.18　夏季模型误差 *MSE* 图

(2) BP 神经网络输出数据的复合系数

夏季 BP 神经网络复合系数如图 6.19 所示。

(3) 预测结果分析

夏季 BP 神经网络真实值与预测值对照如图 6.20 所示。

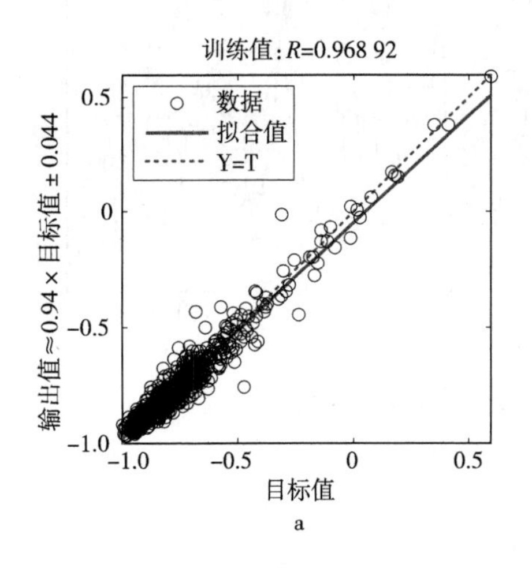

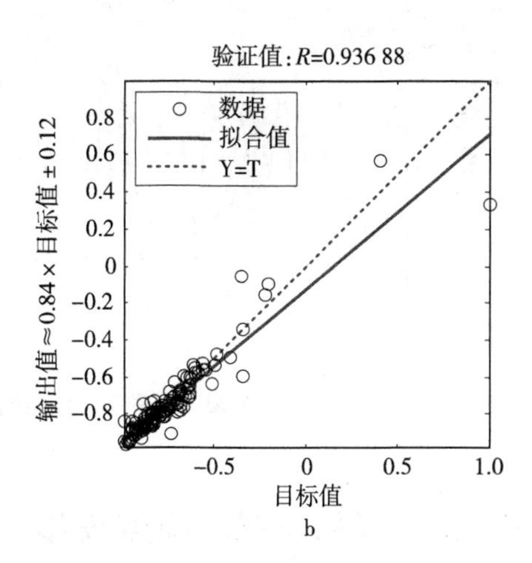

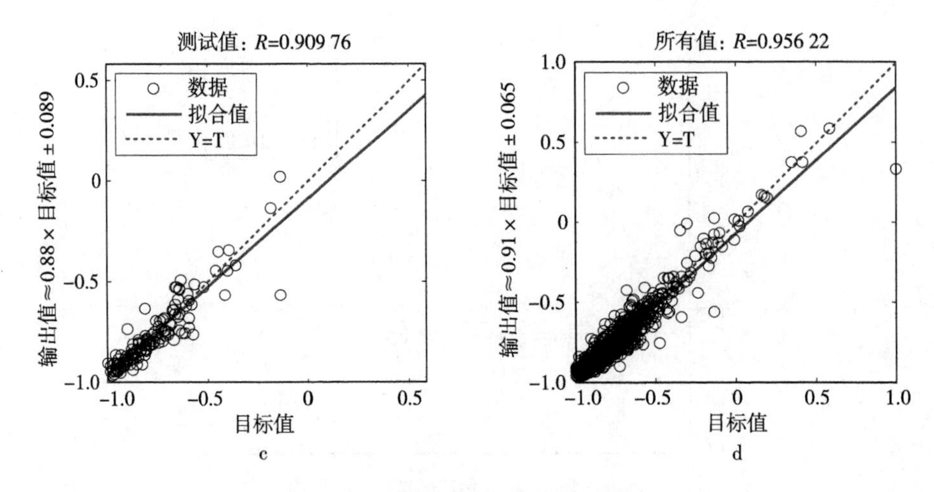

图 6.19　夏季 BP 神经网络复合系数

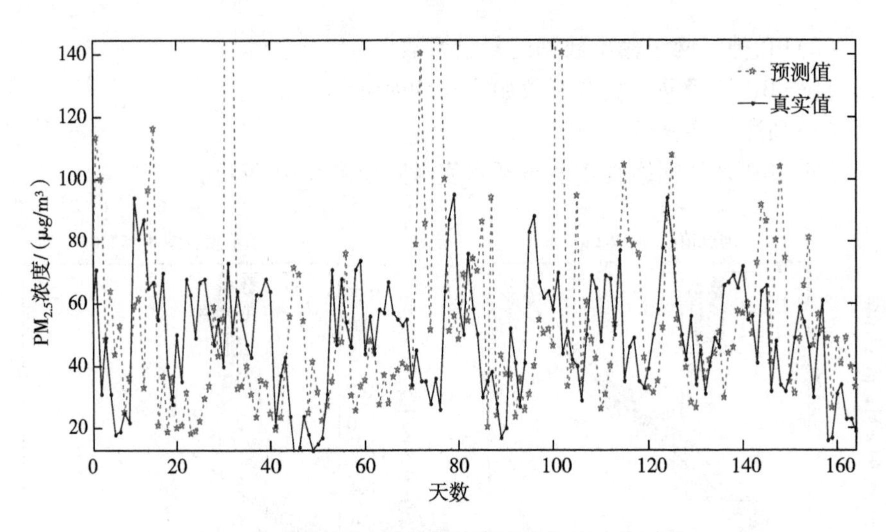

图 6.20　夏季 BP 神经网络真实值与预测值对照

6.5.3　秋季 $PM_{2.5}$预测模型

(1)BP 神经网络的误差值 *MSE*

由图 6.21 可知,BP 神经网络的最小输出误差值为 0.008 417 1,迭代次数为 11 次，其仿真之后的最小输出误差值为 0.005 480，迭代次数仅为 0 次。

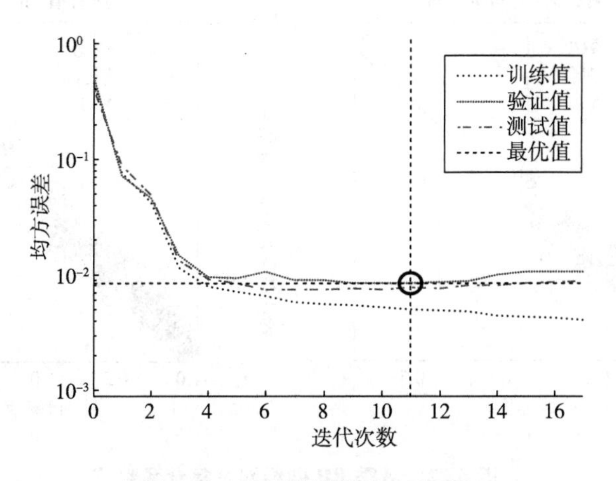

图 6.21　秋季模型误差 *MSE* 图

(2) BP 神经网络输出数据的复合系数

秋季 BP 神经网络复合系数如图 6.22 所示。

(3) 预测结果分析

秋季 BP 神经网络真实值与预测值对照如图 6.23 所示。

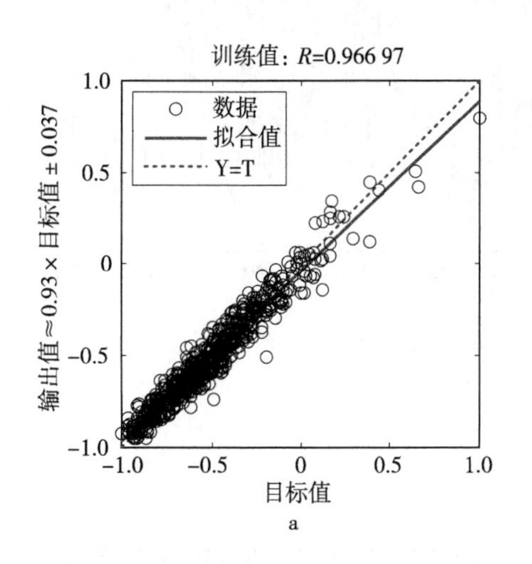

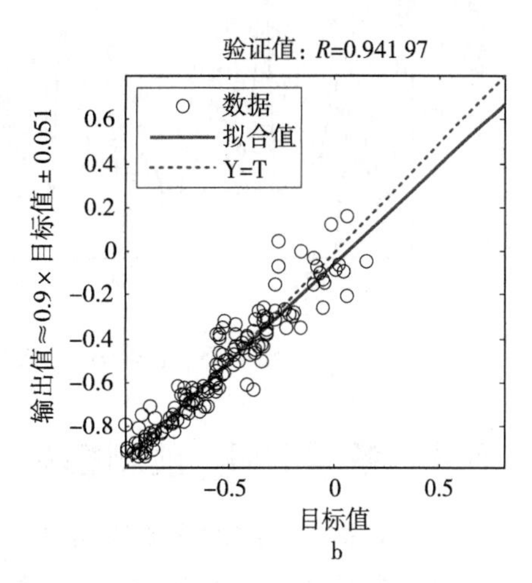

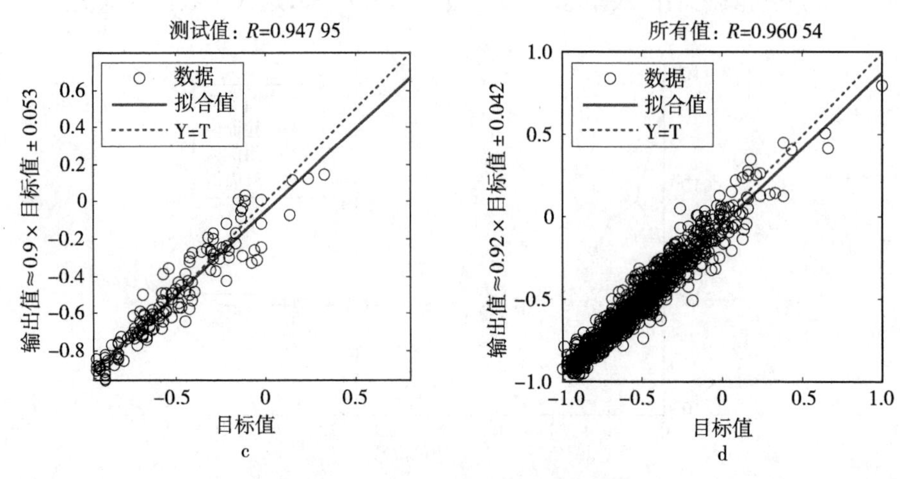

图 6.22　秋季 BP 神经网络复合系数

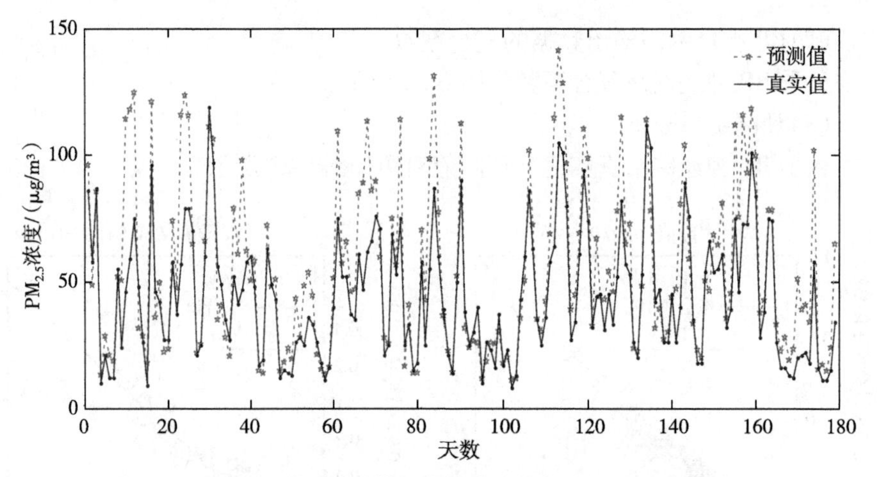

图 6.23　秋季 BP 神经网络真实值与预测值对照

6.5.4　冬季 $PM_{2.5}$预测模型

(1)BP 神经网络的误差值 *MSE*

由图 6.24 可知，BP 神经网络的最小输出误差值为 0.009 438 6，迭代次数为 4 次，其仿真之后的最小输出误差值为 0.005 480 4，迭代次数仅为 0 次。

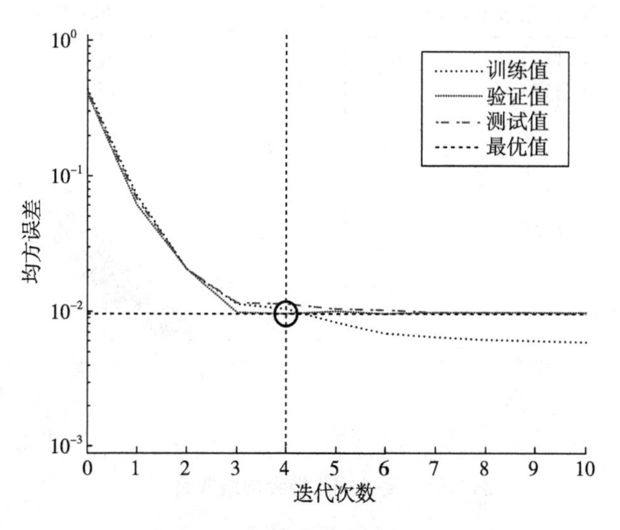

图 6.24　冬季模型误差 *MSE* 图

(2) BP 神经网络输出数据的复合系数

冬季 BP 神经网络复合系数如图 6.25 所示。

(3) 预测结果分析

冬季 BP 神经网络真实值与预测值对照如图 6.26 所示。

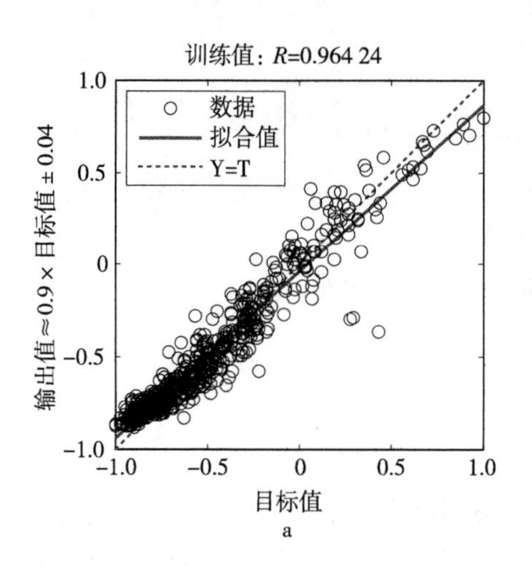

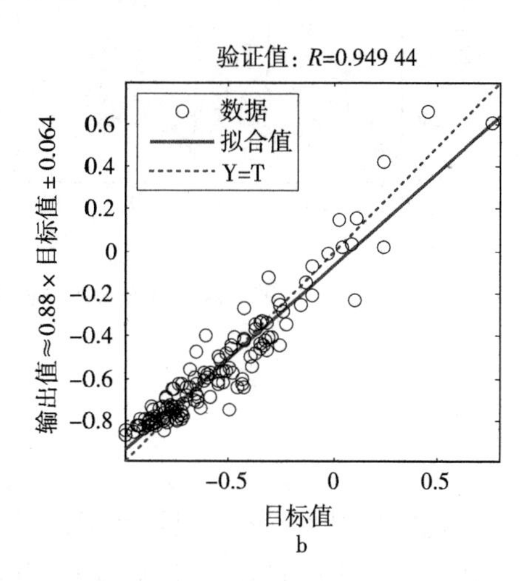

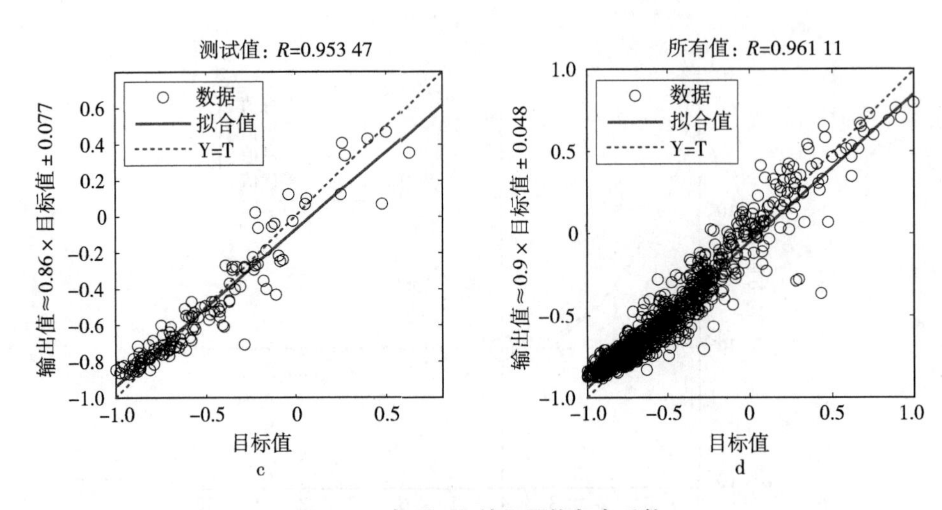

图 6.25　冬季 BP 神经网络复合系数

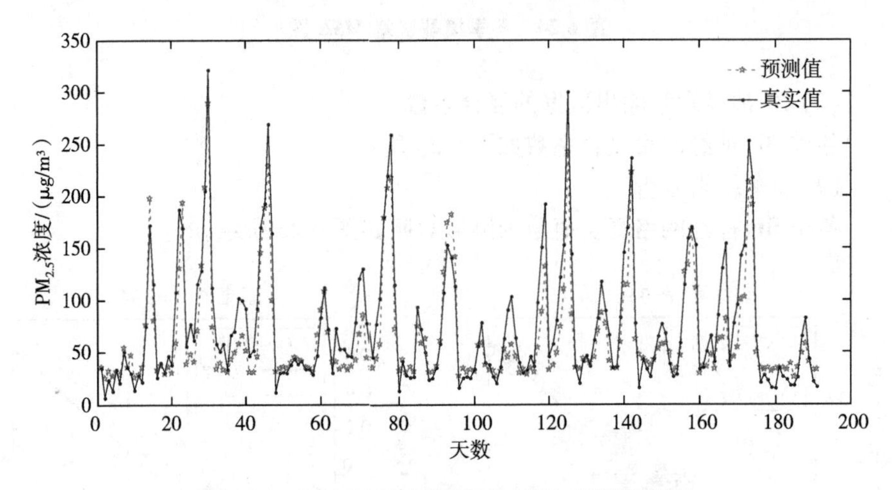

图 6.26　冬季 BP 神经网络真实值与预测值对照

6.6　小结

随着我国经济的飞速发展，我国的环境问题也逐渐凸显，尤其是空气质量问题。空气质量的监测与预测是具有重大实际意义的，提出科学有力的政策建议是学者们义不容辞的责任。本章将 BP 神经网络应用于京津冀地区的空气质量预测研究工作中，并对其进行仿真以提高模型的预测准确度。

此次工作量较多，研究时间较长：①首先通过各大气象网站对京津冀地区13个城市所监测到的每日数据进行收集整理，每条样本数据都含有多个空气因子的影响。②对样本数据进行了空气质量AQI指数评定，并利用ArcGIS软件进行时空分布分析，对形成原因的各项空气因子也进行了时空分布分析，以便更加深入地探讨此研究。③利用Matlab构建BP神经网络模型进行预测，在模型建立的过程中不仅需要对样本数据进行拆分、导入、转置等操作，在此过程中需要对输入数据进行归一化处理和对预测的结果数据进行反归一化处理。④对建立完成的BP神经网络具有的误差及拟合度进行分析，确认此模型为最优模型。⑤对此次研究的所有结果归纳总结，提出科学的建议政策。

经过多方面研究，本章得到了以下主要结论。

①运用AQI评定法可直接对空气数据进行评定及分析其时空分布图。

②在对主要污染因子达标率的研究当中，2017年京津冀地区13个城市中，张家口市无论对于哪一种因子的达标率都是最优的，且年均浓度最低，这说明在这13个城市中张家口市的空气质量最好。

③BP神经网络模型在京津冀地区2017年的空气污染预测实验中，具有较高的拟合度和预测精度，对预测值与真实值的误差数据进行分析，最终得到其准确率约为75%。

在利用BP神经网络模型对雾霾数据进行预测的研究过程中，经过大量样本数据的收集和理论基础支撑下取得了一定的研究成果。但由于时间及研究条件有限，以及空气质量影响因子的复杂性，使得本章的研究内容还不丰富，需要在未来的学习生活中不断完善和深入研究。以后的研究方向如下。

①目前，本章只研究了空气因子对京津冀地区空气质量的影响，今后将拓展到其他领域，如汽车尾气的排放、化石燃料的使用等生产活动也会影响环境。本章主要研究京津冀地区，希望今后可对全国主要城市进行空气质量预测，给出更多的合理化建议。现已收集了100多个城市近几年影响环境的主要因素，以后希望用更多的数据来对模型进行支持证明。

②本研究运用的主要模型是BP神经网络，还应对数据进行不同模型的实验，以便得出最优的模型更好地支持理论成果。

③随着数据的不断增多，也应用不同方法进行筛选归纳组合，使得模型的精度更加准确。

第 7 章　基于 BP 神经网络的雾霾预测

7.1　影响 $PM_{2.5}$ 预测浓度的因素分析

利用 Excel 表格中的 Correl 函数进行相关性系数的计算，其公式如下：

$$\rho_{x,y}=\frac{\operatorname{cov}(X,Y)}{\sigma_x\sigma_y}。\tag{7.1}$$

其中，x 和 y 是样本平均值 Average1(array1) 和 Average2(array2)。相关系数的取值范围为-1~1，-1 表明两个变量完全负相关，0 表明两个变量不相关，1 表明两个变量完全线性相关，而数据越趋近于 0，表明两个变量相关关系越弱。

2014—2017 年其他污染物浓度与当天 $PM_{2.5}$ 的相关性系数如表 7.1 所示。其中，$PM_{2.5}$ 与 PM_{10} 相关性最高，最高可达 0.96，几乎完全线性相关；其与 NO_2、CO、SO_2 也正相关，但相关性远低于 PM_{10}，且逐个递减；其与 O_3 呈负相关且相关性弱。

表 7.1　2014—2017 年其他污染物浓度与当天 $PM_{2.5}$ 的相关性系数

时间	PM_{10}	SO_2	NO_2	CO	O_3
2014 年	0.96	0.44	0.73	0.59	-0.11
2015 年	0.93	0.51	0.79	0.73	-0.16
2016 年	0.93	0.60	0.81	0.65	-0.47
2017 年	0.94	0.58	0.68	0.52	-0.16

2017 年 $PM_{2.5}$ 当前浓度与 24 h 前、48 h 前、72 h 前的各污染物浓度的相关性系数如表 7.2 所示。纵观表 7.2 发现，$PM_{2.5}$ 的当前浓度与各污染物浓度的相关性是随着时间间隔的增大逐渐递减的。横观表 7.2 发现，$PM_{2.5}$ 当前浓度与 24 h 前各污染物浓度的相关性仍然很高，除了其与 O_3 的相关性较小，为 0.24，$PM_{2.5}$ 与其他污染物的相关性都在 0.5 上下；而其与 48 h 前各污染物浓

度的相关性系数大多降到了0.3上下，而与PM_{10}和O_3相关性较小，在0.2上下；其与72 h前各污染物浓度的相关性系数基本在0.2上下，只有SO_2在72 h前的浓度对$PM_{2.5}$当前浓度仍然有较大影响。

表7.2　$PM_{2.5}$当前浓度与24 h、48 h、72 h前的各污染物浓度的相关性系数

时间	$PM_{2.5}$	PM_{10}	SO_2	NO_2	CO	O_3
24 h前	0.56	0.44	0.50	0.52	0.54	-0.24
48 h前	0.27	0.19	0.34	0.30	0.34	-0.22
72 h前	0.19	0.14	0.31	0.23	0.27	-0.22

2017年$PM_{2.5}$当前浓度与24 h前、48 h前气象因素相关性系数如表7.3所示。对比上述与污染物的相关性发现，气象因素与$PM_{2.5}$浓度的相关性和O_3与$PM_{2.5}$浓度的相关性类似，都是相关性较低且随时间变化不大。纵观表7.3发现，在同一时段中，气象因素与$PM_{2.5}$浓度的相关性要大大低于其他污染物与$PM_{2.5}$浓度的相关性，其中除了气压和相对湿度2个因素与$PM_{2.5}$浓度正相关，其他因素都与其负相关。地温、气温、气压这3个因素与$PM_{2.5}$浓度的相关性较大，在0.3以上。而48 h前的日照时数和相对湿度的相关性极小，几乎完全不相关。理论上，$PM_{2.5}$浓度应与降水量相关性也较大，然而表7.3的数据却显示二者相关性很小。本章以北京市2017年情况为例，绘制$PM_{2.5}$浓度与降水量的关系如图7.1所示，发现降水量与$PM_{2.5}$的浓度相关性确实不大。同样以北京市2017年情况为例，绘制$PM_{2.5}$浓度与24 h前地温、风速、气温、气压的关系如图7.2至图7.5所示。可以看出，北京市的相关性曲线的相关性系数和表7.3中京津冀地区城市24 h前平均相关性系数的值存在一定差距，北京市上述几种气象的相关性都低于京津冀地区城市的平均相关性系数值，其中北京市的风速几乎完全和$PM_{2.5}$浓度不相关。

表7.3　2017年$PM_{2.5}$当前浓度与24 h、48 h前气象因素相关性系数

时间	地温/0.1 ℃	风速/(0.1 m/s)	降水量/0.1 mm	气温/0.1 ℃	气压/0.1 hPa	日照时数/0.1 h	相对湿度/1%
24 h前	-0.33	-0.25	-0.10	-0.33	0.32	-0.18	0.11
48 h前	-0.33	-0.11	-0.11	-0.34	0.37	-0.05	-0.05

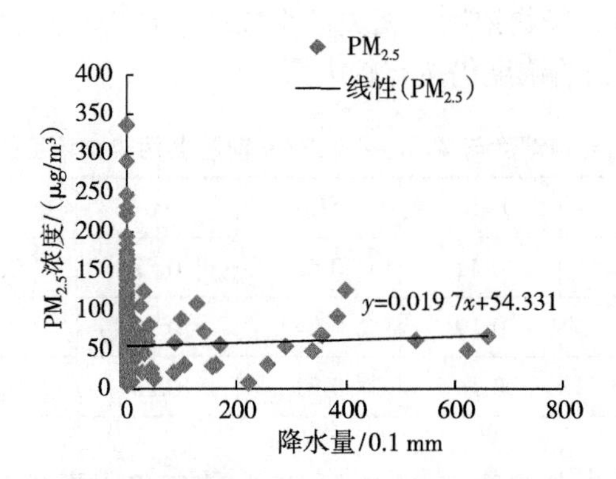

图 7.1　北京市 2017 年 $PM_{2.5}$ 与降水量的关系

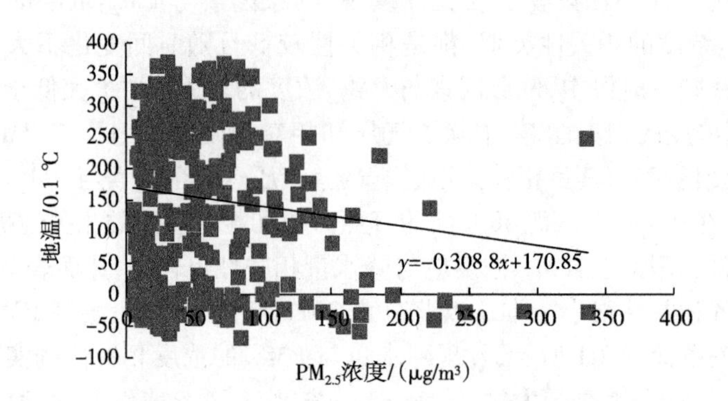

图 7.2　北京市 2017 年 $PM_{2.5}$ 与地温的关系

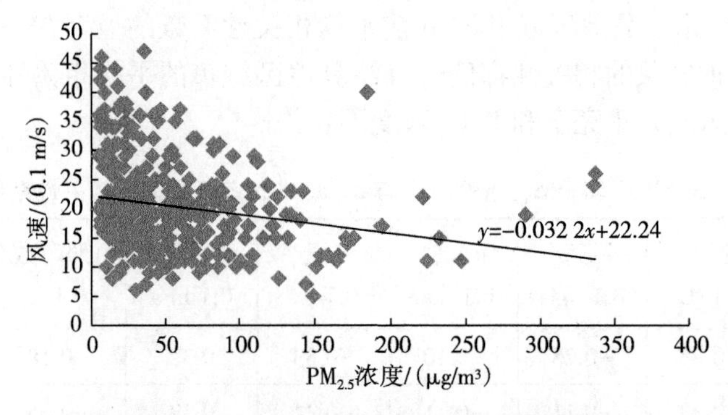

图 7.3　北京市 2017 年 $PM_{2.5}$ 与风速的关系

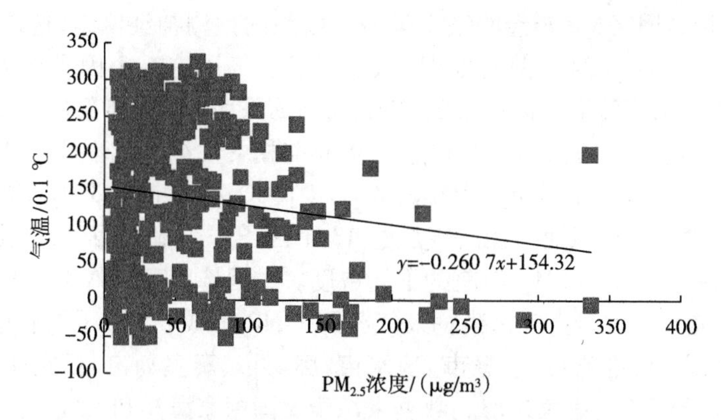

图 7.4　北京市 2017 年 $PM_{2.5}$与气温的关系

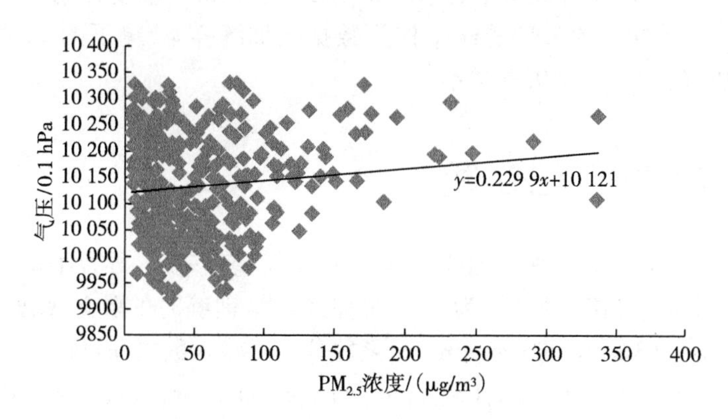

图 7.5　北京市 2017 年 $PM_{2.5}$与气压的关系

7.2　训练样本选取

本章将预测京津冀地区城市的平均 $PM_{2.5}$浓度值,在以往的污染物浓度预测中,大多选取该污染物 24 h 前、48 h 前的浓度及 24 h 前的风速、降水量等气象因素作为输入数据。而本章根据上述对 $PM_{2.5}$与其他污染物相关性的研究,发现部分其他污染物的浓度与 $PM_{2.5}$当前浓度的相关性也很高,如 CO 在 24 h 前与当前 $PM_{2.5}$浓度的相关性只稍低于 24 h 前 $PM_{2.5}$与当前 $PM_{2.5}$浓度的相关性。

所以,为了探究 24 h 前及 48 h 前相关性高的其他污染物作为输入因子是否能使该神经网络的预测更加准确,本章将建立 2 个神经网络,分别称为神经网络 1 和神经网络 2。神经网络 1 类似于以往的预测神经网络,选取 24 h 前及 48 h 前的 $PM_{2.5}$,24 h 前的地温、风速、气温、气压这 6 个因子作为输入因子,输出因子为京津冀地区城市的 $PM_{2.5}$当前的平均浓度。神经网络 2 是在神经网络 1 的基础上,加上了 24 h 前及 48 h 前相关性绝对值不低于 0.27 的污染物,即选取 24 h 前的 $PM_{2.5}$、PM_{10}、SO_2、NO_2、CO,48 h 前的 $PM_{2.5}$、SO_2、NO_2、CO,24 h 前的地温、风速、气温、气压这 13 个因子作为输入因子,输出因子也为京津冀地区城市的 $PM_{2.5}$当前的平均浓度。数据选用京津冀地区 12 个城市 2017 年一整年的逐日大气污染物及气象因素,12 个城市为除了邯郸市以外的北京市、保定市、沧州市、承德市、衡水市、廊坊市、秦皇岛市、石家庄市、唐山市、天津市、邢台市、张家口市。数据来源于美国国家海洋和大气管理局、中华人民共和国生态环境部数据中心、NASA 网站、天津市环境统计局。数据以其中前 10 个月的共计约 80%的样本作为数据的训练样本,剩下的 11 月、12 月的约占 20%的样本作为仿真样本。

7.3 数据归一化处理

输入数据单位不一致,且不同因素之间数据跨度较大,导致了运行出的神经网络训练误差较高。所以,为了加快神经网络训练时的收敛速度,减小误差,本章先利用 Matlab 的 mapminmax 函数分别对输入数据和目标数据进行归一化处理:[input_afternormal, PS_input] = mapminmax(input), [train_PM25_afternormal, PS_25] = mapminmax(train_PM25)。其中,input 为训练和仿真的输入矩阵;train_PM25 为训练样本的目标列矢量;input_afternormal 为归一化后的训练和仿真样本的输入矩阵;train_PM25_afternormal 为归一化后的训练样本的目标列矢量;PS_input 和 PS_25 中分别存储输入矩阵与输出数据的归一化映射。由于训练部分的输入数据和仿真部分的输入数据的最大值与最小值不完全相同,所以对其进行统一处理,以防训练部分和仿真部分的输入数据归一化的对应关系不同,而导致训练和仿真出的目标值有差距,影响实验结果。在完成归一化处理后再按上述的 80%作为训练样本、20%作为仿真样本进行划分。对于输出数据 $PM_{2.5}$的浓度,由于训练样本的范围涵盖仿真样本的范围,且仿真样本的输出数据只需要按映射关系进行反归一化处理,不存在上述输入数据的问题,所以可以直接使用命令对训练样本进行归一化,再利用对应关系对仿真样本的输出结果进行反归一化。将仿真结果还原的反归一化过程,依然用神经网络的 mapminmax 函数进行处理:simulate_output = mapminmax('reverse',output,PS_25)。其中,output 是从神经网络工具中导出的仿真结果;simulate_output 是反归一化后的仿真结果。

上述 mapminmax 函数的归一化公式如式(7.2)所示:

$$y = \frac{x - x_{\min}}{x_{\max} - x_{\min}}(y_{\max} - y_{\min}) + y_{\min}。 \tag{7.2}$$

其中,y 为经归一化后的数据;x 为归一化前的原始数据;$x_{\max}$为输入矩阵的最大值;$x_{\min}$为输入矩阵的最小值;$y_{\max}$为输出向量的最大值;$y_{\min}$为输出向量的最小值。

7.4　BP 神经网络的设计

由于不同的神经网络参数构成的网络结构决定了该神经网络解决问题的能力,因此,选取合适的网络参数对 $PM_{2.5}$的预测具有重大意义。BP 神经网络的结构参数主要由输入节点个数、输出节点个数、隐含层层数及每个隐含层神经元的个数和不同的传递函数构成。

神经网络 1 输入层包含 6 个输入节点,分别为 24 h 前及 48 h 前的 $PM_{2.5}$ ($\mu g/m^3$),24 h 前的地温(℃)、风速(m/s)、气温(℃)、气压(hPa)。网络期望输出结果为当前 $PM_{2.5}$在空气中的含量,输出层神经元个数为 1。所以,$PM_{2.5}$浓度预测神经网络 1 为多输入—单输出的网络,输入输出关系如图 7.6 所示。

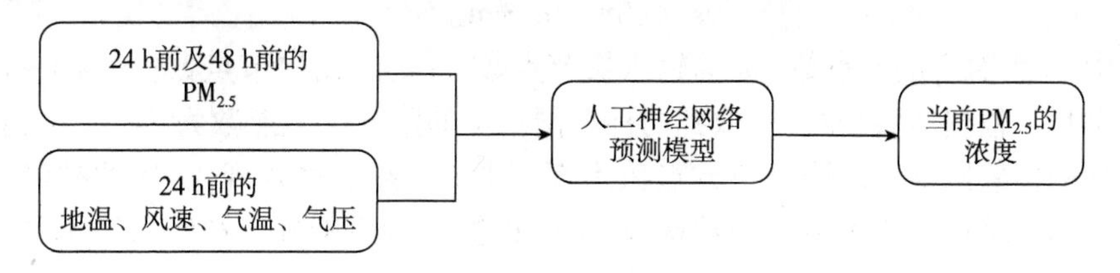

图 7.6　预测神经网络 1 的输入输出关系

神经网络 2 输入层包含 13 个输入节点,分别为 24 h 前的 $PM_{2.5}$($\mu g/m^3$)、PM_{10}($\mu g/m^3$)、SO_2($\mu g/m^3$)、NO_2($\mu g/m^3$)、CO(mg/m^3),48 h 前的 $PM_{2.5}$($\mu g/m^3$)、SO_2($\mu g/m^3$)、NO_2($\mu g/m^3$)、CO(mg/m^3),24 h 前的地温(℃)、风速(m/s)、气温(℃)、气压(hPa)。网络期望输出结果为当前 $PM_{2.5}$在空气中的含量,输出层神经元个数为 1。所以,$PM_{2.5}$浓度预测神经网络 2 为多输入—单输出的网

络,输入输出关系如图 7.7 所示。

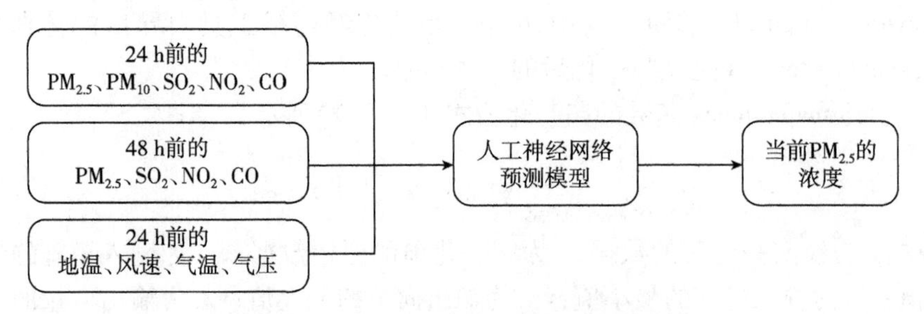

图 7.7　预测神经网络 2 的输入输出关系

Robert Hecht-Nielson 于 1998 年证明了可以用只含一个隐含层的 3 层 BP 神经网络来逼近任何闭区间内连续的函数。所以,本章的 2 个神经网络都采用单隐含层结构。

在确定了隐含层层数后,选择合适的隐含层节点个数便极为重要,因为隐含层的节点数会直接影响到 BP 神经网络的非线性映射能力。如果隐含层节点数量过少,则神经网络所能获得的用以解决问题的信息太少;如果数量过多,不仅增加训练时间,而且还可能出现"过度吻合"(Overfitting)的问题,即测试误差增大导致泛化能力下降。对于隐含层节点数的取值,在目前的理论研究中,还没有统一定论,但是根据一般原则:在误差可接受的范围内,应选用较少的隐含层节点数,使神经网络结构尽可能简单。一般情况下,由如下经验公式(7.3)来确定 BP 神经网络隐含层节点的数量范围:

$$s = \sqrt{m + n} + a。 \tag{7.3}$$

其中, s 为隐含层节点数; m 为输入层节点数; n 为输出层节点数; a 为 1~10 的常数。根据经验公式,获取到的神经网络 1 的隐含层节点数为 4~13 个,获取到的神经网络 2 的隐含层节点数为 5~14 个。经尝试发现,上述的神经元个数的训练误差基本在一个数量级,所以根据一般原则确定神经网络 1 的隐含层节点数为 4,神经网络 2 的隐含层节点数为 5。

BP 神经网络的激活函数反映了神经元节点对环境的反应能力,其非线性逼近能力是由 S 型传递函数(logsig 函数及 tansig 函数)体现的。常用的传递函数有 3 个:logsig 函数、purelin 函数、tansig 函数。本章的两个神经网络中,隐含层均采用 tansig 函数,输出层均采用线性传递函数 purelin 函数。传递函数的公式如下:

$$\mathrm{tansig}(x) = \frac{2}{1 + e^{-2x}} - 1; \tag{7.4}$$

$$\mathrm{purelin}(x) = ax + b。 \tag{7.5}$$

其中，x 为雾霾主要影响因子。

根据上述 BP 神经网络结构的参数设计，最终得到 $PM_{2.5}$ 神经网络预测结构如图 7.8 所示。

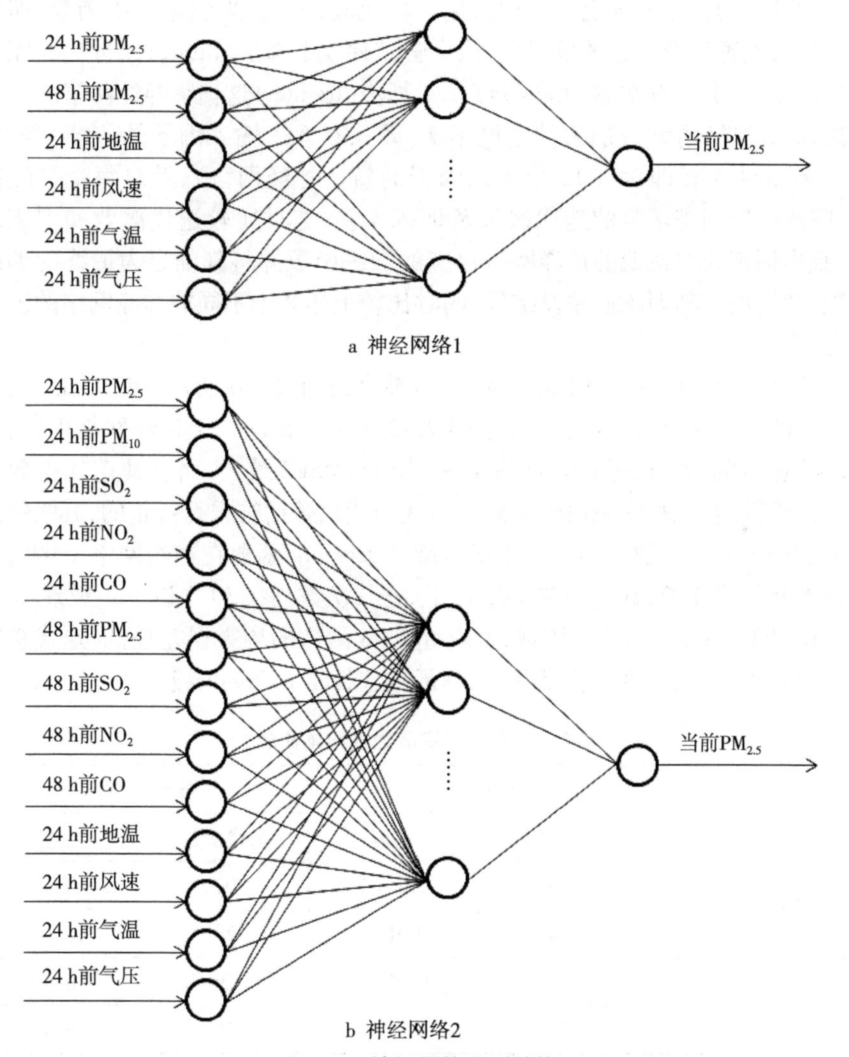

图 7.8　神经网络预测结构

7.5 BP 神经网络的训练

利用 Matlab 神经网络工具箱，对已完成归一化的输入数据进行训练，神经网络的结构参数已在上一部分中进行了分析和选取，而训练函数还需要在训练时进行调试才能确定。本章采用实验比较的方式来确定训练函数，即在其余参数设置完全一致的情况下，依次尝试梯度下降法（traingd）、量化共轭梯度法（trainscg）、准牛顿法（trainbfg）、LM 算法（trainlm）这训练神经网络的 4 种算法，2 个神经网络分别为神经网络 1（即只有 6 个输入因子的传统神经网络）、神经网络 2（即含有 13 个输入因子的新型神经网络），针对每个神经网络，完成一遍训练函数的迭代次数及训练误差，通过比较迭代次数和训练误差，找出训练误差最低的神经网络对应的训练函数并将其确定为最终的训练函数，然后展示其训练误差及结果，同时比较上述 2 个不同的神经网络的训练结果。

两个神经网络的不同训练函数的结果比较如表 7.4 所示。4 种训练函数所对应的均方误差曲线如图 7.9 至图 7.12 所示。在同一个神经网络内比较，traingd 函数的均方误差（Mean Squared Error，MSE）最大，而且其迭代次数也远远高于其他函数，它是由于达到了最大迭代次数而被强行终止的，其收敛速度亦远慢于其他函数。剩下 3 个函数除了 trainbfg 函数在神经网络 1 中的均方误差超过了 0.02，其他均在 0.02 以下，迭代次数均在 30 次以下。观察 trainscg、trainbfg、trainlm 这 3 个函数，发现 trainlm 函数的均方误差最低，迭代次数总体上较少，收敛速度最快，所以训练函数选择了 trainlm 函数。

表 7.4　不同训练函数的结果比较

	神经网络 1		神经网络 2	
	迭代次数	性能	迭代次数	性能
traingd	1000	0.027 7	1000	0.021 8
trainscg	26	0.019 3	24	0.016 7
trainbfg	24	0.022 7	29	0.015 6
trainlm	30	0.012 9	10	0.014 1

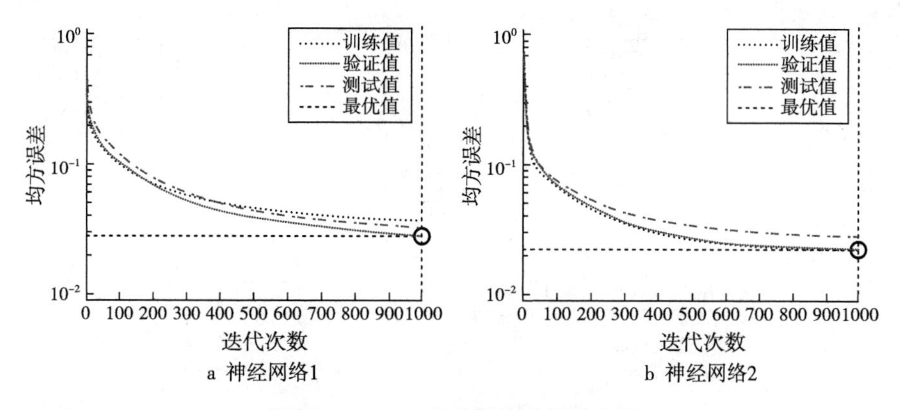

图 7.9　traingd 函数的均方误差曲线

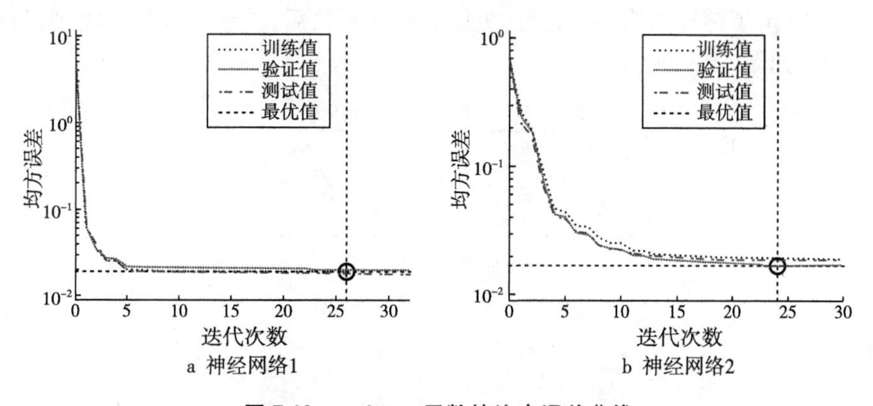

图 7.10　trainscg 函数的均方误差曲线

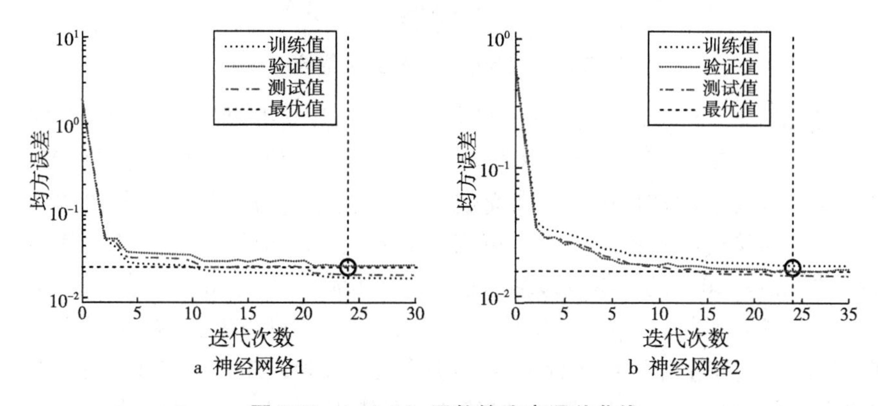

图 7.11　trainbfg 函数的均方误差曲线

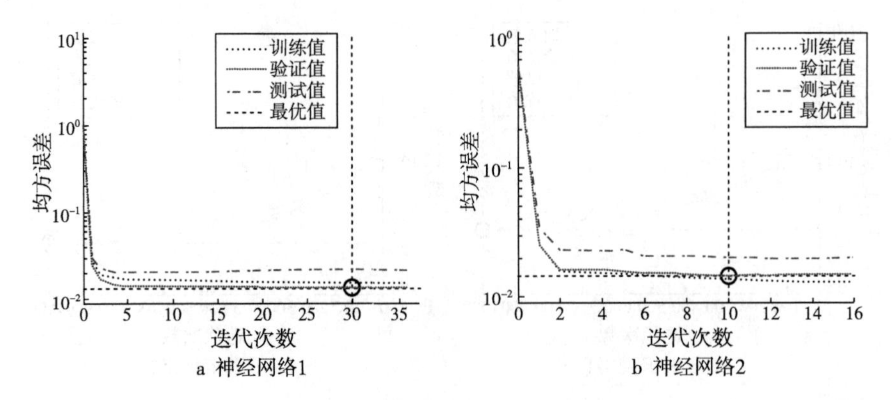

图 7.12 trainlm 函数的均方误差曲线

在确定了神经网络的训练函数为 trainlm 函数后，得到最佳的预测神经网络结构，如图 7.13 所示。

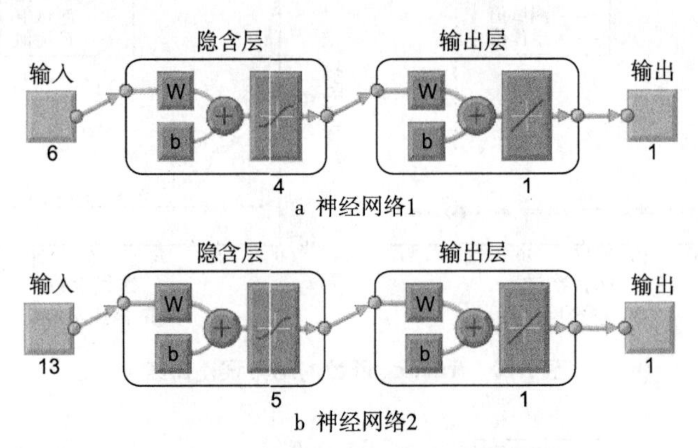

图 7.13 最佳的预测神经网络结构

在完成神经网络的训练后，根据上述结果，结合不同训练函数的误差曲线图（图 7.14 至图 7.17），对两个神经网络的性能进行比较。就迭代次数来看，除了 traingd 函数的迭代次数过多而被强行终止无法判断外，其他函数的两个神经网络的迭代次数差距较小。就误差来看，在使用 traingd 函数时，其误差较高（即误差>200）的样本数最多，远远多于其他函数，这应该是 traingd 函数的均方误差是 4 个函数中最大的原因，从图 7.14 中可以看到，神经网络 2 的训练样本误差在整体上更接近于 0，其中在样本 1000 和样本 3400 左右，神经网络 2 的预测结果明显优于神经网络 1。在使用 trainscg 函数时，神经网络 1

与神经网络 2 没有像使用 traingd 函数时在某些样本空间出现那么明显的差距，但是对于大多数样本来说，神经网络 2 的误差要低于神经网络 1，即对于大多数样本，神经网络 2 的预测值更加准确。在使用 trainbfg 函数时，神经网络 2 与神经网络 1 的差距并不明显，虽然神经网络 2 形成的浅色部分基本上被包含在神经网络 1 的深色部分内，但是神经网络 2 在某些样本点出现了较大误差，所以神经网络 2 的性能优势并不明显。在使用 trainlm 函数时，虽然表 7.4 中显示神经网络 2 的均方误差稍高于神经网络 1，但是从图 7.17 中看出，从整体来看神经网络 2 的样本误差更小，对于大多数样本来说，其准确度更高，推测神经网络 2 的均方误差更高的原因可能是被某些预测误差极大的值影响。上述的误差公式如下：

$$error = target - output。 \tag{7.6}$$

其中，*error* 为目标值和预测值之间的误差；*target* 为目标值；*output* 为预测值。当目标值大于预测值时，误差为正；反之，当目标值小于预测值时，误差为负。

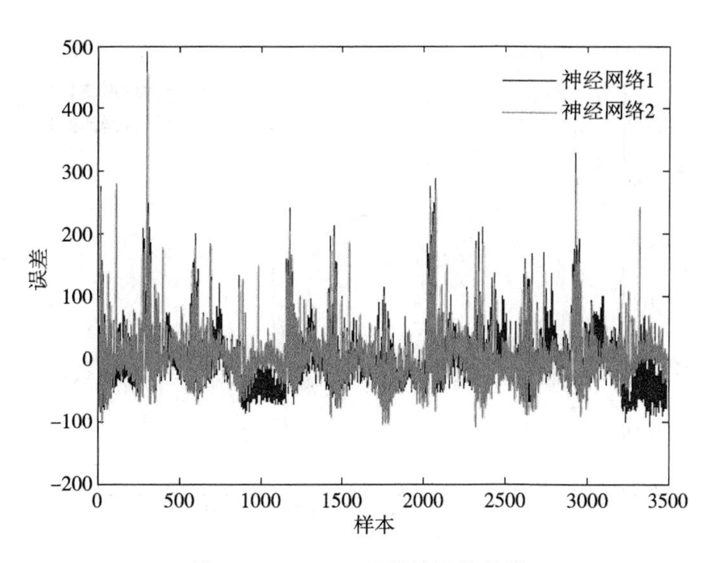

图 7.14　traingd 函数的误差曲线

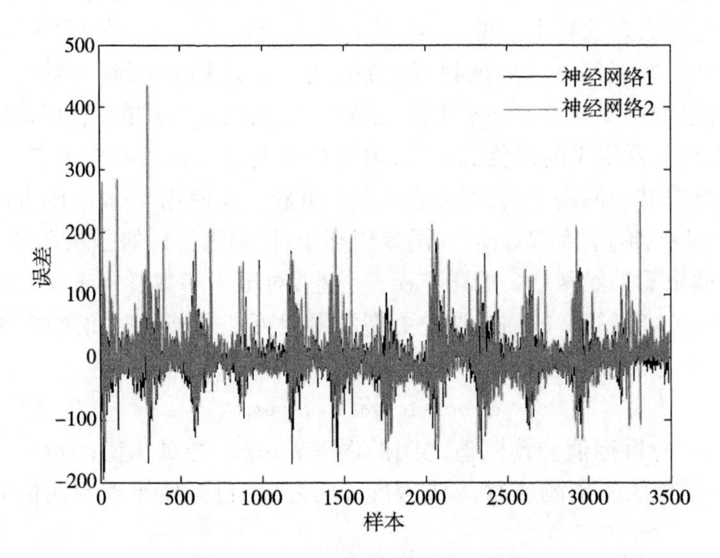

图 7.15　trainscg 函数的误差曲线

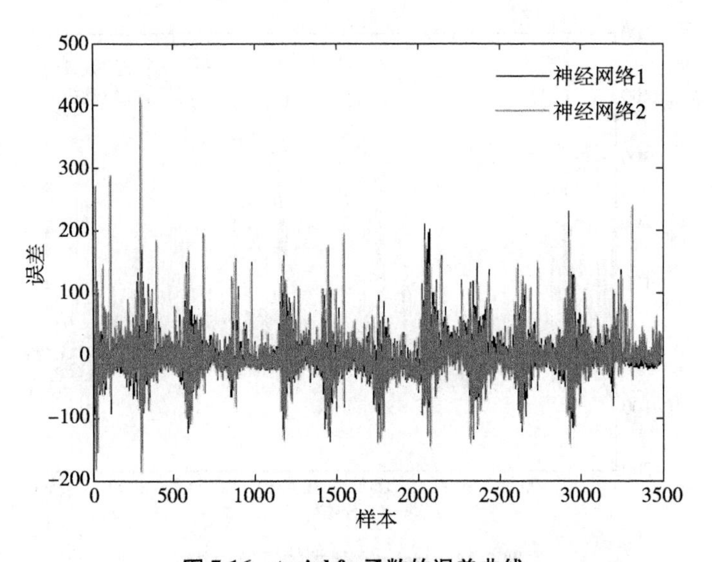

图 7.16　trainbfg 函数的误差曲线

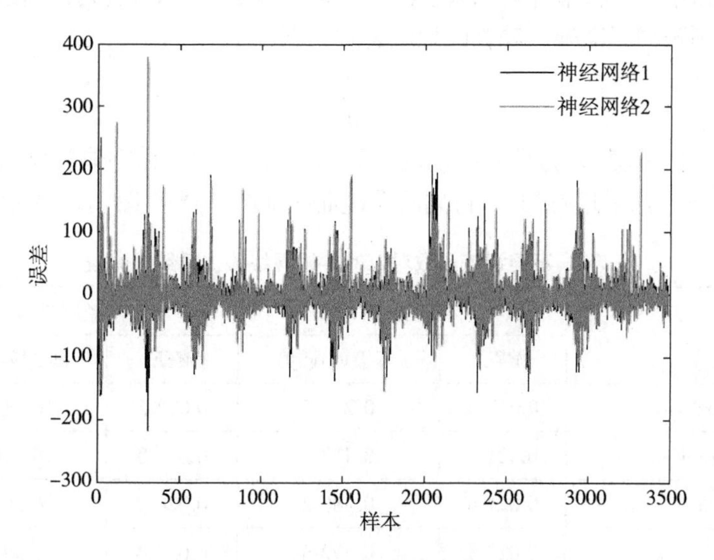

图 7.17　trainlm 函数的误差曲线

综上所述,在神经网络的训练方面,神经网络 2 整体上要优于神经网络 1,即加入与 $PM_{2.5}$ 相关性高的其他污染物可以提高预测的准确度。但是在上述 4 种训练函数的误差曲线图中,在第 300 个样本左右都存在一个误差非常高的样本,结合 6.3 节的时空分布猜测该样本可能是 2017 年 5 月 5 日突发沙尘暴的突发事件类样本,所以目前建立的这两种神经网络都还无法应对这种情况。

7.6　BP 神经网络的仿真

在训练好 BP 神经网络后,即用仿真样本进行仿真。首先,使用 Matlab 神经网络工具箱进行仿真。然后,将仿真结果导出神经网络,导入工作区,并在 Matlab 的运行窗口对预测结果进行反归一化处理。最后,比较两个神经网络的性能。不同训练函数对应的神经网络的仿真结果比较如表 7.5 所示。模式匹配度是指,把 $PM_{2.5}$ 的浓度按照 0~35、36~75、76~115、116~150、151~250、251 及以上这 6 个等级划分。这 6 个等级对应的分别是在不考虑其他污染物的情况下,由 $PM_{2.5}$ 浓度导致的空气质量为优、良、轻度污染、中度污染、重度污

染、严重污染这 6 种情况。如果预测值与期望值在同一等级,则说明预测准确匹配,否则预测不准确。等级匹配度公式如下:

$$y = \frac{x}{n}。 \tag{7.7}$$

其中,y 为匹配度;x 为预测准确的个数;n 为总个数。由不同训练函数训练出的 BP 神经网络进行仿真,得到的误差曲线如图 7.18 至图 7.21 所示。

表 7.5　不同训练函数对应的神经网络的仿真结果比较

	神经网络 1		神经网络 2	
	MSE	等级匹配度	*MSE*	等级匹配度
traingd	0.032 5	0.286 5	0.028 5	0.242 4
trainscg	0.021 3	0.413 2	0.021 8	0.366 4
trainbfg	0.021 8	0.380 2	0.020 2	0.392 6
trainlm	0.022 3	0.392 6	0.020 4	0.395 3

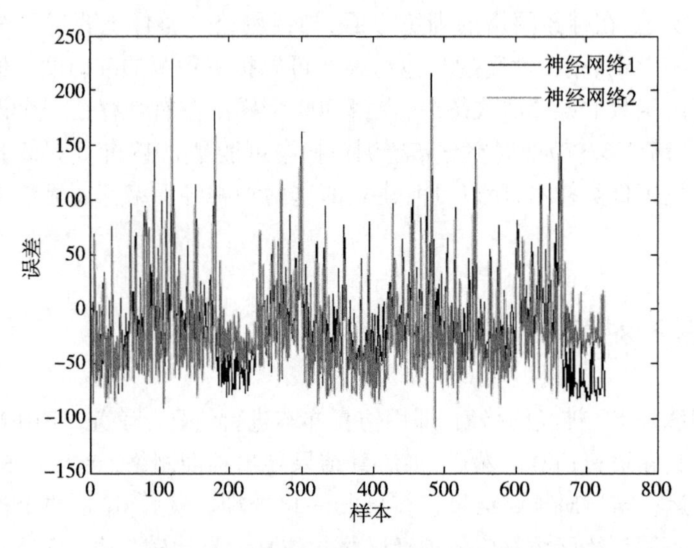

图 7.18　traingd 函数对应的仿真结果

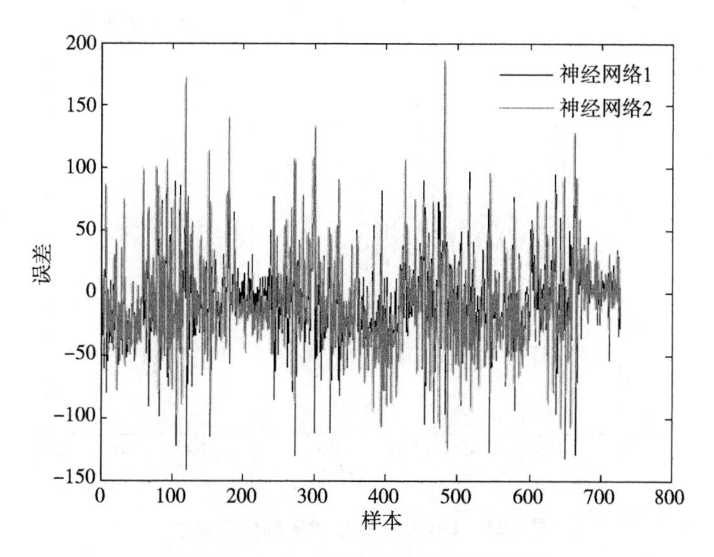

图 7.19　trainscg 函数对应的仿真结果

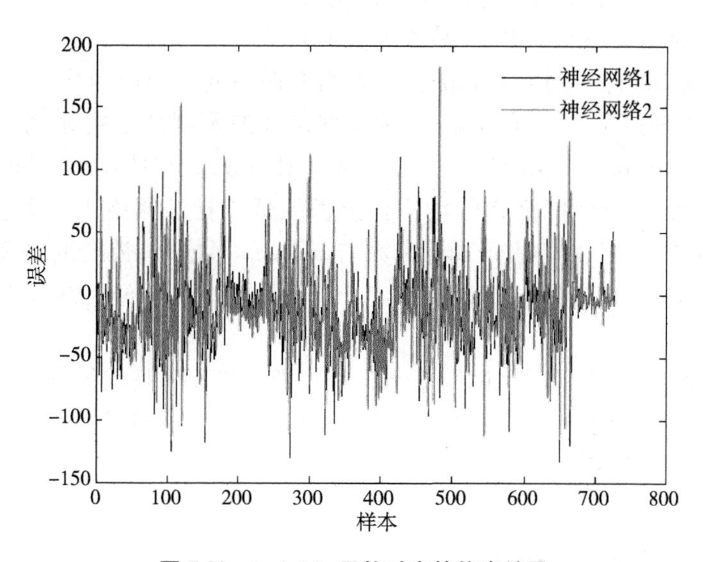

图 7.20　trainbfg 函数对应的仿真结果

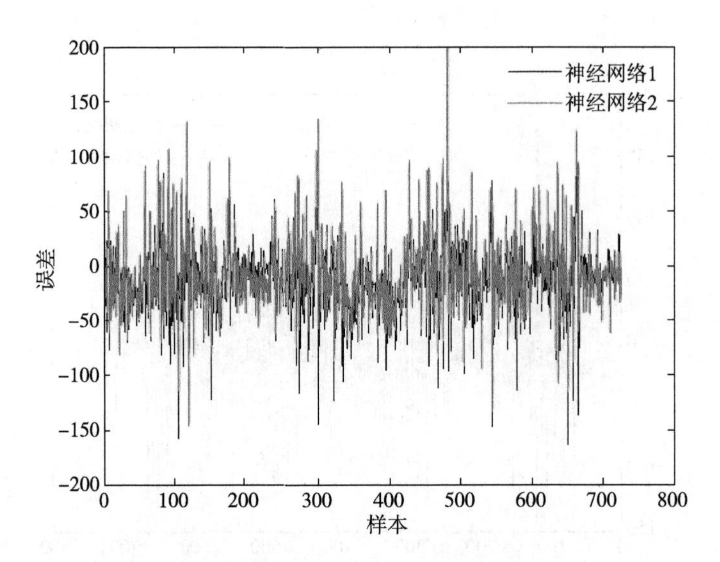

图 7.21 trainlm 函数对应的仿真结果

除了神经网络 1 的 traingd 函数的均方误差为 0.0325，两种神经网络使用函数时的仿真数值的均方误差均在 0.03 以下。结合图表来看，在使用 traingd 函数时，神经网络 2 的仿真样本均方误差低于神经网络 1，其中在第 200 个样本和第 700 个样本左右，神经网络 2 的预测结果明显优于神经网络 1。在使用 trainscg 函数时，均方误差差距不大。在使用 trainbfg 函数与 trainlm 函数时，神经网络 2 的均方误差都要低于神经网络 1。以等级匹配度作为参考来看，在使用 traingd 函数与 trainscg 函数时，神经网络 2 要低于神经网络 1，而在使用 trainbfg 函数与 trainlm 函数时，神经网络 2 要略高于神经网络 1。

综上所述，新型的神经网络 2 无论是在训练方面还是在仿真方面都要略优于传统的神经网络 1，但是两个神经网络的差距并没有预计的那么大，具体原因还需要继续探究。

7.7 遗传算法优化

由于 BP 神经网络存在一定局限性，所以为了避免陷入局部最小值而无法获得全局最优解的情况发生。本章选用遗传算法对上述的神经网络进行优化。遗传算法是计算个体的适应度值,根据代沟值通过选择操作选择适应度值高的个体继续在种群繁殖,淘汰适应度值低的个体,并通过交叉、变异操作产生新个体,使种群总体的适应度值更高,能在更广的范围内寻找问题空间的最优解。因此,BP 神经网络与遗传算法相结合后,可以得到一个擅长全局搜索、局部寻优能力强、收敛速度快的遗传算法优化神经网络。根据遗传算法优化代码结合 BP 神经网络和遗传算法优化神经网络的步骤,提取其流程如图 7.22 所示。

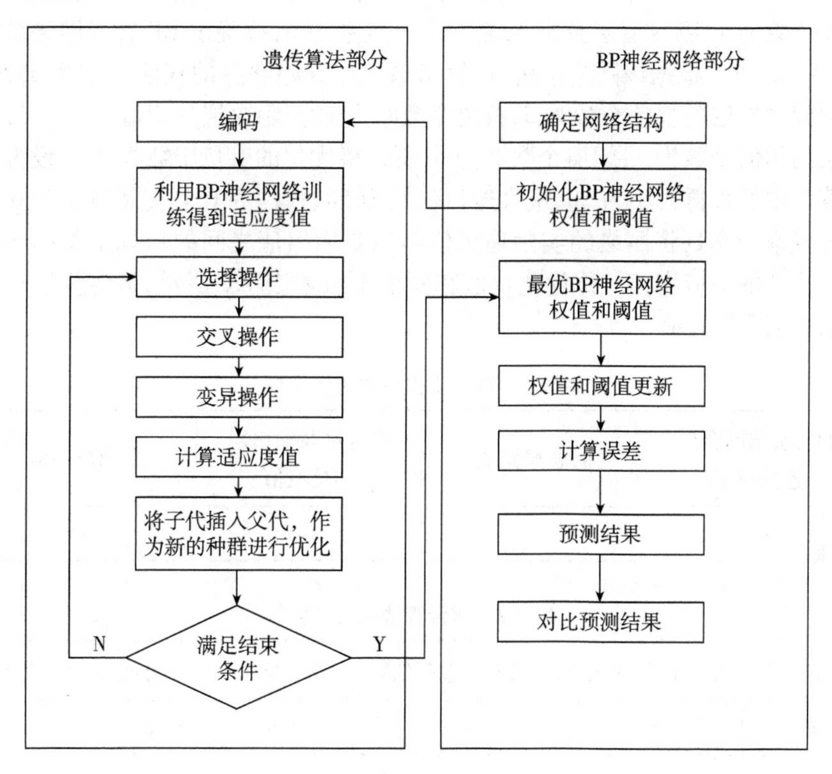

图 7.22　遗传算法优化神经网络流程

具体操作步骤:首先确定 BP 神经网络的结构,然后用 BP 神经网络工具箱对权值和阈值进行初始化,这已在 7.6 节中完成。接着进行遗传算法优化部分。先对数据进行编码,然后计算种群适应度值并找出适应度值最优个体进行选择、交叉、变异操作,再次计算适应度值后根据代沟的数值,将子代个体插入父代,作为新的种群判断进化是否结束,若未结束,则重新回到选择操作的步骤,并重复上述步骤;若满足条件,则表明已经找到最优的 BP 神经网络,获得了其权值和阈值,更新相应的神经网络的权值和阈值,并计算其误差,得出预测结果后对比 BP 神经网络和遗传算法优化神经网络的训练与仿真结果。其中,遗传算法优化部分提到的 BP 神经网络的建立没有使用神经网络工具箱,而使用代码建立。

根据 7.6 节 BP 神经网络的实验,确定选用整体效果更好的神经网络 2 作为最终神经网络的结构。所以神经网络中输入层神经元个数为 13,输出层神经元个数为 1,隐含层层数为 1,隐含层节点数为 5,故确定 BP 神经网络结构为 13—5—1。根据该网络结构,可算出输入层到隐含层的权值个数为 65,隐含层到输出层的权值个数为 5,权值个数共为 70。隐含层的阈值个数为 5,输出层的阈值个数为 1,阈值个数共为 6,所以待优化的变量个数为 76。设置遗传算法中的种群大小为 60、最大遗传代数为 50、代沟为 0.9、交叉概率为 0.5、变异概率为 0.1,将网络的实际输出值与期望输出值之间的均方误差(*MSE*)作为个体的适应度值。待优化权值和阈值个数如表 7.6 所示,遗传算法运行参数如表 7.7 所示。

表 7.6　待优化权值和阈值个数

输入层与隐含层连接权值	隐含层阈值	隐含层与输出层连接权值	输出层阈值
65	5	5	1

表 7.7　遗传算法运行参数

种群大小	最大遗传代数	变量的二进制位数	交叉概率	变异概率	代沟
60	50	14	0.5	0.1	0.9

将遗传算法优化的代码在 Matlab 执行后,得到遗传算法进化图,如图 7.23 所示,最小误差 $err = 0.017\ 662$。遗传算法优化前后的结果对比如表 7.8 所示。从图 7.23 可以看出,遗传算法优化到 17 代,便不再进化。对比遗传算法优化神经网络与 BP 神经网络训练和仿真结果发现,遗传算法优化神经网络的均方误差要略低于 BP 神经网络。

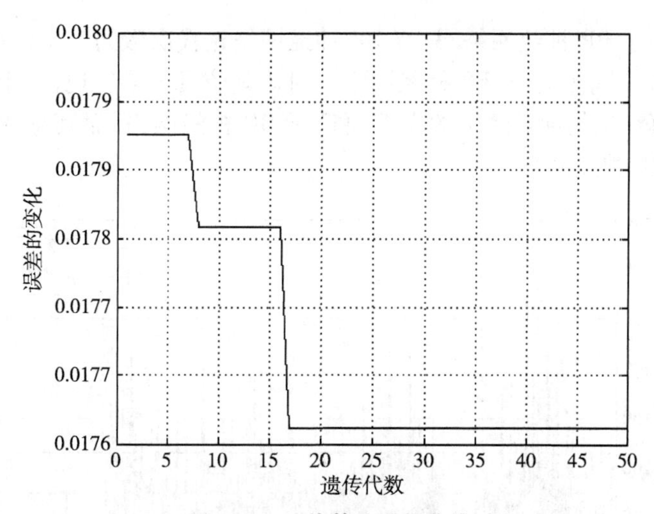

图 7.23　遗传算法进化曲线

表 7.8　遗传算法优化前后的结果对比

		BP 神经网络	遗传算法优化神经网络
训练样本	误差	0.012 897	0.012 598
测试样本	误差	0.021 539	0.019 528
	等级匹配度	43.25%	42.29%

遗传算法优化神经网络与 BP 神经网络训练结果和仿真结果对比如图 7.24 至图 7.26 所示。可以发现，在训练过程中，遗传算法优化神经网络的迭

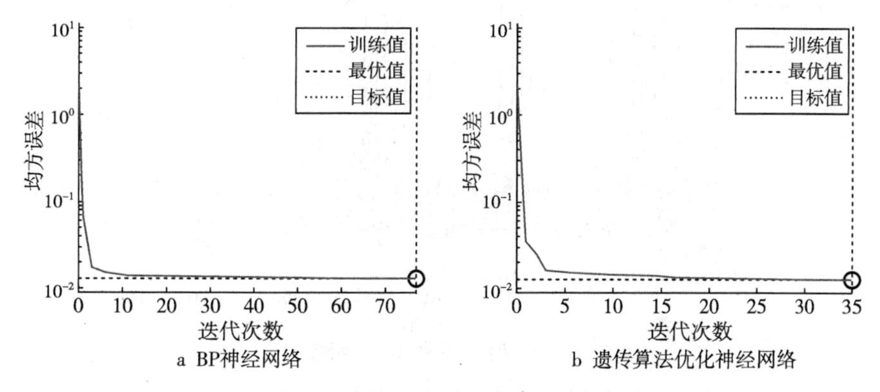

图 7.24　遗传算法优化前后的神经网络训练结果对比

代次数远小于 BP 神经网络，只有 BP 神经网络迭代次数的一半，收敛速度更快，且其均方误差也小于 BP 神经网络。对比其仿真结果发现，对于大多数样本点遗传算法优化神经网络的误差要低于 BP 神经网络，而其总的均方误差也略低于 BP 神经网络。

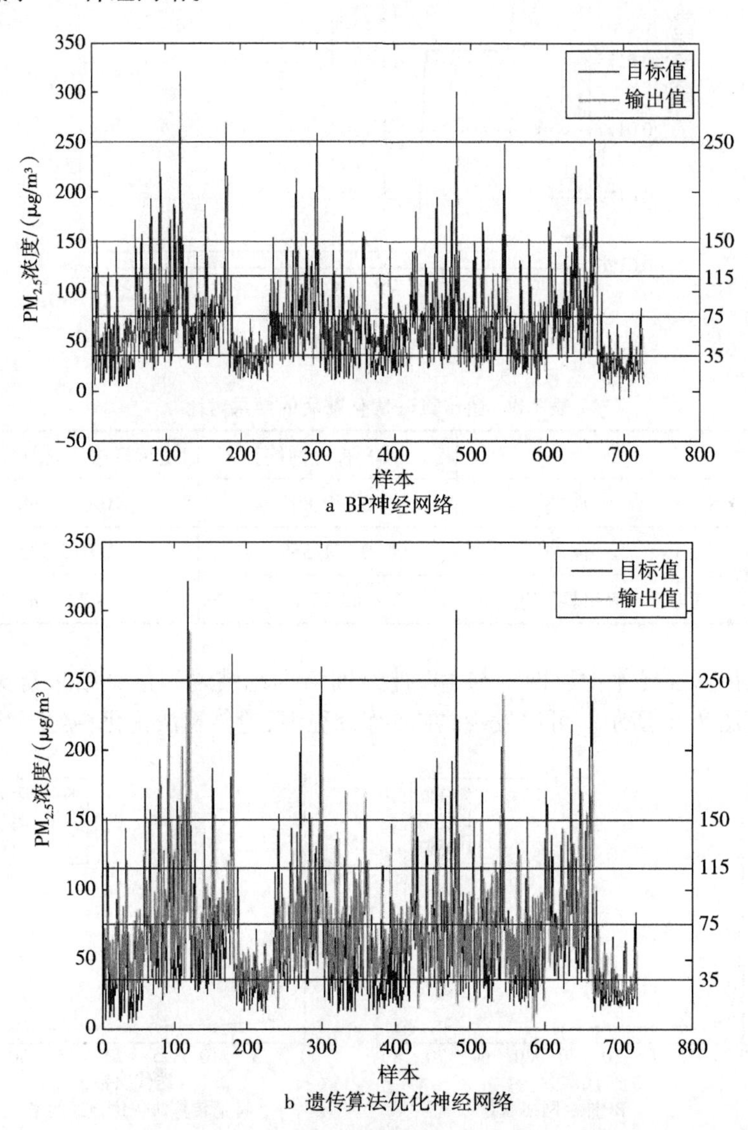

图 7.25　遗传算法优化前后的神经网络仿真结果对比

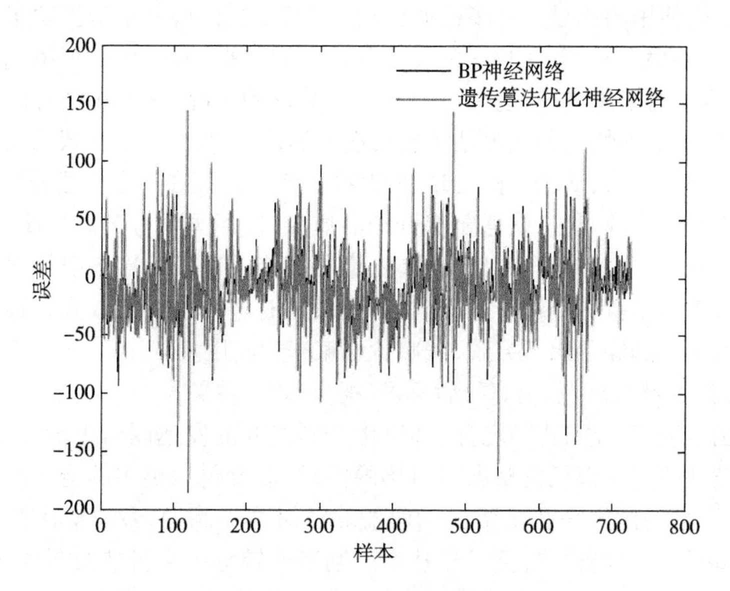

图 7.26　遗传算法优化前后的神经网络仿真误差对比

综上所述,遗传算法优化神经网络确实要略优于 BP 神经网络,但是这与预计的遗传算法优化神经网络的训练精度要远高于 BP 神经网络仍有一定差距。猜测这是遗传算法的参数所致,由于遗传算法参数的设置目前没有明确的指导方案,现阶段的设置大多依靠经验及反复实验获得,所以仍然不排除有参数设置不合理导致种种问题存在的可能性。

7.8　雾霾的治理建议

近年来,雾霾所带来的诸多危害已经引起了我国政府和居民的高度重视,改善雾霾导致的空气污染状况已是迫在眉睫,所以本章结合对雾霾时空分布的分析及对各污染物相关性的研究分析提出如下建议。

(1)大力发展清洁能源,提高化石能源的使用效率

经上述研究发现,雾霾的季节性分布明显,北方冬季燃煤供暖仍是 $PM_{2.5}$ 在冬季居高不下的原因之一。所以"煤改电,煤改气"不应只在北京市及周边某些城市推广,该政策应在更广的范围内推行。同时应加大力度寻找用以代替煤炭的其他清洁能源,积极出台政策,鼓励使用清洁能源,扩大清洁能源在

全国范围内使用的比重。许多科研机构均发表过研究，北京市机动车尾气对雾霾的年"贡献"率囊括10%～50%的各种不同数据，所以机动车尾气排放是北京市 $PM_{2.5}$ 的来源之一，这无可置疑。针对这种情况，应提高已有的电动汽车的效能，以及加快完善充电站等相关设施的建设，使之能真正成为使用汽油的汽车的替代品后，鼓励居民尝试，同时推广使用。而在现在仍然需要以消耗汽油的汽车为主的时候，就需要提升油品质量，使用国Ⅴ标准。除此之外，还可以通过开通更多公交车和地铁线路，增加高峰期车辆班次来引导居民乘坐公共交通工具出行，以及呼吁人们在路程较短时选择自行车或步行等不需要耗费化石能源的绿色出行方式，来减少私家车的使用。

(2)淘汰低端产业，提高排放标准，摒弃 GDP 主义

我国素有"世界工厂"之称，即以生产制造业的发达闻名于世，然而低端的产业链意味着在以低价格赢得市场的同时，需要付出更多的能源和其他资源，排放更多的污染来获得微薄的收益。针对这一问题，我国应淘汰低端产业，放弃粗放的经济模式，把目光从生产制造业转移到高科技及服务行业，培育企业的核心竞争力，拥有关键技术和高附加值的品牌，才能以更少的能源换取更大的经济增长。而对于目前无法淘汰的效能较低的、排放较高的小企业进行停业整改或关闭，对于钢材、水泥、发电和化工等高耗能、高排放的行业要提高其排放标准，加大监督力度，防止夜间偷排，同时加大超排企业的惩罚力度，并将雾霾治理力度和效果纳入政府人员的政绩考核，提高政府治理空气污染的积极性。戴星翼在《论雾霾治理与发展转型》一文中写道："实际上，我国大气污染急剧恶化的根本原因，还在于粗放的发展方式。为从源头上降低污染压力，我国必须摈弃 GDP 主义，避免过度建设拉动的重化工业膨胀及由此引起的排放。我国需要整体地提高经济运行效率，走出微笑曲线底部，追求以更少的能耗和排放创造更多的财富。" 所以，我国政府需要改变 GDP 高增长的观点，引导资源节约、环境友好型产业，整体地提高经济运行效率，追求以更少的能耗和排放创造更多的财富。

(3)加强不同省市之间的合作治理

北京市虽然已经完成了"煤改电，煤改气"的转型，但是其受雾霾困扰的处境并未得到有效改善，究其原因是环北京市的北方地区存在着大量水泥、化工、玻璃和电解铝等高耗能产业，而北京市受其周边城市的影响，效果自然不明显。同样，偏西南部的邢台市、石家庄市、保定市邻近污染严重的山西省太原市和河南省，偏南气流带来的水汽使气溶胶的吸湿增长，同时还带来了周边

污染物,加剧污染情况,未必不是该地区雾霾情况严重的原因之一。所以,虽然各个省市雾霾的成因不尽相同,空气污染的治理方法需因地制宜,但是邻近城市的相互影响使得该地区的雾霾治理无法仅靠一个城市就可以一蹴而就,而是需要区域内所有城市相互协作,共同治理,才能改善雾霾严重的现状。

(4)加强环境保护和污染监测,走可持续性发展道路

可持续性发展并不仅仅包括经济可持续性发展,还包括生态可持续性发展和社会可持续性发展,三者是相互联系、密不可分的。若是为了经济的高速增长而以生态环境的破坏作为代价,人类作为生态链上的一环必将受其影响,而为了修复生态环境也必将花费更多的时间与金钱。在工业革命时期,虽然西方发达国家借由工业生产迅速发展起来,但随之而来的大气和水体污染导致了烟雾中毒事件。日本的水俣病事件、气喘病事件无一不说明了把经济可持续性和生态可持续性结合起来的重要性。所以,应重视城市绿化,加强环境保护的观念,要减少对树木的砍伐,加强对土木建设的管理。同时,还应加强对空气污染的监测,更加详细的数据有利于对雾霾成因进行分析,从而针对成因提出相应的治理方案,还可以根据雾霾的监测数据了解到现阶段所实行的治理措施是否有效。

7.9　小结

本章围绕京津冀地区 $PM_{2.5}$浓度的分析和预测研究工作展开,以京津冀地区 $PM_{2.5}$浓度为研究对象,在分析了 6 种污染物时空分布的基础上,分析了京津冀地区 $PM_{2.5}$与其他污染物和气象因素的相关性,利用 BP 神经网络建立了 $PM_{2.5}$预测模型,并在模型建立后对其进行了训练和仿真,最后用遗传算法对该网络进行优化。实验结果表明,创新后的神经网络预测效果更好,遗传算法优化神经网络略优于 BP 神经网络,基本达到了预期效果。现将本章的主要研究内容归纳如下。

①本章以京津冀地区各污染物浓度为研究对象,分析了 2014—2017 年连续 4 年该地区 6 种污染物的时空分布,对其季节性变化和地域分布及成因做出了详细分析。

②首先对影响 $PM_{2.5}$浓度的相关因子进行探究,选取 BP 神经网络的输入参数,然后对训练函数及其他参数进行分析研究,并通过训练实验选取了最优

算法与参数,最后根据输入因子的选择建立了两个 $PM_{2.5}$的 BP 神经网络预测模型来比较其优劣,第一个是以往研究中以 24 h 前和 48 h 前的 $PM_{2.5}$及 24 h 前的气象因素作为输入参数进行预测的 BP 神经网络;第二个是对以往建立的 BP 神经网络的输入因子进行了创新,加入了与 $PM_{2.5}$相关性高的其他污染物作为输入参数进行预测的 BP 神经网络。对比两个神经网络的训练和仿真结果,发现创新后的神经网络要优于以往的神经网络,该优化后的神经网络为日后其他污染物浓度预测参数的选择提供了参考性建议。

③对已选好的 BP 神经网络进行了遗传算法的优化,通过实验选定了遗传算法优化的参数,优化了预测神经网络的权值和阈值,并再次用遗传算法优化神经网络和 BP 神经网络进行训练与仿真,然后就两者训练和仿真的结果进行比较分析。实验表明,遗传算法优化神经网络结果优于 BP 神经网络。

④结合实验分析结果,提出了如何有效降低 $PM_{2.5}$浓度的建议。

第8章　京津冀地区的雾霾成因分析

8.1　研究区域与数据来源

本章研究区域是京津冀地区13个城市,包括北京市、天津市、石家庄市、张家口市、承德市、保定市、秦皇岛市、唐山市、廊坊市、沧州市、衡水市、邢台市、邯郸市。地理位置处于环渤海的心脏地带,主要以能源工业、冶金工业、装备制造业和电子业为主。本章研究所使用的数据是中华人民共和国生态环境部(http://www.zhb.gov.cn/)和国家气象科学数据共享服务平台(http://data.cma.cn/)发布的站点数据,选取2017年1—12月的数据,主要包括站点名称、经度、纬度、$PM_{2.5}$($\mu g/m^3$)、PM_{10}($\mu g/m^3$)、SO_2($\mu g/m^3$)、NO_2($\mu g/m^3$)、CO(mg/m^3)、O_3($\mu g/m^3$)、风速(0.1 m/s)、地温(0.1 ℃)、降水量(0.1 mm)、气温(0.1 ℃)、气压(0.1 hPa)、日照时数(0.1 h)、相对湿度(%),数据是每天更新的实时数据,需要将数据进行矢量化处理,生成空间点数据(表8.1)。将数据导入ArcGIS-ArcMap 10.2中,设定坐标系,本章所使用的地理坐标系是GCS_Beijing_1954,进行坐标的变换和投影。图8.1是研究站点的地理空间位置分布。

表8.1　研究城市的具体信息

城市	经度	纬度	城市	经度	纬度
北京市	116.401 0	39.903 33	天津市	117.193 0	39.084 05
石家庄市	114.508 3	38.042 10	承德市	117.957 1	40.949 94
保定市	115.458 2	38.873 03	沧州市	116.832 9	38.303 83
唐山市	118.174 3	39.629 15	衡水市	115.664 7	37.738 24
廊坊市	116.677 9	39.536 67	邢台市	114.498 5	37.070 03
秦皇岛市	119.593 8	39.934 32	邯郸市	114.533 4	36.625 45
张家口市	114.881 4	40.823 10			

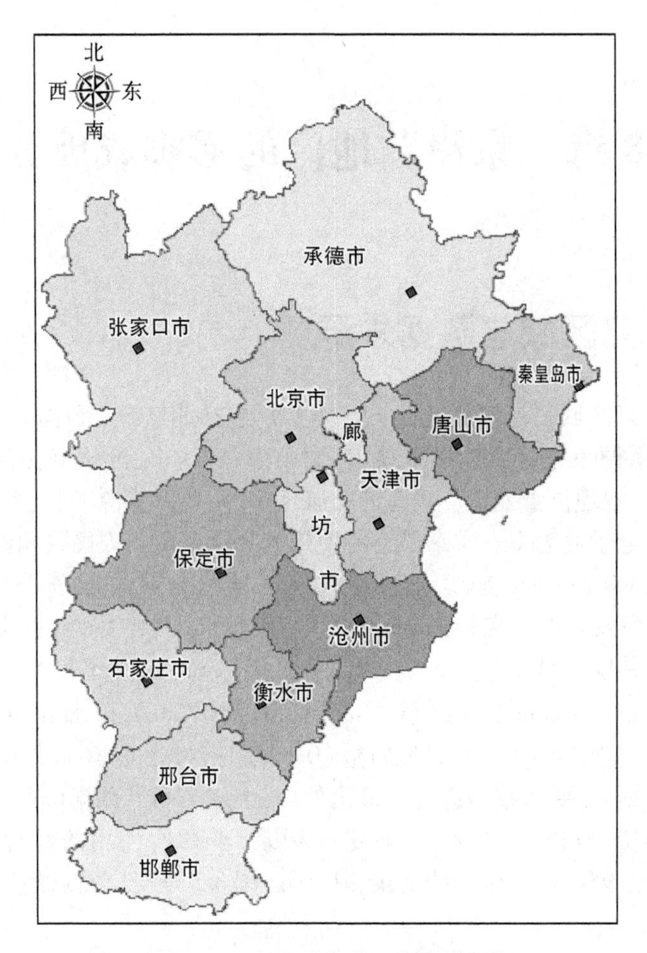

图 8.1　研究站点地理位置分布

8.2　研究方法

8.2.1　空间自相关

空间自相关反映的是一个区域单元上的某种地理现象或某一属性值与邻近区域单元上同一现象或属性值的相关程度。空间自相关理论上认为彼此之间距离越近的事物越像,高的空间自相关性代表了空间现象聚集性的存在。

(1)全局空间自相关

全局空间自相关分析主要是描述某种特定现象在研究区域上的整体分布情况,并判断这种特定的现象是否有空间相关性、空间集聚性。本章选用 Moran's I 统计量来描述雾霾的全局空间相关性。Moran's I 统计量的具体定义如下:

$$I = \frac{\sum_{i=1}^{n} \sum_{j=1}^{n} w_{ij}(x_i - \bar{x})(x_j - \bar{x})}{S^2 \sum_{i=1}^{n} \sum_{j=1}^{n} w_{ij}}。 \tag{8.1}$$

其中,I 为莫兰指数;方差 $S^2 = \frac{1}{n}\sum_{i=1}^{n}(x_i - \bar{x})^2$;平均值 $\bar{x} = \frac{1}{n}\sum_{i=1}^{n} x_i$;$x_i$ 为第 i 个研究城市的观测值;n 为城市的个数,即 13;w_{ij} 为权重矩阵中的元素。I 的取值区间为[-1,1],当 I 大于 0 时,说明研究的属性存在正的空间相关性,越接近 1 代表正的空间相关性越强。

(2)局部空间自相关

局部空间自相关分析可以用来分析不同空间位置上存在的不同空间聚集性,还可以识别热点或局部的空间集聚,从而发现局部的不平稳性,以及发现数据之间的空间异质性(各个区域存在不同水平的空间自相关)。此部分选用 Local Moran's I 统计量及 Moran's I 散点图进行局部空间自相关分析,利用 LISA(Local Indications of Spatial Association)来进行显著性分析。Local Moran's I 统计量的计算公式如下:

$$I_i = z_i \sum_{j \neq i}^{n} W_{ij} z_j。 \tag{8.2}$$

其中,I_i 为局部莫兰指数,其含义与 I 相同,且取值区间为[-1,1];w_{ij} 为权重矩阵中的元素;z_i 指的是所研究的属性标准化。

8.2.2　PLS1 模型及通径分析

(1)PLS1 模型

PLS1 模型(单因变量偏最小二乘回归模型)是一种单因变量对多自变量的多元统计数据分析方法,1983 年由伍德和阿巴等首次提出。它与普通回归模型不同的是它采用了信息的综合和筛选技术,在所有自变量中提取了一部分对因变量具有最佳解释力的综合的变量,在此基础上再建立模型,该模型是拥有相关分析、回归分析、主成分分析特点的综合体,可解决因变量之间存在多重共线性的问题。其原理如下。

设共有 p 个自变量 $\{x_1,x_2,\cdots,x_p\}$ 和一个因变量 y,我们观测 n 个样本点,并构成自变量和因变量的数据表 $X=[x_1,x_2,\cdots,x_p]_{n\times p}$ 及 $Y=[y]_{n\times 1}$,为了建模需要,PLS1 模型需要在自变量和因变量的数据表中提取成分 t_1 和 u_1,提取时应满足两个条件:第一,提取的成分要尽量多地携带数据表中的变异信息;第二,提取的成分的相关程度应非常大。当第一个提取成分被成功提取后,PLS1 模型将实施 X 对 t_1 及 Y 对 u_1 的回归,如果此时模型的精度已达到满意,那么算法结束。反之,将利用 X 被 t_1 解释后的剩余信息及 Y 被 u_1 解释后的剩余信息进行下一轮的成分提取,直到模型的精度达到满意为止。最后对 X 提取了 m 个成分,PLS1 模型将实施 Y 对所提取的 m 个成分进行回归,然后再表达成因变量 y 对自变量 $x_1,x_2,\cdots,x_p$ 的方程,到此为止,精度满意的模型建立完成。

(2)通径分析

1921 年著名数量遗传学家 Sewall Wright 提出了多元统计技术,即通径分析,该方法可以处理复杂变量之间的关系。它基于各个变量之间的相关性来研究因变量和自变量之间的作用效果及各个变量之间的相互作用效果,它不仅能够解释自变量对因变量的直接作用效果也能解释自变量对因变量之间的间接作用效果,最终为现实决策提供依据。通径图可以直观地呈现出因变量和自变量之间的复杂关系,如图 8.2 所示。

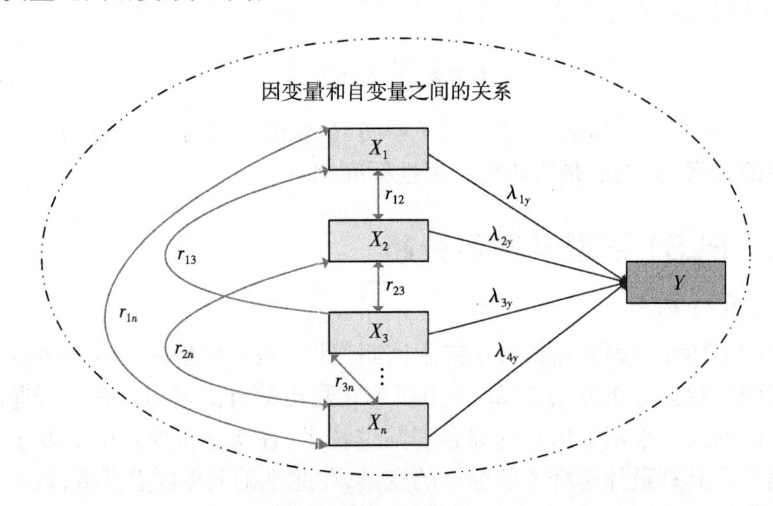

图 8.2　通径图

通径分析的方程如下：

$$\begin{cases} \lambda_{1y} + r_{12}\lambda_{2y} + r_{13}\lambda_{3y} + \cdots + r_{1k}\lambda_{ky} = r_{1y} \\ r_{21}\lambda_{2y} + \lambda_{2y} + r_{23}\lambda_{3y} + \cdots + r_{2k}\lambda_{ky} = r_{2y} \\ r_{31}\lambda_{1y} + r_{32}\lambda_{2y} + \lambda_{3y} + \cdots + r_{3k}\lambda_{ky} = r_{3y} \\ \cdots \\ r_{k1}\lambda_{ky} + r_{k2}\lambda_{2y} + r_{k3}\lambda_{3y} + \cdots + \lambda_{ky} = r_{ky} \end{cases} \tag{8.3}$$

其中，λ_{iy} 为直接通径，表示自变量 x_i 对因变量 y 的直接作用；λ_{ij} 为间接通径，表示某个自变量 x_i 通过某个自变量 x_j 对因变量 y 的间接作用；r_{ij} 为相关系数，表示自变量 x_i 与因变量 y_j 的相关性，$i = 1,2,\cdots,k,j = 1,2,\cdots,k$。

8.2.3　BP 神经网络

BP 神经网络是一种有监督的前馈人工神经网络，它的组成部分包括输入层、隐含层、输出层及各层之间的连接权，这个算法由信息的正向传播和误差的反向传播构成。在正向传播过程中，输入信息从输入层经隐含层逐层处理，并传向输出层，每一层神经元都只会对下一层神经元的输出产生影响。如果在输出层的实际输出与期望值不符，则进入反向传播过程，运用链数求导法将连接权关于误差函数的导数沿原来的连接通路返回，将误差分摊给每一层的每一个单元，通过修改各层的权值使得误差函数减小，权值调整的过程是循环进行的，这个过程也就是 BP 神经网络学习的训练过程。BP 神经网络的结构如图 8.3 所示（本章研究所用的 BP 神经网络的输出层为 1）。

图 8.3 中，x_i 为输入层的第 i 个节点的输入；w_{ih} 为输入层第 i 个节点与输出层第 h 个节点的连接权值；v_h 是隐含层第 h 个节点与输出层 y 的连接权值。

（1）信息的正向传播过程

隐含层第 h 个节点的输入 net_{h1}、隐含层第 h 个节点的输出 net_{h2} 为：

$$net_{h1} = \sum_{i=1}^{q} w_{ih}x_i + \alpha_h; \tag{8.4}$$

$$net_{h2} = \varphi(net_{h1}) = \varphi(\sum_{i=1}^{q} w_{ih}x_i + \alpha_h)。 \tag{8.5}$$

其中，α_h 为隐含层第 h 个节点的阈值；$\varphi()$ 为隐含层的激励函数。

输出层节点的输入 net_y、输出层节点的输出 y 为：

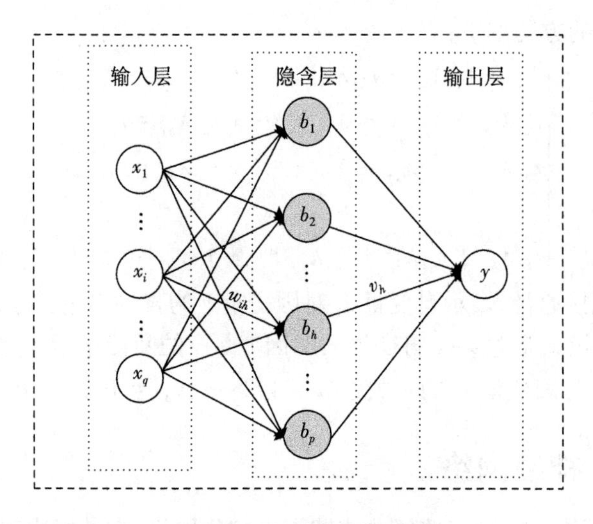

图 8.3 BP 神经网络结构

$$net_y = \sum_{h=1}^{p} v_h net_y + \beta = \sum_{h=1}^{p} v_h \varphi(\sum_{i=1}^{q} w_{ih} x_i + \alpha_h)\beta; \tag{8.6}$$

$$y = \psi(net_y) = \psi(\sum_{h=1}^{p} v_h net_y + \beta) = \psi(\sum_{h=1}^{p} v_h \varphi(\sum_{i=1}^{q} w_{ih} x_i + \alpha_h)\beta)。 \tag{8.7}$$

其中，$\psi()$ 为输出层的激励函数。

(2)误差的反向传播

先由输出层逐层计算每一层神经元的输出误差，然后利用误差梯度下降方法调整各层的权值及阈值，直到与期望值接近为止。

第 m 个样本的误差函数为 E_m，M 个总样本的总误差函数为 E：

$$E_m = \frac{1}{2}(T_y - y)^2; \tag{8.8}$$

$$E = \frac{1}{2}\sum_{m=1}^{M}(T_y^m - y^m)^2。 \tag{8.9}$$

其中，T_y 为预期输出值(真实值)。

利用梯度下降算法求出隐含层权值的修正量 Δw_{ih}、隐含层阈值的修正量 $\Delta\alpha_h$、输出层权值的修正量 Δv_h 及输出层阈值的修正量 $\Delta\beta$：

$$\Delta w_{ih} = \eta\sum_{m=1}^{M}(T_y^m - y^m)\psi'(net_y)net_{h2}; \tag{8.10}$$

$$\Delta\alpha_h = \eta\sum_{m=1}^{M}(T_y^m - y^m)\psi'(net_y); \tag{8.11}$$

$$\Delta v_h = \eta \sum_{m=1}^{M} (T_y^m - y^m) \psi'(net_y) v_h \varphi'(net_{h1}) x_i; \tag{8.12}$$

$$\Delta \beta = \eta \sum_{m=1}^{M} (T_y^m - y^m) \psi'(net_y) v_h \varphi'(net_{h1}) 。 \tag{8.13}$$

一直循环步骤(1)、步骤(2),直到误差满足预设精度要求,或者学习次数超过预设次数,算法终止,否则进入下一轮的学习。

本章研究所用的 BP 神经网络模型输入层的神经元个数是由影响因子个数确定的,为 11,输出层的神经元个数为 1,即 $PM_{2.5}$的预测值,而隐含层神经元个数的确定方法没有一定的规则,主要采用经验法进行实验。主要通过以下 3 个经验公式取得:

$$p = \sqrt{q + l} + \alpha; \tag{8.14}$$

$$p = \log_2 q; \tag{8.15}$$

$$p = \sqrt{ql} 。 \tag{8.16}$$

其中,p 指的是隐含层神经元的个数;q 指的是输入层神经元的个数,为 11;l 指的是输出层神经元的个数,为 1;α 指的是 1~10 的常数。

8.3 结果分析

8.3.1 时空演变分析

根据 $PM_{2.5}$监测的空气质量新标准:$PM_{2.5}$值为 0~35 μg/m^3 时空气质量等级为优;35~75 μg/m^3 时空气质量等级为良;75~115 μg/m^3 时空气质量等级为轻度污染;115~150 μg/m^3 时空气质量等级为中度污染;150~250 μg/m^3 时空气质量等级为重度污染;大于 250 μg/m^3 时空气质量等级为严重污染。选定 $PM_{2.5}$值大于 75 μg/m^3 的为污染天气,分别来研究春(3—5 月)、夏(6—8 月)、秋(9—11 月)、冬(上一年 12 月至本年 2 月)四季的污染情况,图 8.4 是按 2017 年污染天数显示的。从图 8.4 中可以发现,雾霾总体特征表现为从西北向东南逐渐严重,且南北差异很大,主要集中在河北中部和南部(河北、山东、河南的交接处),具体城市为保定市、石家庄市、衡水市、邢台市和邯郸市。张家口市和承德市污染较少,部分原因在于其地理位置的优势,处于华北平原与内蒙古高原的过渡地带,另外,张家口市属于温带大陆性季风气候。分季节来看,污染严重程度依次是冬季>秋季>春季>夏季。冬季污染天数最高的达 64 天,约占冬季总天数的 71%,部分原因在于冬季供暖煤的燃烧增多和春节期间烟花爆竹的燃烧。而夏季污染最低的为 0 天,部分原因在于夏季主要的天气系统为副热带高压,降水量较大,地面气压场以弱高压为主。

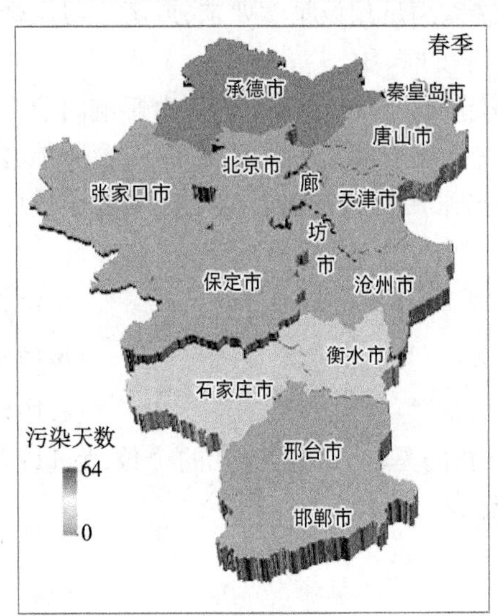

a

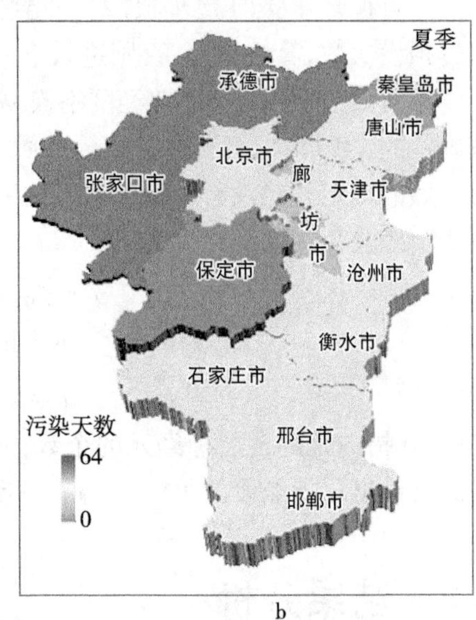

b

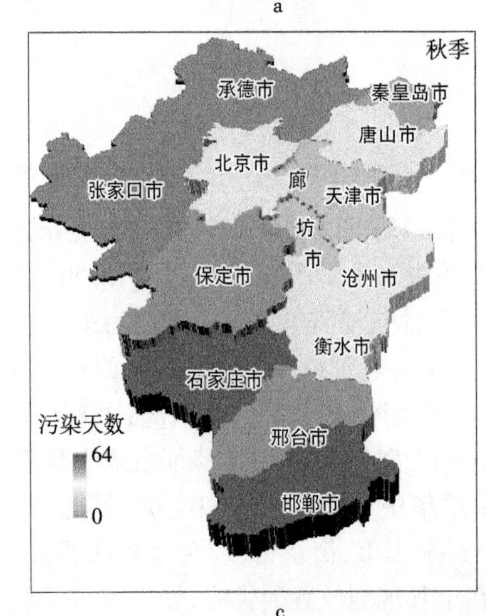

c

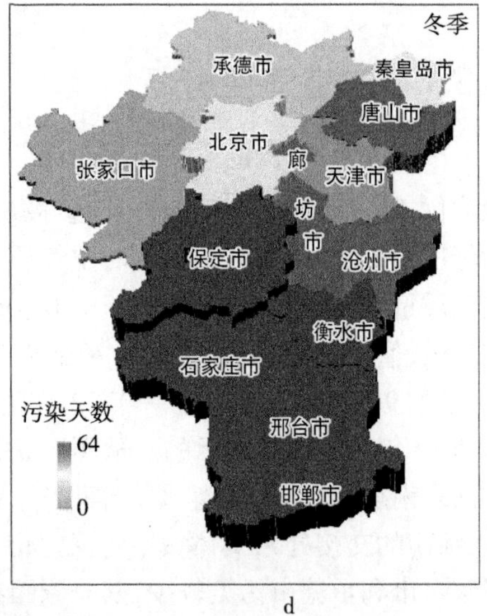

d

图 8.4　13 个城市四季雾霾污染空间分布情况

通过对京津冀地区每月 $PM_{2.5}$ 浓度进行克里金插值分析可发现，$PM_{2.5}$ 污染的严重程度依次为 1 月>2 月>12 月>3 月>10 月>11 月>5 月>4 月>9 月>7 月>6 月>8 月，且无论在哪一个月份，$PM_{2.5}$ 的空间分布趋势几乎都一致，即从南向北污染逐渐加重，高值区域保持不变，集中在河北南部。其中，污染最严重的两个月份 1 月、2 月已远远超过 GB 3095—2012《环境空气质量标准》二级浓度限值 75 μg/m³，最高时可达其 2.5 倍，京津冀地区供暖时间为 11 月 15 日至次年 3 月 15 日，与污染排名靠前的月份一致。3 月过后，$PM_{2.5}$ 浓度降低，空气质量好转。除此之外还发现，地理位置距离近的城市，$PM_{2.5}$ 污染程度十分接近，且变化趋势也近乎一致。这些分析结果为下面研究空间相关性做了很好的铺垫作用（图 8.5）。

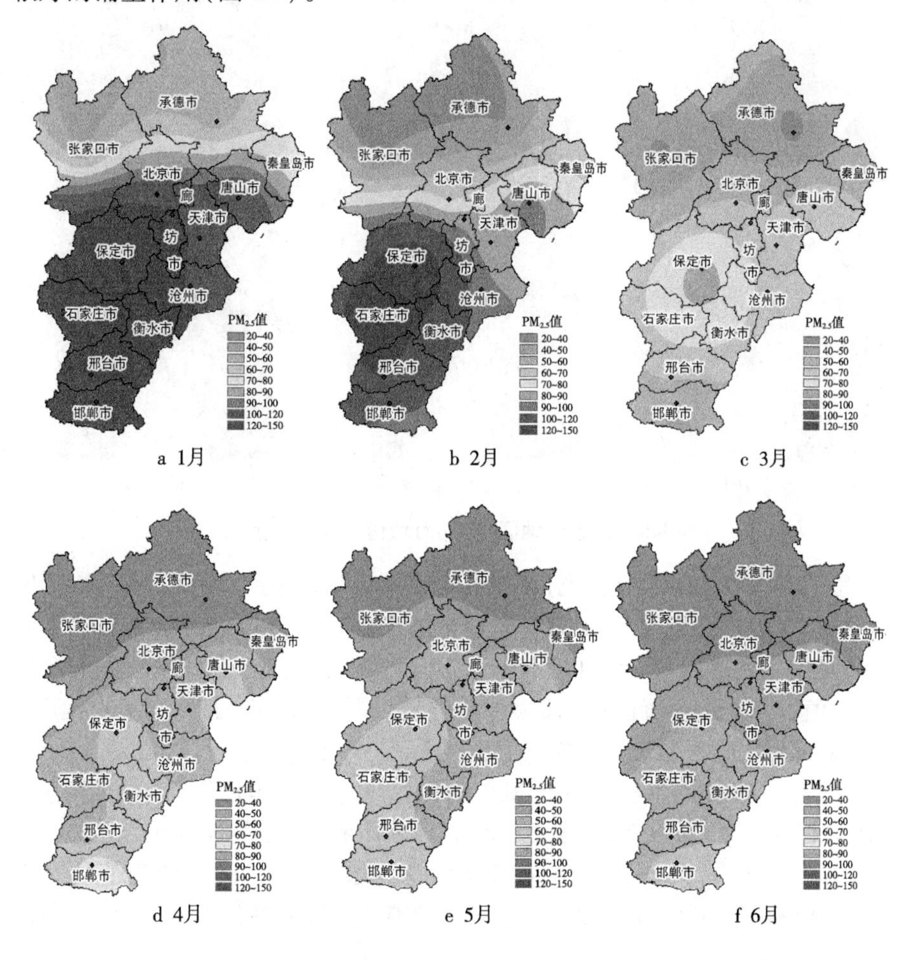

a 1月　　b 2月　　c 3月

d 4月　　e 5月　　f 6月

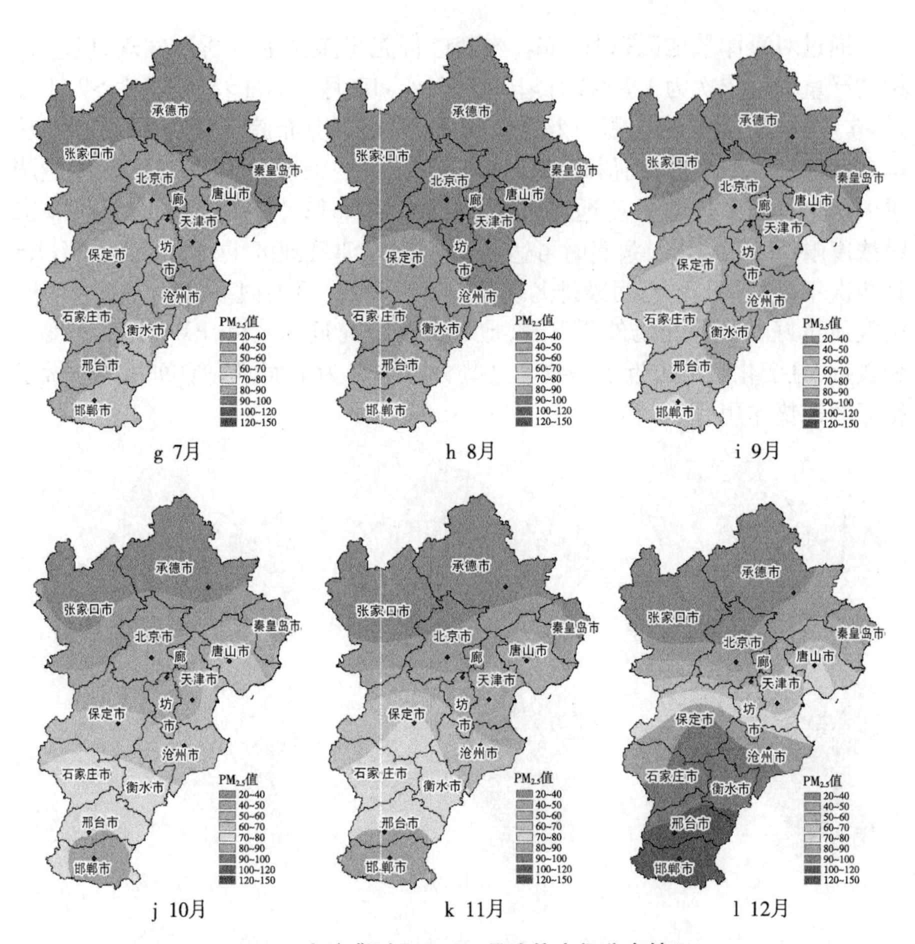

图 8.5　京津冀地区 $PM_{2.5}$ 月均值空间分布情况

通过时间序列分析可发现,京津冀地区月均污染天数及月均 $PM_{2.5}$浓度值变化趋势相似,均呈"缓 V"字型,具体变化特征为:7 月、8 月(夏天到秋天的过渡)是一个转折点,在 8—12 月呈现出不断攀升的趋势,在冬季污染天数达到最大值,$PM_{2.5}$浓度值也达到最大,雾霾最为严重,1—7 月总体呈现下降趋势,在夏末时污染天数最少,$PM_{2.5}$值也较低,空气质量最好(图 8.6)。

此外,还对京津冀地区 13 个城市的工作日与非工作日的 $PM_{2.5}$浓度进行了分析(图 8.7、表 8.2)。通过计算工作日和非工作日的偏差($Dev = [(C_{非工作日} - C_{工作日})/C_{工作日}] \times 100\%$)发现,非工作日的 $PM_{2.5}$浓度值均大于工作日的(偏差>0),有明显的"非工作日效应"。从地理位置空间分布来看,京津冀地区中部（北京市、廊坊市、保定市、天津市）非工作日效应尤其明显，部分原因在于这些地方的人口密集程度较大，说明 $PM_{2.5}$ 浓度值在一定程度上受到人类活动的影响。

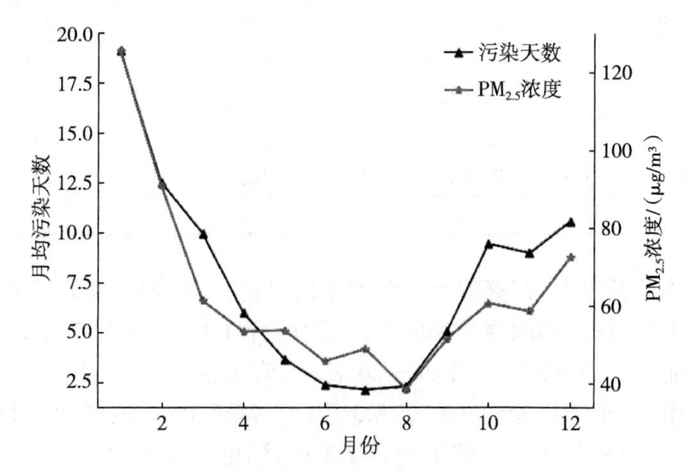

图 8.6　京津冀地区月均污染天数及 $PM_{2.5}$ 分布

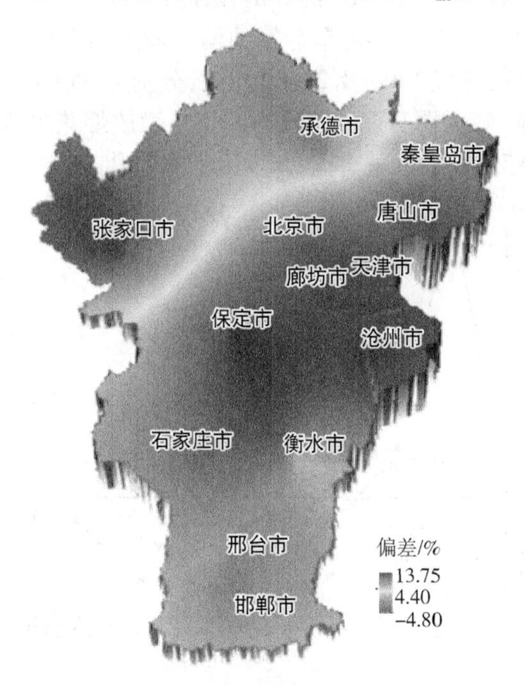

图 8.7　京津冀地区工作日与非工作日 $PM_{2.5}$ 浓度偏差分布

表 8.2 非工作日与工作日 $PM_{2.5}$ 浓度偏差

城市	偏差	城市	偏差
北京市	8.85%	天津市	12.23%
石家庄市	8.17%	承德市	0.76%
保定市	13.75%	沧州市	12.64%
唐山市	11.32%	衡水市	4.28%
廊坊市	12.09%	邢台市	4.09%
秦皇岛市	9.48%	邯郸市	2.16%
张家口市	-4.80%		

对北京市、天津市、石家庄市 3 个城市展开进一步分析，发现 $PM_{2.5}$ 的"春节效应"也十分显著，选取春节期间 7 天(2017 年 1 月 27 日至 2 月 2 日)为实验组，春节前 7 天(2017 年 1 月 20—26 日)及春节后 7 天(2017 年 2 月 3—9 日)为对照组，分析结果如图 8.8、表 8.3 所示。基于 $PM_{2.5}$ 浓度的实时监测数据研究春节期间和非春节期间不同时期 $PM_{2.5}$ 浓度日变化差异，结果表明，春节期间前一日 20:00 至次日 3:00 的 $PM_{2.5}$ 浓度值远高于非春节期间的，春节期间与春节前期及春节期间与春节后期的偏差最大均出现在 23:00，分别为 81.48%和 126.95%，凌晨 1:00 及 22:00 次之，分别为 65.04%和 79.25%，此时间段的"春节效应"较为明显。这一段时间正是燃放烟花爆竹的高峰期，可见集中大量燃放烟花爆竹会促使 $PM_{2.5}$ 浓度值骤然上升。

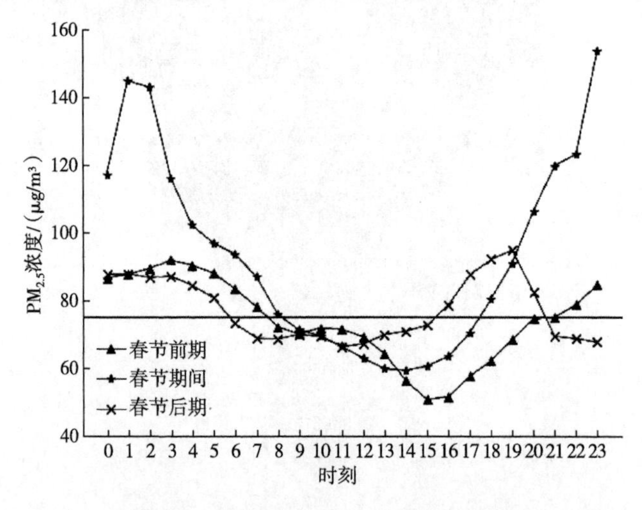

图 8.8 春节前后 $PM_{2.5}$ 浓度变化趋势

表 8.3　春节期间与春节前后 $PM_{2.5}$ 浓度偏差

时刻	春节期间与春节前期	春节期间与春节后期	时刻	春节期间与春节前期	春节期间与春节后期
0:00	35.26%	33.50%	12:00	−9.07%	−6.37%
1:00	65.04%	64.77%	13:00	−6.87%	−14.29%
2:00	59.65%	64.64%	14:00	5.32%	−16.30%
3:00	26.55%	33.39%	15:00	19.38%	−16.50%
4:00	13.09%	20.91%	16:00	22.93%	−19.38%
5:00	10.03%	19.93%	17:00	22.28%	−19.54%
6:00	12.12%	27.82%	18:00	29.29%	−12.54%
7:00	11.31%	26.56%	19:00	33.13%	−3.91%
8:00	5.14%	10.60%	20:00	42.64%	29.07%
9:00	1.83%	2.04%	21:00	59.39%	72.48%
10:00	−3.37%	0.21%	22:00	56.24%	79.25%
11:00	−6.99%	0.22%	23:00	81.48%	126.95%

8.3.2　空间相关性分析

结合 GIS 技术和空间统计学来研究 $PM_{2.5}$ 浓度的空间相关性，通过空间统计学中的空间自相关来展开研究，利用 GeoDa 和 ArcGIS 10.2 专业空间分析软件实现。

表 8.4 给出了 2017 年京津冀地区 13 个城市 $PM_{2.5}$ 四季的 Moran's *I* 指数，可看出 Moran's *I* 指数在四季均大于 0.4，表明四季中 $PM_{2.5}$ 浓度具有空间正相关性；*p-value* 值小于 0.01，表明此数据的置信度是 99%；*z-value* 值大于 1.96，表明数据呈现出了明显的聚集特征，且冬季的相关性最强，Moran's *I* 指数接近 0.63。京津冀地区 13 个城市的 $PM_{2.5}$ 季均浓度没有表现出完全的随机状态，而是相邻城市之间趋于聚集。

表 8.4　京津冀地区 13 个城市 $PM_{2.5}$ 四季的 Moran's *I* 指数

季节	Moran's *I*	*p-value* 值	*z-value* 值	期望	标准差
春季	0.424 898	0.003	3.024 6	−0.083 3	0.170 1
夏季	0.580 405	0.001	3.715 6	−0.083 3	−0.094 0
秋季	0.577 860	0.001	3.672 2	−0.083 3	0.182 6
冬季	0.625 314	0.001	3.901 4	−0.083 3	0.183 8

上述 PM$_{2.5}$全局空间相关性是对整个京津冀研究区域的分析，其研究的重点在于描述整体的分布状况，判断京津冀地区 13 个城市 PM$_{2.5}$在四季中整体呈现出正的空间相关性。局部自相关分析能更清楚地呈现出不同季节京津冀地区 13 个城市中其中一个城市与其“邻居”城市的空间相关性。如图 8.9 所示，Moran's I 指数散点图有 4 个象限，横纵两个坐标轴，横轴表示的是被研究变量的样本值，纵轴表示的是空间滞后量，空间滞后量是根据空间权重文件来确定的，利用空间权重文件对空间的所有相邻城市的值进行加权平均则可得到空间滞后量。图 8.9 中不同的象限分别代表不同的分布：第一象限代表的是“高高”分布，即研究城市的 PM$_{2.5}$浓度较高，且其“邻居”城市的 PM$_{2.5}$浓度也较高；第二象限代表的是“低高”分布，即研究城市的 PM$_{2.5}$浓度较低，但其“邻居”城市的 PM$_{2.5}$浓度却较高；第三象限代表的是“低低”分布，即研究城市的 PM$_{2.5}$浓度较低，并且其“邻居”城市的 PM$_{2.5}$浓度也较低；第四象限代表的是“高低”分布，即研究城市的 PM$_{2.5}$浓度较高，但其“邻居”城市的 PM$_{2.5}$浓度却较低。

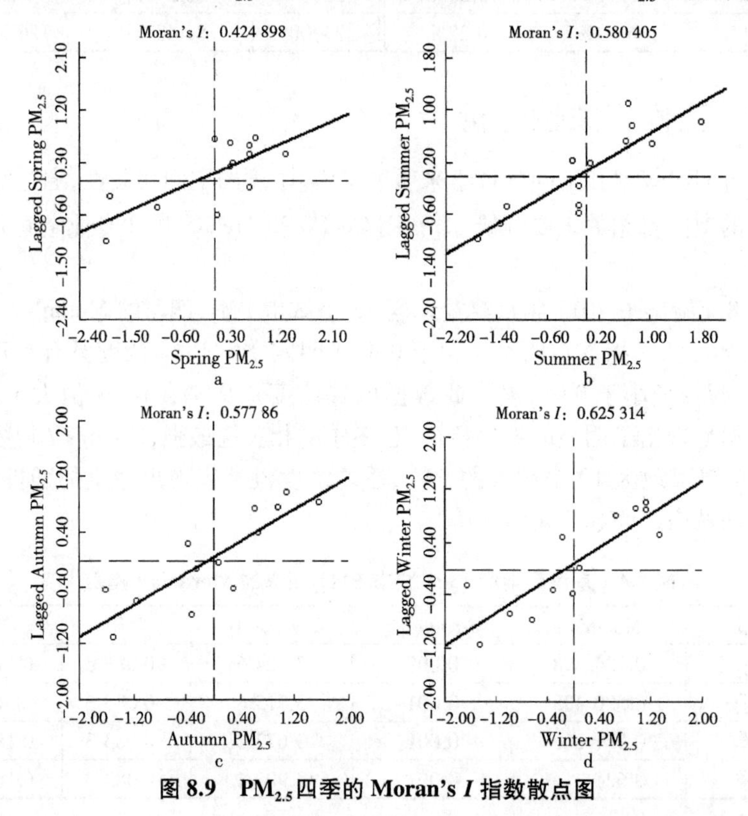

图 8.9　PM$_{2.5}$四季的 Moran's *I* 指数散点图

通过 Moran's I 散点图的分析可知，四季中大部分城市落入第一象限（"高高"分布）和第三象限（"低低"分布），最高的城市占比高达 92.31%。说明一个城市的雾霾，既有该城市污染物排放形成的，也有从"邻居"城市飘来的。雾霾存在强烈的正空间相关性，具有很强的空间依赖性，这与空气污染现状是一致的，最近几年我国常常发生大规模集中的持续时间长的雾霾。空间聚集对雾霾的形成起到了推动作用，由于在地理位置上相邻，雾霾会发生跨界转移。如果一个城市发生雾霾，在一定程度上与其"邻居"城市有很大关系，要想治理本城市的雾霾，不应只从自身出发，还应和周边城市共同合作。

通过对 $PM_{2.5}$ 进行局部自相关 LISA 检验发现：四季中局部自相关显著的城市主要集中在河北北部和南部，河北北部是"低低"分布，河北南部是"高高"分布，且冬季的空间聚集效果高于其他季节（图 8.10）。此外，还对 $PM_{2.5}$ 的局部自相关 LISA 检验进行了显著性检验，所有出现局部自相关的城市均在统计上具有显著性（图 8.11）。

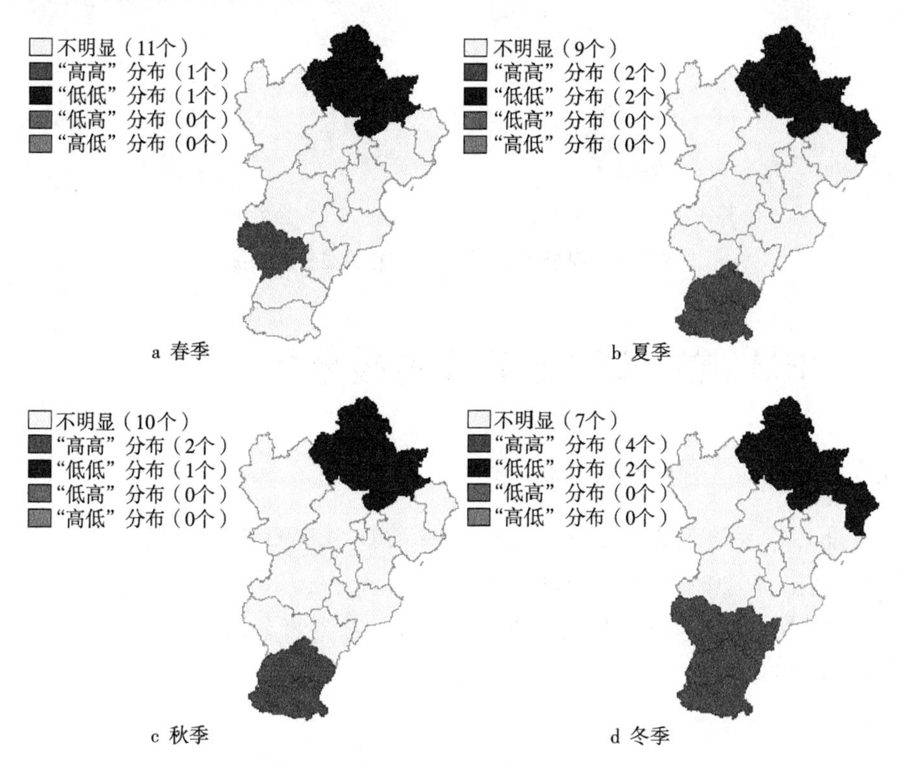

图 8.10　四季 $PM_{2.5}$ 的 LISA 检验地图

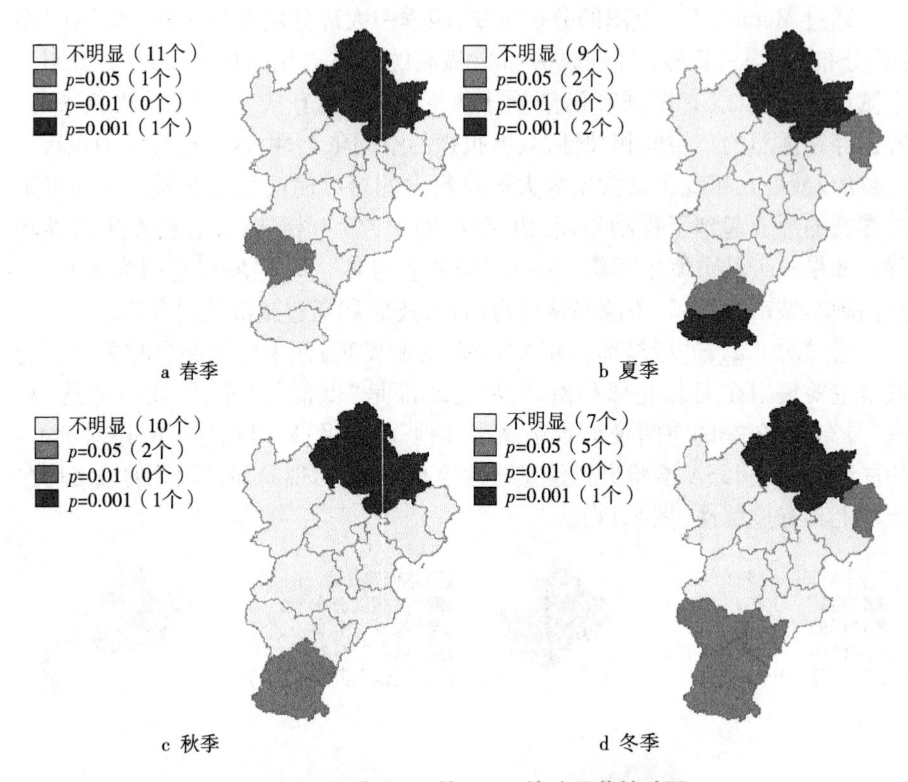

图 8.11　四季 $PM_{2.5}$ 的 LISA 检验显著性地图

8.4　$PM_{2.5}$ 的 PLS1 模型及通径分析

8.4.1　$PM_{2.5}$ 的 PLS1 模型

设 $PM_{2.5}$ 浓度值为因变量 y，PM_{10}、SO_2、NO_2、CO、O_3、地温、风速、降水量、气温、气压、日照时数、相对湿度为 x_1、x_2、x_3、x_4、x_5、x_6、x_7、x_8、x_9、x_{10}、x_{11}、x_{12}，对其用 SPSS 22.0 软件进行相关分析，以及多重共线性分析，如表 8.5、表 8.6 所示。

表 8.5　Pearson 相关性分析

	$PM_{2.5}$	PM_{10}	SO_2	NO_2	CO	O_3	地温	风速	降水量	气温	气压	日照时数	相对湿度
$PM_{2.5}$	1	.859**	.599**	.705**	.761**	-.290**	-.275**	-.201**	-.087**	-.254**	.284**	-.376**	.256**
PM_{10}	.859**	1	.508**	.574**	.602**	-.173**	-.143**	-.074**	-.122**	-.137**	.186**	-.227**	.100**
SO_2	.599**	.508**	1	.660**	.673**	-.292**	-.354**	-.090**	-.144**	-.347**	.271**	-.118**	-.077**
NO_2	.705**	.574**	.660**	1	.795**	-.502**	-.368**	-.279**	-.156**	-.346**	.468**	-.252**	.139**
CO	.761**	.602**	.673**	.795**	1	-.388**	-.341**	-.201**	-.083**	-.329**	.296**	-.316**	.262**
O_3	-.290**	-.173**	-.292**	-.502**	-.388**	1	.765**	.235**	.063**	.736**	-.328**	.338**	-.020
地温	-.275**	-.143**	-.354**	-.368**	-.341**	.765**	1	.067**	.116**	.984**	-.221**	.225**	.229**
风速	-.201**	-.074**	-.090**	-.279**	-.201**	.235**	.067**	1	.000	.061**	-.144**	.257**	-.441**
降水量	-.087**	-.122**	-.144**	-.156**	-.083**	.063**	.116**	.000	1	.147**	-.051**	-.254**	.297**
气温	-.254**	-.137**	-.347**	-.346**	-.329**	.736**	.984**	.061**	.147**	1	-.195**	.160**	.266**
气压	.284**	.186**	.271**	.468**	.296**	-.328**	-.221**	-.144**	-.051**	-.195**	1	-.127**	.095**
日照时数	-.376**	-.227**	-.118**	-.252**	-.316**	.338**	.225**	.257**	-.254**	.160**	-.127**	1	-.545**
相对湿度	.256**	.100**	-.077**	.139**	.262**	-.020	.229**	-.441**	.297**	.266**	.095**	-.545**	1

** 为在 0.01 水平上显著相关；* 为在 0.05 水平上显著相关。

表 8.6 多重共线性分析

	变量	容差	*VIF*
PM_{10}	x_1	0.563	1.776
SO_2	x_2	0.428	2.337
NO_2	x_3	0.228	4.384
CO	x_4	0.245	4.086
O_3	x_5	0.306	3.272
地温	x_6	0.024	42.184
风速	x_7	0.691	1.447
降水量	x_8	0.825	1.212
气温	x_9	0.026	37.912
气压	x_{10}	0.739	1.353
日照时数	x_{11}	0.497	2.014
相对湿度	x_{12}	0.377	2.656

通过 Pearson 相关性分析得知,$PM_{2.5}$与 PM_{10}、SO_2、NO_2、CO、气压、相对湿度均在 0.01 水平上呈显著正相关,与 O_3、地温、风速、降水量、日照时数均在 0.01 水平上呈显著负相关。气温和地温的相关性高达 0.984,以及在多重共线性分析中两者的方差膨胀因子 *VIF* 远大于 10,说明二者存在严重的多重共线性,故在后期建立 PLS1 模型及 BP 神经网络模型时选取地温一个影响因素即可。

剔除了气温的相关数据后,利用剩余因变量与自变量通过 SPSS 22.0 建立 $PM_{2.5}$的 PLS1 回归模型:

$$y = -68.808 + 0.384x_1 + 0.138x_2 + 0.296x_3 + 10.663x_4 + 0.172x_5 - 0.063x_6 - 0.121x_7 - 0.012x_8 + 0.005x_{10} - 0.097x_{11} + 0.309x_{12}。 \tag{8.17}$$

方程的截距(B 列常数项)、各个自变量的偏回归系数(B 列)、标准回归系数即通径系数(Beta 列)、标准误差及各个自变量对应的显著性均小于 0.05,通过显著性检验。回归系数的输出结果如表 8.7 所示。

表 8.7　回归系数的输出结果

	非标化系数		标准化系数	T	显著性
	截距(B)	标准误差	通径系数(Beta)		
常数	-68.808	11.865		-5.799	0.000
PM_{10}	0.384	0.005	0.612	81.047	0.000
SO_2	0.138	0.023	0.053	6.113	0.000
NO_2	0.296	0.029	0.120	10.179	0.000
CO	10.663	0.650	0.187	16.409	0.000
O_3	0.172	0.013	0.133	12.969	0.000
地温	-0.063	0.004	-0.164	-16.061	0.000
风速	-0.121	0.036	-0.023	-3.344	0.001
降水量	-0.012	0.005	-0.015	-2.378	0.017
气压	0.005	0.001	0.026	3.937	0.000
日照时数	-0.097	0.010	-0.077	-9.926	0.000
相对湿度	0.309	0.023	0.123	13.291	0.000

从表 8.8 可知,检验模型的拟合程度 R^2 的值为 0.864,说明模型的拟合效果较好。

表 8.8　模型摘要输出结果

R	R^2	调整后 R^2
0.930	0.864	0.864

8.4.2　通径分析

通过通径分析可得知各个自变量对因变量的直接作用、间接作用及总作用,现结合上述 PLS1 模型进行通径分析,具体的通径分析结果如表 8.9 至表 8.19 所示。

表 8.9　PM_{10} 通径分析结果

直接作用		间接作用		总作用
通径	系数	通径	系数	
PM_{10}→$PM_{2.5}$	0.612	PM_{10}→SO_2→$PM_{2.5}$	0.027	0.859
		PM_{10}→NO_2→$PM_{2.5}$	0.069	
		PM_{10}→CO→$PM_{2.5}$	0.112	
		PM_{10}→O_3→$PM_{2.5}$	−0.023	
		PM_{10}→地温→$PM_{2.5}$	0.023	
		PM_{10}→风速→$PM_{2.5}$	0.002	
		PM_{10}→降水量→$PM_{2.5}$	0.002	
		PM_{10}→气压→$PM_{2.5}$	0.005	
		PM_{10}→日照时数→$PM_{2.5}$	0.018	
		PM_{10}→相对湿度→$PM_{2.5}$	0.012	

表 8.10　SO_2 通径分析结果

直接作用		间接作用		总作用
通径	系数	通径	系数	
SO_2→$PM_{2.5}$	0.053	SO_2→PM_{10}→$PM_{2.5}$	0.311	0.599
		SO_2→NO_2→$PM_{2.5}$	0.079	
		SO_2→CO→$PM_{2.5}$	0.126	
		SO_2→O_3→$PM_{2.5}$	−0.039	
		SO_2→地温→$PM_{2.5}$	0.058	
		SO_2→风速→$PM_{2.5}$	0.002	
		SO_2→降水量→$PM_{2.5}$	0.002	
		SO_2→气压→$PM_{2.5}$	0.007	
		SO_2→日照时数→$PM_{2.5}$	0.009	
		SO_2→相对湿度→$PM_{2.5}$	−0.009	

表 8.11　NO_2通径分析结果

直接作用		间接作用		总作用
通径	系数	通径	系数	
$NO_2 \rightarrow PM_{2.5}$	0.120	$NO_2 \rightarrow PM_{10} \rightarrow PM_{2.5}$	0.351	0.705
		$NO_2 \rightarrow SO_2 \rightarrow PM_{2.5}$	0.035	
		$NO_2 \rightarrow CO \rightarrow PM_{2.5}$	0.148	
		$NO_2 \rightarrow O_3 \rightarrow PM_{2.5}$	-0.067	
		NO_2→地温→$PM_{2.5}$	0.060	
		NO_2→风速→$PM_{2.5}$	0.006	
		NO_2→降水量→$PM_{2.5}$	0.002	
		NO_2→气压→$PM_{2.5}$	0.012	
		NO_2→日照时数→$PM_{2.5}$	0.019	
		NO_2→相对湿度→$PM_{2.5}$	0.017	

表 8.12　CO 通径分析结果

直接作用		间接作用		总作用
通径	系数	通径	系数	
$CO \rightarrow PM_{2.5}$	0.187	$CO \rightarrow PM_{10} \rightarrow PM_{2.5}$	0.368	0.761
		$CO \rightarrow SO_2 \rightarrow PM_{2.5}$	0.036	
		$CO \rightarrow NO_2 \rightarrow PM_{2.5}$	0.096	
		$CO \rightarrow O_3 \rightarrow PM_{2.5}$	-0.052	
		CO→地温→$PM_{2.5}$	-0.056	
		CO→风速→$PM_{2.5}$	0.005	
		CO→降水量→$PM_{2.5}$	0.001	
		CO→气压→$PM_{2.5}$	0.008	
		CO→日照时数→$PM_{2.5}$	0.024	
		CO→相对湿度→$PM_{2.5}$	0.032	

表 8.13　O_3通径分析结果

直接作用		间接作用		总作用
通径	系数	通径	系数	
$O_3 \to PM_{2.5}$	0.133	$O_3 \to PM_{10} \to PM_{2.5}$	−0.106	−0.290
		$O_3 \to SO_2 \to PM_{2.5}$	−0.015	
		$O_3 \to NO_2 \to PM_{2.5}$	−0.06	
		$O_3 \to CO \to PM_{2.5}$	0.072	
		O_3→地温→$PM_{2.5}$	−0.125	
		O_3→风速→$PM_{2.5}$	−0.005	
		O_3→降水量→$PM_{2.5}$	−0.001	
		O_3→气压→$PM_{2.5}$	−0.008	
		O_3→日照时数→$PM_{2.5}$	−0.026	
		O_3→相对湿度→$PM_{2.5}$	−0.002	

表 8.14　地温通径分析结果

直接作用		间接作用		总作用
通径	系数	通径	系数	
地温→$PM_{2.5}$	−0.164	地温→$PM_{10} \to PM_{2.5}$	−0.088	−0.275
		地温→$SO_2 \to PM_{2.5}$	−0.019	
		地温→$NO_2 \to PM_{2.5}$	−0.044	
		地温→$CO \to PM_{2.5}$	−0.064	
		地温→$O_3 \to PM_{2.5}$	0.102	
		地温→风速→$PM_{2.5}$	−0.002	
		地温→降水量→$PM_{2.5}$	−0.002	
		地温→气压→$PM_{2.5}$	−0.006	
		地温→日照时数→$PM_{2.5}$	−0.017	
		地温→相对湿度→$PM_{2.5}$	0.028	

表 8.15　风速通径分析结果

直接作用		间接作用		总作用
通径	系数	通径	系数	
风速→$PM_{2.5}$	-0.023	风速→PM_{10}→$PM_{2.5}$	-0.045	-0.201
		风速→SO_2→$PM_{2.5}$	-0.005	
		风速→NO_2→$PM_{2.5}$	-0.034	
		风速→CO→$PM_{2.5}$	-0.037	
		风速→O_3→$PM_{2.5}$	0.031	
		风速→地温→$PM_{2.5}$	-0.011	
		风速→降水量→$PM_{2.5}$	0.000	
		风速→气压→$PM_{2.5}$	-0.004	
		风速→日照时数→$PM_{2.5}$	-0.020	
		风速→相对湿度→$PM_{2.5}$	-0.054	

表 8.16　降水量通径分析结果

直接作用		间接作用		总作用
通径	系数	通径	系数	
降水量→$PM_{2.5}$	-0.015	降水量→PM_{10}→$PM_{2.5}$	-0.075	-0.087
		降水量→SO_2→$PM_{2.5}$	-0.008	
		降水量→NO_2→$PM_{2.5}$	-0.019	
		降水量→CO→$PM_{2.5}$	-0.016	
		降水量→O_3→$PM_{2.5}$	0.008	
		降水量→地温→$PM_{2.5}$	-0.019	
		降水量→风速→$PM_{2.5}$	0.000	
		降水量→气压→$PM_{2.5}$	-0.001	
		降水量→日照时数→$PM_{2.5}$	0.020	
		降水量→相对湿度→$PM_{2.5}$	0.036	

表 8.17　气压通径分析结果

直接作用		间接作用		总作用
通径	系数	通径	系数	
气压→$PM_{2.5}$	0.026	气压→PM_{10}→$PM_{2.5}$	0.114	0.284
		气压→SO_2→$PM_{2.5}$	0.014	
		气压→NO_2→$PM_{2.5}$	0.056	
		气压→CO→$PM_{2.5}$	0.055	
		气压→O_3→$PM_{2.5}$	−0.044	
		气压→地温→$PM_{2.5}$	0.036	
		气压→风速→$PM_{2.5}$	0.003	
		气压→降水量→$PM_{2.5}$	0.001	
		气压→日照时数→$PM_{2.5}$	0.010	
		气压→相对湿度→$PM_{2.5}$	0.012	

表 8.18　日照时数通径分析结果

直接作用		间接作用		总作用
通径	系数	通径	系数	
日照时数→$PM_{2.5}$	−0.077	日照时数→PM_{10}→$PM_{2.5}$	−0.139	−0.376
		日照时数→SO_2→$PM_{2.5}$	−0.006	
		日照时数→NO_2→$PM_{2.5}$	−0.030	
		日照时数→CO→$PM_{2.5}$	−0.059	
		日照时数→O_3→$PM_{2.5}$	0.045	
		日照时数→地温→$PM_{2.5}$	−0.037	
		日照时数→风速→$PM_{2.5}$	−0.006	
		日照时数→降水量→$PM_{2.5}$	0.004	
		日照时数→气压→$PM_{2.5}$	−0.003	
		日照时数→相对湿度→$PM_{2.5}$	−0.067	

表 8.19　相对湿度通径分析结果

直接作用		间接作用		总作用
通径	系数	通径	系数	
相对湿度→$PM_{2.5}$	0.123	相对湿度→PM_{10}→$PM_{2.5}$	0.061	0.256
		相对湿度→SO_2→$PM_{2.5}$	−0.004	
		相对湿度→NO_2→$PM_{2.5}$	0.017	
		相对湿度→CO→$PM_{2.5}$	0.049	
		相对湿度→O_3→$PM_{2.5}$	−0.003	
		相对湿度→地温→$PM_{2.5}$	−0.038	
		相对湿度→风速→$PM_{2.5}$	0.010	
		相对湿度→降水量→$PM_{2.5}$	−0.004	
		相对湿度→气压→$PM_{2.5}$	0.002	
		相对湿度→日照时数→$PM_{2.5}$	0.042	

剩余影响因素 a 对因变量 y 的直接影响作用为：

$$P_{a,\mathrm{PM}_{2.5}} = \sqrt{1 - \sum_{i=1}^{k} r_{iy}\lambda_{iy}} = 0.253。\tag{8.18}$$

通过对 $PM_{2.5}$的 PSL1 模型的通径分析我们可以得出以下结论。

①对 $PM_{2.5}$的总作用中，空气污染物的总作用为 2.634，气象因子的总作用为−0.399，说明主要的空气污染物对 $PM_{2.5}$的浓度值有很大的正向促进作用，而主要的气象因子对 $PM_{2.5}$的浓度值有负向的消减作用。在空气污染物中，PM_{10}、SO_2、NO_2、CO 对 $PM_{2.5}$的总作用均为正值，且 PM_{10}最大，为 0.859，CO 次之，为 0.761，O_3对 $PM_{2.5}$的总作用为−0.290。在气象因子中，气压和相对湿度对 $PM_{2.5}$的总作用均为正值，分别为 0.284 和 0.256，其他的气象因子对 $PM_{2.5}$的总作用均为负值，其中日照时数的负向作用最大，为−0.376，降水量的负向作用最小，为−0.087。

②对 $PM_{2.5}$的直接作用中，PM_{10}的直接作用最大，为 0.612，CO 次之，为 0.187，降水量的直接作用最小，为−0.015。这进一步表明降水量对雾霾有一定的"冲洗"作用，但很小。O_3的直接作用为 0.133，而它的总作用为负值，这也进一步表明 O_3的间接作用（负）要大于直接作用（正），间接作用将正向作用抵消，故 O_3从整体上来讲对外界表现的是对 $PM_{2.5}$负相关。

③对 $PM_{2.5}$ 的间接作用中，各影响因子通过对 PM_{10} 的间接作用再对 $PM_{2.5}$ 作用要大于通过对其他所有因子的间接作用再对 $PM_{2.5}$ 的作用，这综合②进一步表明，无论是 PM_{10} 直接作用 $PM_{2.5}$ 还是 PM_{10} 作为中间者，其对 $PM_{2.5}$ 的影响都是最大的，不容忽视。CO 和 NO_2 作为中间者对 $PM_{2.5}$ 的作用仅次于 PM_{10}，也应引起重视。降水量作为中间者对 $PM_{2.5}$ 的影响是最小的，这结合②可说明，无论降水量作为直接影响 $PM_{2.5}$ 的还是作为中间者，其对 $PM_{2.5}$ 的作用都是非常小的。

④剩余影响因素对 $PM_{2.5}$ 的直接影响作用的值在一定程度上是不小的，这表明除了上述 11 项影响因素外还有其他的影响因素没有考虑到，这也在研究的正常范围之内，因为导致雾霾的因素不仅是空气污染物和气象方面，还包括社会经济发展方面、化石燃料的消费方面及污染物的排放方面等，本研究由于这方面数据的短缺性，故没有考虑，此方面还需进一步研究。

⑤此外，影响因子其本身可能对雾霾的形成是正向促进作用，但结合其他影响因子的作用可能变为抑制雾霾的形成（如 O_3）。但是 O_3 也是空气污染物的重要监测对象，所以雾霾和 O_3 要综合治理，协同控制。

8.5 $PM_{2.5}$ 与影响因子之间的非线性关系分析

上述分析了单一影响因子对 $PM_{2.5}$ 的直接作用或者通过中间影响因子对 $PM_{2.5}$ 的间接作用，虽然也有考虑到影响因子之间的交互作用，但最多是两者之间的，而影响因子可能和 $PM_{2.5}$ 之间存在着非常强烈的非线性关系，所以用通径分析研究影响因子对 $PM_{2.5}$ 的作用仍有局限性，本节将利用 BP 神经网络可以逼近任意非线性的优点，构建影响因子对 $PM_{2.5}$ 的预测模型，据此来解释影响因子对 $PM_{2.5}$ 的非线性影响关系。

通常，进行神经网络训练前需要对数据进行归一化处理，本研究没有对数据进行归一化处理的原因有两点：其一，考虑到如果将数据进行归一化处理可能会丢失数据信息；其二，一旦进行归一化处理就相当于接受了一个假设，测试数据的所有特征的分量的最大值都不会大于相应的训练样本的最大值，而最小值也不会小于相应的训练样本的最小值，其实这不符合实际情况，所以本研究没有对数据进行归一化处理。

将数据分为两大部分，第一部分为建立模型用的数据（3554 条）；第二部分为待测试用的数据（148×4 条）。经过多次实验，发现隐含层的神经元个数为 10 时效果最好，且采用 trainlm 为训练函数，采用 traingdm（动量反转的梯度下降函数）为学习函数，采用 Sigmoid 型函数的 tansig 为神经元激励函数。

模型在建立的过程中自动将数据分为三部分，分别为训练集、验证集和测试集，且这三部分数据不重合，这样做的目的不仅是防止模型过拟合，更是能够选出准确率最好及泛化能力最好的模型。其中，训练集的主要作用是通过参数的匹配建立一个模型，验证集的主要作用是测试模型的泛化能力，测试集的作用是在选出的模型中使用测试集进行预测，从而进一步评价模型的性能。从图 8.12 中可知，无论是训练集、验证集、测试集还是从整体来看，R 值均在 0.95 左右，说明模型效果良好。

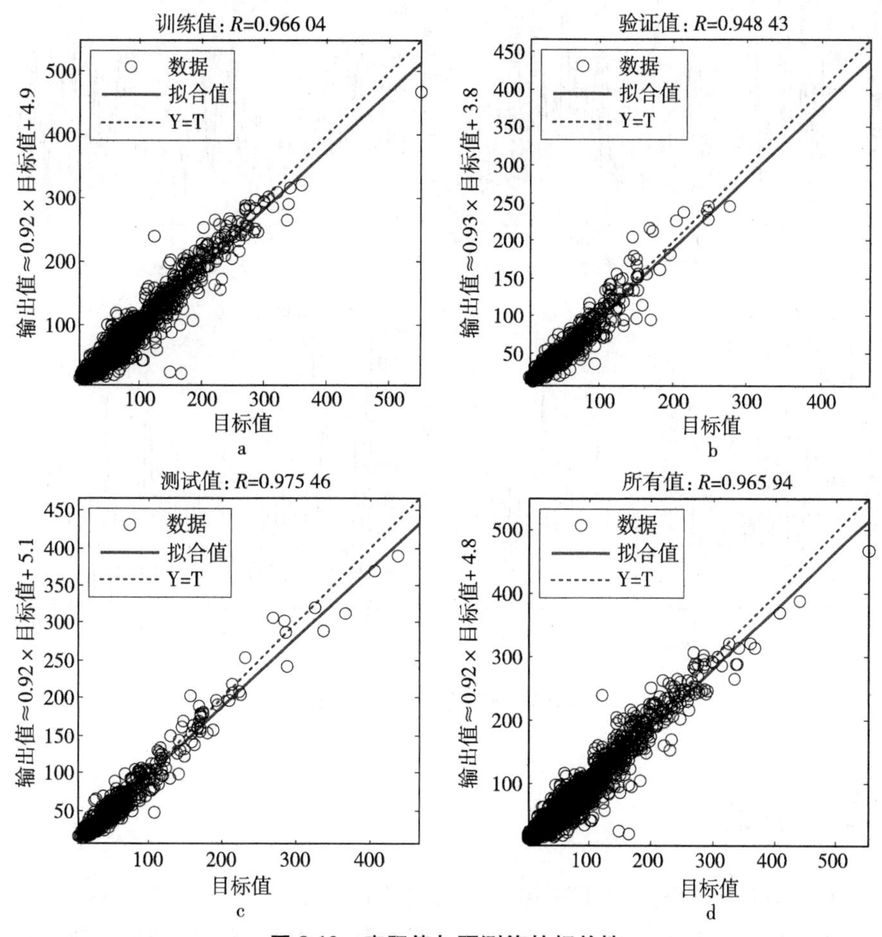

图 8.12　实际值与预测值的相关性

将待测试的数据根据季节分为四部分，结果如图 8.13 所示，发现 4 个季节的 $PM_{2.5}$ 浓度值预测精度较高，春、夏、秋、冬四季的预测准确率分别为 86.08%、86.01%、86.68%、87.75%，且预测的结果与真实值变化趋势高度一致，说明 $PM_{2.5}$ 与影响因子之间存在复杂的非线性关系，是各影响因子共同相互作用影响 $PM_{2.5}$。

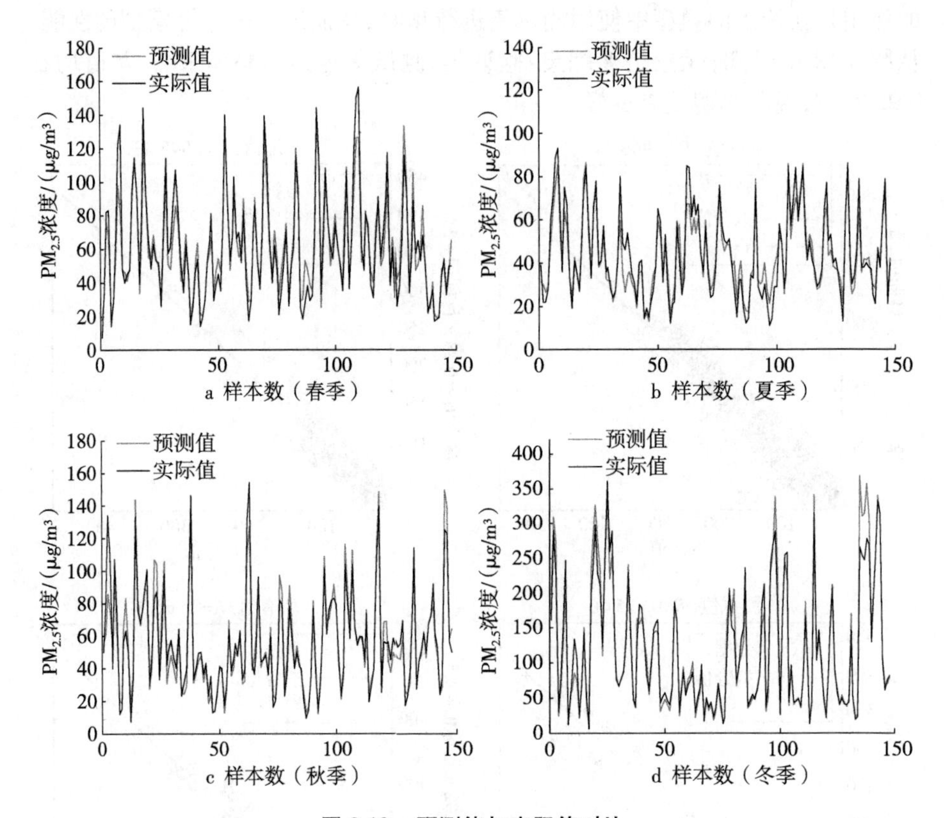

图 8.13　预测值与实际值对比

8.6　小结

京津冀地区各城市的雾霾污染主要分为两大部分，分别是异地区的源贡献和本地区各影响因子的相互作用。本章主要从这两个角度出发对雾霾影响因子展开研究，结论如下。

①从空间来看，雾霾污染分布特征为从西北向东南逐渐加重，且南北差异明显。从时间来看，呈“冬季>秋季>春季>夏季”的季节变化规律，呈“V”型的月份变化规律，每日 $PM_{2.5}$ 浓度呈波峰在 8:00—10:00、波谷在 16:00—18:00 的日变化规律，且存在明显的“非工作日效应”及“春节效应”，进一步表明雾霾在一定程度上受人类活动的影响。

②$PM_{2.5}$ 在一定程度上存在空间聚集性，会产生空间溢出，转移能力较强，相邻城市之间的异地区源贡献作用较强，且冬季尤为明显。

③PM_{10}、CO、NO_2、SO_2、气压及相对湿度对 $PM_{2.5}$ 的总作用是正向促进，日照时数、O_3、地温、风速及降水量对 $PM_{2.5}$ 的总作用为负向削弱，且影响力依次递减，其中 PM_{10} 主要通过直接作用影响 $PM_{2.5}$，而其他影响因子是通过与各个影响因子之间的间接作用来影响 $PM_{2.5}$。

④BP 神经网络的预测结果表明，雾霾是通过所有影响因子之间的共同相互作用而导致的。

第9章　基于GAM的$PM_{2.5}$浓度影响因素及扩散演化过程研究

9.1　引言

雾霾是气象科学中的一种天气现象，是雾和霾的总称。雾是近地面层空气中水汽凝结（或凝华）的产物，而霾的核心物质是空气中悬浮的气溶胶颗粒，主要来源于工业污染、化石燃料燃烧、生物质燃烧等人为源及土壤尘等自然源。$PM_{2.5}$是霾的重要组成部分，也是空气质量状况的重要监测对象，它的存在不仅导致大气能见度下降，还增加了呼吸道系统疾病、脑血管疾病的发病率和死亡率。近年来，雾霾天气频繁席卷我国，造成空气质量急剧恶化，严重影响了正常的生产活动。2012年起，$PM_{2.5}$已经作为常规指标添加进《环境空气质量标准》中，其实时浓度值也被添加到生态环境部的空气质量监测系统里。因此，深入弄清$PM_{2.5}$的相关影响因素和扩散演化过程，对减轻民众的疑惑及找到有效的治理路径具有非常重要的意义。

目前，国际社会对雾霾的研究主要包括：①致霾污染物的组成和来源；②城市大气污染与气象因子之间的相关性；③地区大气污染物浓度的数值虚拟与预测。对于致霾根源来说，张小曳等认为不清洁能源的使用是我国雾霾污染产生的最根本原因，而我国近年来过快的城市化进程则是导致雾霾污染的直接诱因。相关气象条件，如温度、相对湿度和边界层高度等则对这些污染物的形成、分布、维持与变化起到了显著的作用。关于$PM_{2.5}$浓度影响因素与预测的早期研究大多采用线性回归方法，而实际上这些影响因素之间的关系是错综复杂的，并且通常表现为非线性关系。因此，近年来学者们开始采用广义加性模型来刻画这些潜在变量与$PM_{2.5}$浓度之间的复杂关系。Song等应用广义加性模型和多源监测数据描述西安市$PM_{2.5}$的浓度变化，自变量部分将SO_2、CO作为线性函数，NO_2、O_3、温度作为单变量平滑非线性函数，风力等级作为二元平滑非线性函数，模型最终的解释率达到69.50%。Li等在广义加性模型的基础上引入了主成分分析方法，将提出的

PCA-GAM用于预测北京市、天津市、河北省三地的$PM_{2.5}$浓度，结果表明，该模型相较传统的土地回归模型而言具有更高的准确率（$R^2=0.94$）。归结起来，造成$PM_{2.5}$浓度增加的原因分为两类：一是以弱风、逆温、高湿等为特征的不利于扩散的气象因素；二是以悬浮的细颗粒物浓度增加为特征的污染因素。其中，污染是内因，与人为活动密切相关，属于可控因素，而气象则是外因，具有不可控性。

总体来说，上述的研究工作主要是结合特定的污染过程，分析$PM_{2.5}$的数值变化及单一气象要素对$PM_{2.5}$的作用，即针对较短时间内的雾霾事件过程进行研究，缺乏一定的适用性。对同一城市而言，$PM_{2.5}$与空气污染物、气象要素等影响因子共同构成了一个复杂的非线性动力系统，在时间阈中存在多层次的尺度结构和局部变化特征。因此，本章在分析细颗粒物（$PM_{2.5}$）变化规律的基础上，同时考虑其前体污染物（SO_2、NO_2、CO等）及气象因子对其的推动或阻碍作用，利用北京市环境保护监测中心公布的空气质量数据和中国气象局公布的气象数据，分别从时间维度和空间维度对北京市的$PM_{2.5}$浓度进行研究，分析其阶段性特征；构建广义加性模型，着重分析影响因素之间的交互作用对$PM_{2.5}$浓度变化的影响，找出关键影响因子进而分析$PM_{2.5}$浓度变化的全过程。

9.2 数据与研究方法

9.2.1 数据

根据北京市环境保护监测中心提供的信息，选取了35个空气污染监测站点，全面覆盖北京市所有城区，各个监测点的信息及位置分布情况如图9.1所示（图9.1用ArcGis软件生成）。分别收集各监测点2016年12月1日到2017年11月30日期间SO_2（$\mu g/m^3$）、NO_2（$\mu g/m^3$）、CO（$\mu g/m^3$）、O_3（$\mu g/m^3$）、$PM_{2.5}$（$\mu g/m^3$）的逐日、逐时数据及同一时间段内的气象数据资料，包括风速（km/h）、相对湿度（%）、温度（℃）、气压（hPa）、降雨量（mm）、日照时数（h）。其中，空气质量数据均来自北京市环境保护监测中心（www.bjmemc.com.cn），气象数据均来自中国气象局（www.cma.gov.cn）。

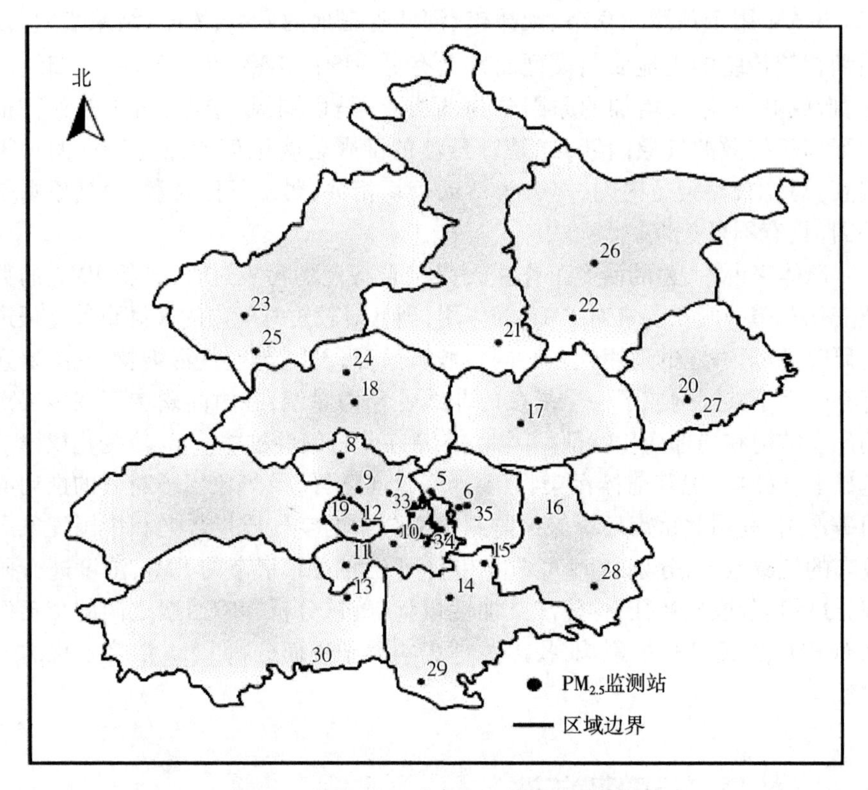

图 9.1　北京市 35 个 $PM_{2.5}$ 监测站的位置

1:东四;2:天坛;3:官园;4:万寿西宫;5:奥体中心;6:农展馆;7:万柳桥;8:北部新区;9:植物园;10:丰台花园;11:云岗;12:古城;13:房山;14:大兴;15:亦庄;16:通州;17:顺义;18:昌平;19:门头沟;20:平谷;21:怀柔;22:密云;23:延庆;24:定陵;25:八达岭;26:密云水库;27:东高村;28:永乐店;29:榆垡;30:琉璃河;31:前门;32:永定门内;33:西直门北;34:南三环;35:东四环

9.2.2　$PM_{2.5}$ 时空特征分析

本章基于北京市 16 个城区在 2016 年 12 月至 2017 年 11 月的空气质量监测数据,采用时间序列分析、时间序列图、空间相关分析等方法研究 $PM_{2.5}$ 浓度的时空变化规律,进而对不同季节、不同时间段及不同区域上 $PM_{2.5}$ 浓度分别进行 Kruskal-Wallis 检验、Mann-Whitney U 检验、Bonferroni 校正以探究其区别。参照环境保护部门公布的《环境空气质量标准》,取 $PM_{2.5}$ 值在 0~35 $\mu g/m^3$ 为空气质量优,35~75 $\mu g/m^3$ 为空气质量良,75~150 $\mu g/m^3$ 为空气质量轻

(中)度污染,大于150 μg/m^{3}为空气质量重度污染。为了简化研究过程,按照从北到南的方向将北京市16个城区划分为3个区域,并将时间分为春(3—5月)、夏(6—8月)、秋(9—11月)、冬(本年12月至次年2月)4个季节。本章采用时间序列图刻画$PM_{2.5}$每日浓度变化。

9.2.3　广义加性模型(GAM)

GAM中的函数可以使用反拟合算法来识别,适用于多种分布资料的分析,模型中既可包括参数拟合部分,也可包括非参数拟合部分。GAM中的各个解释成分是解释变量的各种平滑函数形式,它适用于多种复杂线性关系的分析。

近年来,非参数模型逐渐受到学者们的关注。Hastie和Tibshirani于1990年将加性模型的技术应用于广义线性模型(Generalized Linear Model,GLM)中,提出了广义加性模型(Generalized Additive Model,GAM)的概念,其本质是利用连接函数把加性模型中响应变量的期望与加性部分连接起来。其表达式如下:

$$g(E(Y)) = s_0 + s_1(X_1) + s_2(X_2) + \cdots + s_p(X_p)。\tag{9.1}$$

其中,$E(Y)$为Y的期望;s_0为截距;$s_i()(i=1,2,\cdots,p)$为非参数光滑函数且满足$Es_i(X_i)=0$,它可以是光滑样条函数、局部回归光滑函数或核函数等。$g()$为连接函数,对于不同分布类型的预测变量,$g()$有如下形式:

$$g(E(Y))=\begin{cases}E(Y), & Y\sim N(\mu,\sigma^2)\\ \log[\dfrac{E(Y)}{1-E(Y)}], & Y\sim B(n,p)\\ \log(E(Y)), & Y\sim Ga(\alpha,\lambda)\\ \log(E(Y)), & Y\sim P(\lambda)\end{cases}。\tag{9.2}$$

GAM通过识别和累加多个函数得到最适合的源数据的趋势线,通过处理因变量和解释变量之间复杂的非线性关系,拟合非参数回归,该算法迭代地拟合和调整函数以减少预测误差。GAM更注重对数据进行非参数性的探索,其更适用于对数据进行探索性分析和解释反应变量与解释变量的关系。

GAM的具体分析过程,采用R软件及mgcv包,其来源于统计计算的R软件工程网(https://www.r-project.org/)。

9.3 分析结果

9.3.1 北京市 $PM_{2.5}$污染概况

根据北京市环境保护监测中心(www.bjmemc.com.cn)公布的 $PM_{2.5}$数据计算得到,北京市 2016 年 12 月至 2017 年 11 月 $PM_{2.5}$年均浓度为 69.46 μg/m³,其中,$PM_{2.5}$浓度最低的位于西北部的延庆区,年均浓度为 52.92 μg/m³,$PM_{2.5}$浓度最高的位于西南部的房山区,年均浓度高达 91.13 μg/m³,远远高出《环境空气质量标准》(GB 3095—2012)规定的二级浓度限值 75 μg/m³,表现出明显的空间梯度特性,即 $PM_{2.5}$浓度由南至北逐渐递减($MD = -19.250$, $P = 0.004$)。除此以外,16 个城区中 $PM_{2.5}$浓度超过一级浓度限值(55 μg/m³)的天数均超过全年总天数的 54%,超过二级浓度限值 75 μg/m³ 的天数均超过全年总天数的 22%。

在分析过程中发现,$PM_{2.5}$浓度变化同样存在季节性波动(图 9.2)。在研究时间内共出现过 47 次雾霾天气,其中春季 9 次、夏季 9 次、秋季 14 次、冬季 15 次,而春季的雾霾天气一般持续 1~8 天;夏季的雾霾天气一般持续 1~2 天;秋季的雾霾天气一般持续 1~3 天;冬季的雾霾天气一般持续 1~9 天,且突出特点是大规模持续性爆发。总体来说,冬季 $PM_{2.5}$浓度相对较高;夏季相对较低,春季与秋季的差异则无统计学意义($MD = -0.791$, $P = 1.000$),全年呈 U 型曲线分布。以上结果的出现主要原因是冬季燃煤取暖量增加,向大气中排放的颗粒物增多。另外,从气象条件来看,冬季对流层大气层结构相对稳定,在没有冷空气到来的情况下,加之城市建设高楼林立,因此污染物扩散速度较慢;而夏季气温高、空气对流旺盛,降水也较多,因此促进了颗粒物的沉降。此外,利用 Mann-Whitney U 检验识别 $PM_{2.5}$浓度在工作日和非工作日的差别,结果显示 $P = 0.544$ (>0.05),即两组数据差异同样无统计学意义。

将上面的研究过程扩展,采用 Matlab 2014a 工具箱对 $PM_{2.5}$每日浓度进行自相关分析揭示其时间序列特征,如图 9.3 所示。结果表明,自相关系数的上下临界值分别为±0.163,1 阶自相关系数为 0.6。从图 9.3 中可以看出,北京市 $PM_{2.5}$浓度随时间变化的自相关性非常强,以 1~3 阶最为显著。此外,$PM_{2.5}$浓

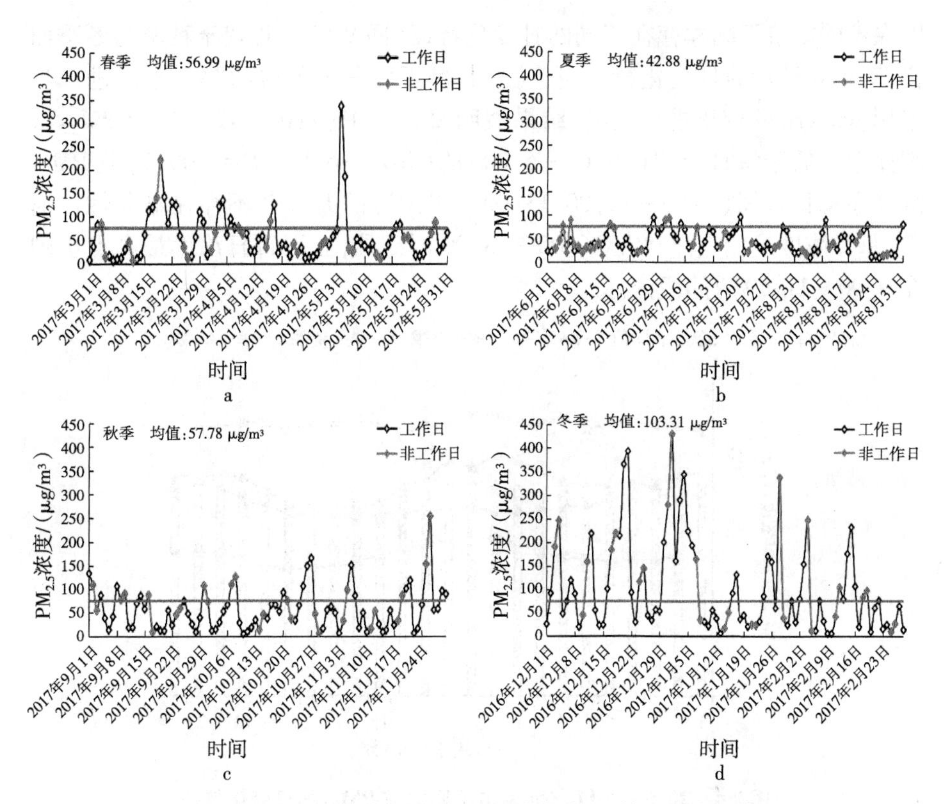

图 9.2　2016—2017 年北京市不同季节 $PM_{2.5}$ 的日常变化情况

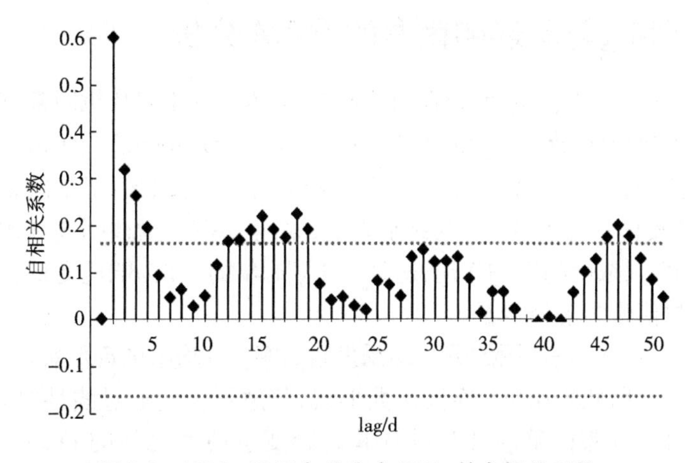

图 9.3　2016—2017 年北京市 $PM_{2.5}$ 的自相关系数

度在不同季节下同样存在不同的日变化特征(图 9.4)。相较于秋季与冬季而言,春季和秋季的日变化特征更为强烈,呈现出一个平缓的"W"型。进一步采用 Bonferroni 校正进行检测,结果表明每日上午(7:00—12:00)的 $PM_{2.5}$浓度要远远低于每日夜间(19:00—6:00)的($MD=-6.455$, $P=0.003$),但 $PM_{2.5}$浓度在每日日间(7:00—12:00/13:00—18:00)的差异并不存在显著性。通常,每日浓度最低点出现在 16:00—18:00 时间段内,而每日浓度最高点出现在 9:00—11:00 时间段内。

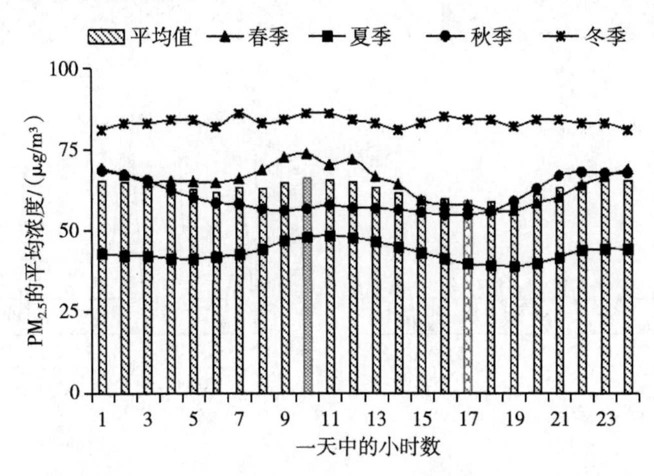

图 9.4　2016—2017 年北京市不同季节 $PM_{2.5}$的日变化特征

9.3.2　$PM_{2.5}$与单影响因素的 GAM 分析

空气污染物与气象因子是影响某地 $PM_{2.5}$浓度的重要环境因素,本章考虑的空气污染物包括:SO_2($\mu g/m^3$)、NO_2($\mu g/m^3$)、CO($\mu g/m^3$)、O_3($\mu g/m^3$);气象因子包括:温度(℃)、海平面大气压(hPa)、相对湿度(%)、风速(km/h)、降水量(mm)及日照时数(h)。在此基础上,采用 GAM 刻画单个影响因子及其交叉项对 $PM_{2.5}$浓度的影响作用,选择 $PM_{2.5}$日均浓度作为响应变量,相关影响因子日均数值作为解释变量。

根据 SPSS 中 Q-Q 图的分析结果发现,$PM_{2.5}$日均浓度近似服从伽马分布[$Y\sim(\alpha,\lambda)$],因此采用 log 连接函数形式,将解释变量通过线性组合的方式连接服从伽马分布的响应变量并计算解释变量两两之间的 Pearson 相关系数,以防解释变量之间存在严重的共线性($|r|>0.8$)而使得模型估计失真。由

计算结果可知(表 9.1),温度(T)与日照时数(SH)的相关系数为 0.922,温度(T)与海平面大气压(AP)的相关系数为-0.900,这可以解释为同一地区受太阳光照时间越长温度越高,而当我们不考虑动力等其他原因时,温度越高大气受热膨胀上升越快,即气压越低。本章用日照时数代表温度指标,从而避免在构建多变量曲线模型时会产生的共曲线问题。再者,虽然 NO_2 与 CO 的相关系数也达到了 0.856,但因为两者的来源存在差别,所以不做剔除处理。

表 9.1　影响因素之间的 Pearson 相关系数

	SO_2	NO_2	AP	T	WS	SH	RH	P	O_3	CO
SO_2	1	.611**	.354**	-.486**	-.100	-.405**	-.112*	-.110*	-.319**	.539**
NO_2	.611**	1	.310**	-.414**	-.312**	-.461**	.176**	-.112*	-.510**	.856**
AP	.354**	.310**	1	-.900**	.013	-.859**	-.202**	-.182**	-.703**	.283**
T	-.486**	-.414**	-.900**	1	-.079	.922**	.225**	.180**	.728**	-.398**
WS	-.100	-.312**	.013	-.079	1	.003	-.592**	-.102	.140**	-.236**
SH	-.405**	-.461**	-.859**	.922**	.003	1	.105*	.230**	.792**	-.422**
RH	-.112*	.176**	-.202**	.225**	-.592**	.105*	1	.452**	-.001	.263**
P	-.110*	-.112*	-.182**	.180**	-.102	.230**	.452**	1	.166**	-.046
O_3	-.319**	-.510**	-.703**	.728**	.140**	.792**	-.001	.166**	1	-.389**
CO	0.39**	.856**	.283**	-.398**	-.236**	-.422**	.263**	-.046	-.389**	1

注:* 相关性在 0.05 水平上是显著的;** 相关性在 0.01 水平上是显著的。

从图 9.5 可知,北京市 $PM_{2.5}$浓度随时间变化的自相关性非常强,以 1~3 阶最为显著。但在较短时间内,一个地区的发展规模、地理环境、工业污染排放量、汽车尾气排放量等都是相对固定的,因此 $PM_{2.5}$浓度变化主要与当地的气象条件有关。接下来重点分析 $PM_{2.5}$与处于 lag0($PM_{2.5}$ 当前的浓度值)到 lag3($PM_{2.5}$ 3 天前的浓度值)之间的各气象因子的相关性,以斯皮尔曼相关系数(Spearman Correlation Coefficient,r_s)作为衡量标准,最终选择 $r_s>0.3$ 的气象因子作为模型中气象要素的解释变量。结果如表 9.2 所示。

表 9.2　影响因素之间的斯皮尔曼相关系数

影响因素	lag	r_s	归-化
风速	lag0	−0.356 **	0.000
	lag1	−0.564 **	0.000
	lag2	−0.242 **	0.000
	lag3	−0.075 **	0.000
相对湿度	lag0	0.367 **	0.000
	lag1	0.235 **	0.000
	lag2	−0.028	0.569
	lag3	−0.087	0.100
气压	lag0	0.073	0.168
	lag1	0.211 **	0.000
	lag2	0.252 **	0.000
	lag3	0.301 **	0.000
降水量	lag0	−0.024	0.649
	lag1	−0.173 **	0.001
	lag2	−0.175 **	0.001
	lag3	−0154 **	0.003
日照时数	lag0	−0.308 **	0.000
	lag1	−0.252 **	0.000
	lag2	−0.245 **	0.000
	lag3	−0.238 **	0.000

注：** 相关性在 0.01 水平上是显著的。

结合表 9.2 结果，将 SO_2、NO_2、CO、O_3、风速 lag1（$r_s=-0.564, P<0.01$）、海平面大气压 lag3（$r_s=0.301, P<0.01$）、相对湿度 lag0（$r_s=0.367, P<0.01$）、日照时数 lag0（$r_s=-0.308, P<0.01$）作为解释变量，$PM_{2.5}$日均值作为响应变量纳入

最终的模型[式(9.3)]。在此基础上,采用样条平滑函数分别分析每个解释变量对响应变量的影响显著性及模型最终的拟合优度。式(9.3)如下:

$$\log(E(Y))=s_0+s(SO_2,bs=\text{“}cr\text{”})+s(NO_2,bs=\text{“}cr\text{”})+s(CO,bs=\text{“}cr\text{”})+s(O_3,bs=\text{“}cr\text{”})+s(WS\ lag1,bs=\text{“}cr\text{”})+s(AP\ lag3,bs=\text{“}cr\text{”})+s(RH,bs=\text{“}cr\text{”})+s(SH,bs=\text{“}cr\text{”})。\tag{9.3}$$

结果表明,所有影响因素均在$P<0.01$水平下对$PM_{2.5}$浓度变化影响显著,即各个影响因素单独作为$PM_{2.5}$浓度变化的解释变量均具有统计学意义。其中,CO、NO_2、风速(WS lag1)对$PM_{2.5}$浓度变化的解释率(47.5%、44.9%、36.7%)和校正决定系数R^2较大(0.468、0.439、0.357),表明此时模型的拟合度较优;气压(AP lag3)对$PM_{2.5}$浓度变化的解释率(7.56%)和校正决定系数R^2较小(0.0709),表明此时模型的拟合度较差。

此外,当自由度(*df*)值为1时,函数为线性方程,表明解释变量与响应变量之间存在线性关系;当自由度(*df*)值大于1时,函数是非线性曲线方程,且值越大非线性关系越显著。在本次实验的8个解释变量中,SO_2、相对湿度(RH)、海平面大气压(AP lag3)与$PM_{2.5}$之间存在一定的非线性关系(自由度在2左右),其他因素与$PM_{2.5}$之间则存在非常显著的线性关系。所以,$PM_{2.5}$浓度变化是受多因素驱动影响的复杂非线性时间变化序列。通过对解释变量与$PM_{2.5}$浓度建立GAM得到解释变量对$PM_{2.5}$浓度影响的效应图,图9.5刻画了各个预测变量对$PM_{2.5}$的独立影响,虚线表示拟合可加函数的逐点标准差,即可信区间的上、下限;实线表示$PM_{2.5}$浓度的平滑拟合曲线;横坐标表示各解释变量的实测值,纵坐标表示各解释变量对$PM_{2.5}$浓度的平滑拟合值。

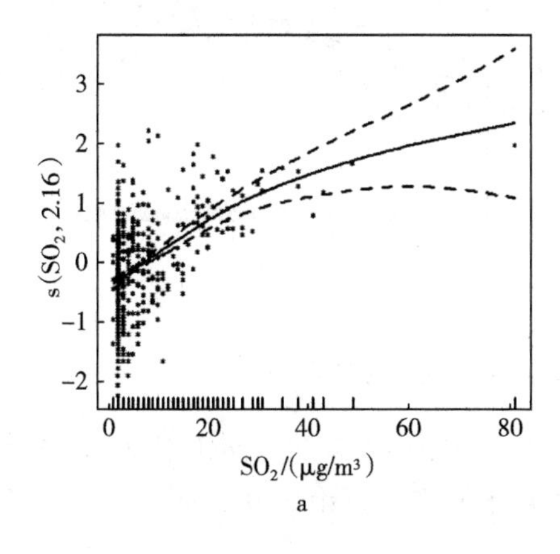

a

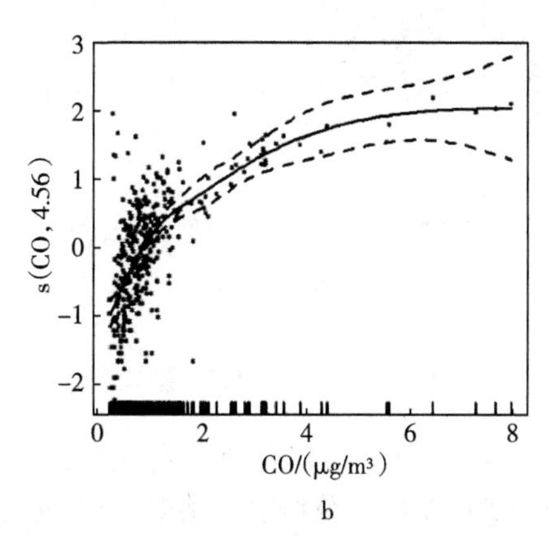

b

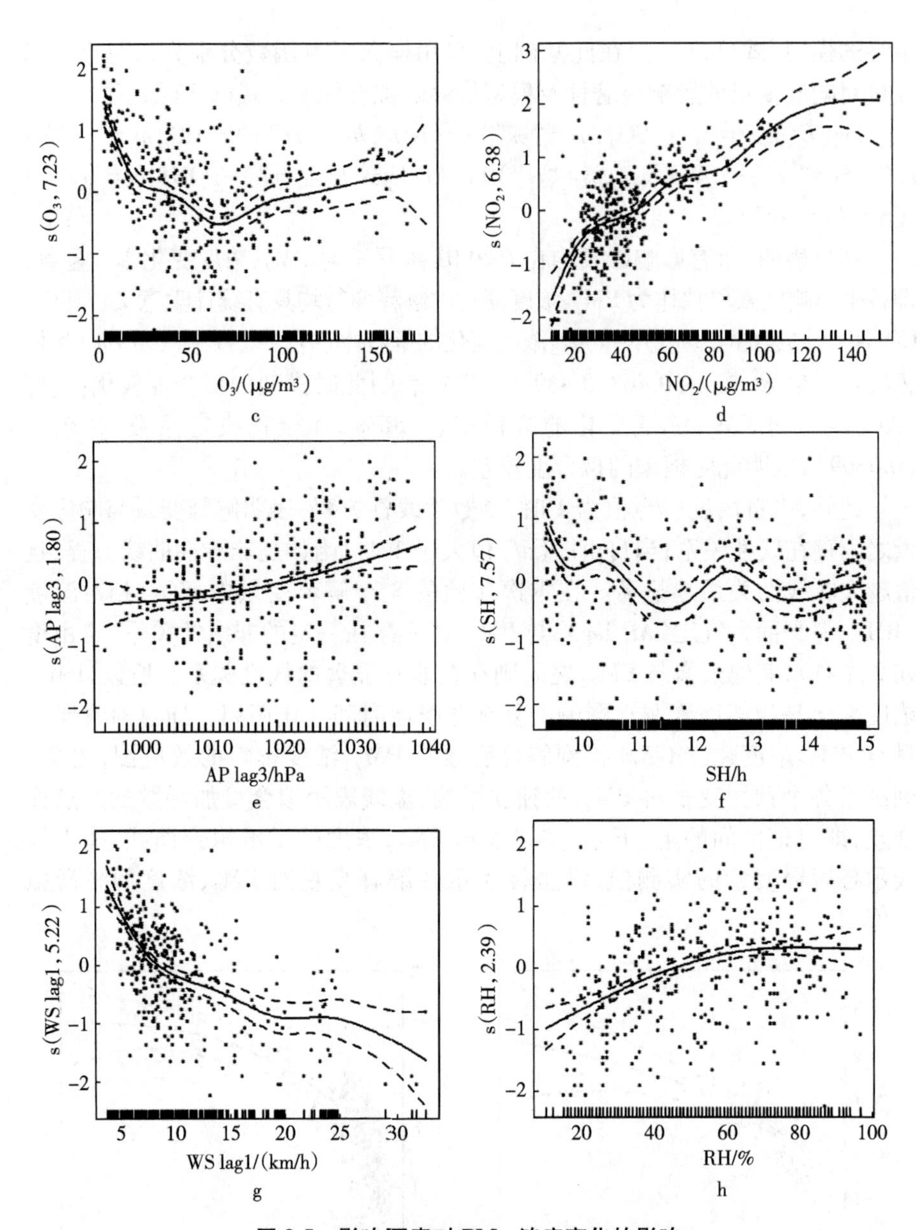

图 9.5　影响因素对 $PM_{2.5}$ 浓度变化的影响

通过图 9.5 可以发现，$PM_{2.5}$ 浓度变化受多种影响因素的共同作用，现将解释变量进行交互并分析交叉项对 $PM_{2.5}$ 浓度变化的影响。由表 9.3 的计算结果可知，交叉项的自由度数值都非常大，这表明它们与 $PM_{2.5}$ 浓度变化存在非常显著的非线性关系。此外，模型方程中 28 个交叉项均通过了显著性检验，解释率位于 19.6%~58.0%，相较单因素模型有明显提升，证明模型拟合程度达到了较高的水平。拟合程度排在前 5 位的分别为：CO-WS lag1（58.0%）、CO-SH（56.2%）、SO_2-WS lag1（54.8%）、NO_2-WS lag1（51.9%）、CO-RH（50.7%），它们均是前体物与气象因子的组合，首先这从侧面说明 $PM_{2.5}$ 浓度变化主要受到空气污染物与气象要素的交互作用；其次表明风速（WS lag1）在整个扩散变化过程中起到决定性作用，能够在很大程度上解释 $PM_{2.5}$ 浓度变化的全过程。

表 9.3　$PM_{2.5}$ 浓度与影响因素相互作用的 GAM 假设检验结果

交叉项	SO_2-NO_2	SO_2-CO	SO_2-O_3	SO_2-AP lag3	SO_2-WS lag1	SO_2-RH	SO_2-SH
df	8.41	17.63	12.20	4.60	15.40	8.59	9.26
解释率（DE）	45.9%	49.3%	38.4%	25.1%	54.8%	45.1%	27.5%
校正决定系数 R^2	0.446	0.467	0.362	0.242	0.527	0.437	0.256
交叉项	NO_2-CO	NO_2-O_3	NO_2-RH	NO_2-AP lag3	NO_2-WS lag1	NO_2-SH	CO-O_3
df	9.127	16.56	3.241	9.716	2.003	10.59	24.55
解释率（DE）	50.0%	50.3%	48.9%	44.7%	51.9%	46.0%	48.8%
校正决定系数 R^2	0.487	0.479	0.484	0.431	0.516	0.444	0.451
交叉项	CO-AP lag3	CO-WS lag1	CO-RH	CO-SH	O_3-AP lag3	O_3-WS lag1	O_3-RH
df	21.42	18.10	19.78	18.76	15.46	13.98	10.88
解释率（DE）	48.1%	58.0%	50.7%	56.2%	34.0%	45.1%	31.4%
校正决定系数 R^2	0.448	0.558	0.479	0.538	0.311	0.429	0.293
交叉项	O_3-SH	AP lag3-WS lag1	AP lag3-RH	AP lag3-SH	WS lag1-RH	WS lag1-SH	RH-SH
df	12.51	11.54	8.975	18.64	16.27	21.26	22.17
解释率（DE）	29.3%	42.8%	32.6%	19.6%	39.3%	48.6%	37.8%
校正决定系数 R^2	0.268	0.409	0.309	0.152	0.364	0.453	0.338

将平均风速(WS lag1)作为关键因子,分别分析它与空气污染物浓度之间的交互作用对 $PM_{2.5}$ 浓度带来的影响(图 9.6)。

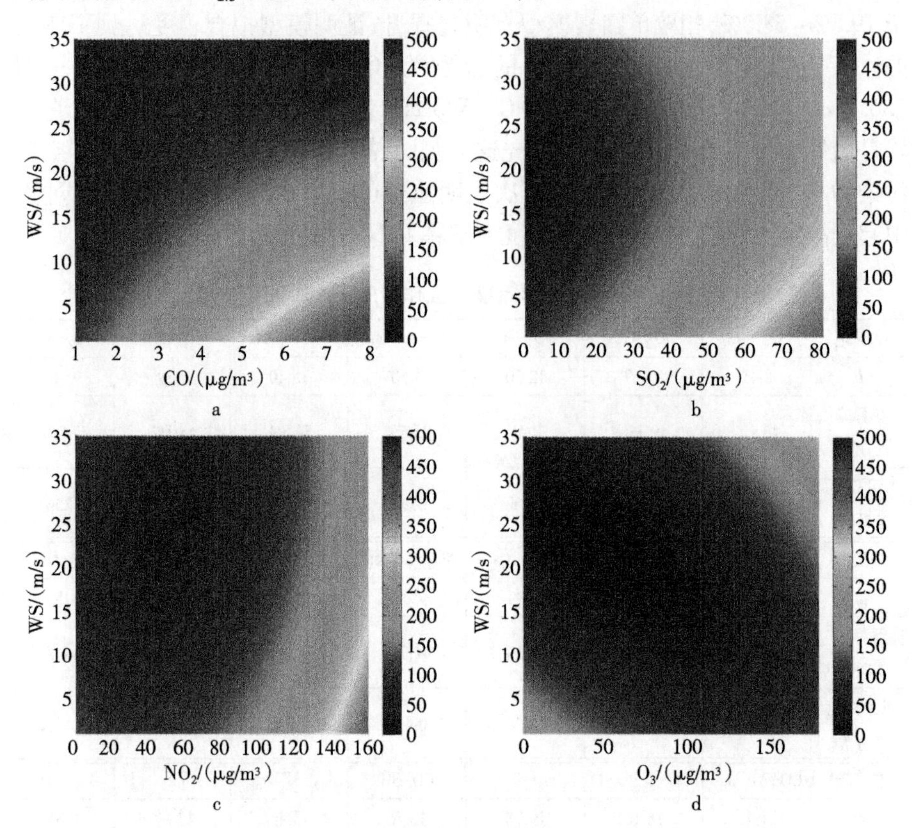

图 9.6 污染状况与前一天风速之间的关系

当 CO 浓度较低时,随着平均风速(WS lag1)的增加,$PM_{2.5}$ 的浓度缓慢下降;当平均风速(WS lag1)较低时,随着 CO 浓度的增加,$PM_{2.5}$ 的浓度呈波动增加趋势。说明风速可以稀释空气中 CO 的浓度,并且在风速较低时会对污染物间的混合作用有显著影响,导致 $PM_{2.5}$ 浓度的增加。

NO_2 和 SO_2 两者与平均风速(WS lag1)的变化关系相类似。在 SO_2/NO_2 浓度较小时,平均风速可以起到一个很好的扩散稀释作用,将 $PM_{2.5}$ 浓度稳定在一个较低的区间;而随着二者浓度的增加,平均风速的作用便不再显著,这说明空气中它们的浓度存在一个临界值,超过临界值时,平均风速对二者的混合作用更为显著,促进二次化学反应的发生,因而空气中的污染物无法得到有效稀释。

O_3 主要分布在 10～50 km 高度的平流层大气中，因而平均风速（WS lag1）几乎起不到影响作用。由表 9.1 可知 O_3 与 NO_2 存在一定的负相关性，且 NO_x 浓度上升会造成硝酸盐二次颗粒物的上升，贡献一部分 $PM_{2.5}$。另外，$PM_{2.5}$浓度上升带来的能见度降低又会抑制 O_3 的生成。因此，判断 $PM_{2.5}$浓度与 O_3 浓度也同样存在负相关性。近年来，我国 $PM_{2.5}$浓度有所下降，但臭氧污染却不断恶化，尤其是在夏季，臭氧颇有取代 $PM_{2.5}$成为首要污染物的趋势。因此在治理过程中，更应考虑将二者协同控制。

9.4　小结

雾霾污染作为我国近年来最严重的环境污染问题之一，对公众的身心健康、正常出行及国家的经济发展都产生了巨大的影响，在我国经济发展的关键时期，解决雾霾污染问题是必需而紧迫的。本章分析了北京市雾霾污染的时空特征与各类影响因子及其交叉项带来的影响，在此基础上分析了整个扩散过程。主要结论如下。

①北京市雾霾污染存在着明显的空间梯度特性，表现为由南至北逐渐递减（$MD=-19.250, P=0.004$），这主要是区域污染相互累积的结果。

北部地区四周环山，大量的绿色植被对空气起到一定的净化作用。而南部地区紧邻天津市、河北省等污染严重的地区，受外地传输的影响更为凸显。因此，北京市 $PM_{2.5}$的污染控制需要进行区域性协同防治，并且要特别注重西南方向污染物的传送及重点源的控制。

②$PM_{2.5}$污染浓度季节性波动明显。总体来说，冬季 $PM_{2.5}$浓度相对较高，夏季相对较低，全年呈 U 型分布。根据北京市供热采暖管理办法，法定供暖期为 11 月 15 日至次年 3 月 15 日，因此冬季 $PM_{2.5}$浓度上升主要源于居民取暖量增加而导致向大气中排放了更多的颗粒物。早前，北京市春季干旱少雨、强风的季节性特点及不合理的人类活动往往会造成沙尘暴的大规模爆发，但在本章的实验结果中，春季 $PM_{2.5}$浓度并没有显著的上升趋势，这从侧面证明了风沙源治理工程的有效性。此外，部分研究结果也曾指出污染物浓度在工作日和非工作日存在区别，但根据本章 Mann-Whitney U 检验的实验结果表明二者的差异并无统计学意义，这主要归功于北京市车辆限行政策的实施。

③$PM_{2.5}$的日变化规律主要受边界层高度的影响。根据计算结果，每日浓度最低点通常出现在 16:00—18:00 时间段内，每日浓度最高点通常出现在 9:00—11:00 时间段内。一般来说，上午的 $PM_{2.5}$浓度峰值是由于人类活动造成的，而下午 $PM_{2.5}$浓度下降则是因为边界层高度的升高加快了 $PM_{2.5}$的扩散过程。到了夜间，边界层高度再次下降，加之人类活动的增加，又导致了 $PM_{2.5}$浓度重新升高，因而每日上午(7:00—12:00)的 $PM_{2.5}$浓度要远远低于每日夜间(19:00—6:00)的($MD=-6.455$,$P=0.003$)。特别是冬季燃煤取暖量增加，向大气中排放的颗粒物增多，而较少的太阳辐射又会导致边界层高度下降时间前移，因此冬季夜间的 $PM_{2.5}$水平相对较高。

④以往关于 $PM_{2.5}$与气象因子关系的研究中，大多着眼于风速，并证明二者成负相关性，这一点在本书的研究中也得到了验证。不同的是，本研究在 $PM_{2.5}$前体物的基础上考虑了其时间自相关性，将气象因子的时滞特性也纳入检验。计算结果表明，SO_2、NO_2、CO、O_3、风速 lag1($r_s=-0.564$,$P<0.01$)、海平面大气压 lag3($r_s=0.301$,$P<0.01$)、相对湿度 lag0($r_s=0.367$,$P<0.01$)、日照时数 lag0($r_s=-0.308$,$P<0.01$)是与 $PM_{2.5}$日均值最为相关的变量，且 $PM_{2.5}$浓度变化主要受到空气污染物与气象要素的交互作用，在整个扩散过程中平均风速(WS lag1)起到决定性作用，影响 CO 的扩散和二次反应的发生，对于 NO_2和 SO_2而言，平均风速(WS lag1)存在一个临界值，处于临界值下二者浓度保持稳定，超过临界值则同样会发生二次反应。对于 O_3 来说，因为它主要分布在 10~50 km 高度的平流层大气中，因而平均风速(WS lag1)几乎起不到影响作用，但通过计算结果可以判断 $PM_{2.5}$浓度与 O_3浓度存在负相关性。因此，在治理过程中，应考虑将二者协同控制。

参考文献

[1] SHI H,WANG Y,HUISINGH D,et al. On moving towards an ecologically sound society:with special focus on preventing future smog crises in China and globally[J]. J Clean Prod,2014,64:9-12.

[2] ALOLAYA M A,BROWN K W,EVANS J S,et al. Apportionment of fine particles in Kuwait City[J]. Science of the Total Environment,2013,448:14-25.

[3] PATERAKI S,ASIMAKOPOULOS D N,FLOCAS H A,et al.The role of meteorology on different sized aerosol fractions (PM_{10}, $PM_{2.5}$, $PM_{2.5-10}$)[J]. Science of The Total Environment,2012,419(1):124-135.

[4] 张小曳,孙俊英,王亚强,等. 我国雾-霾成因及其治理的思考[J]. 科学通报,2013,58(13):1178-1187.

[5] 王跃思,张军科,王莉莉,等. 京津冀区域大气霾污染研究意义、现状及展望[J]. 地球科学进展,2014,29(3):388-396.

[6] 孙太利.关于尽快出台空气治理方案有效改善城市雾霾现象的意见和建议的提案[J]. 天津政协公报,2013(3):18-19.

[7] 张婵娟,程晓军. 强化机动车辆管理 推进大气雾霾治理[J]. 科技信息,2013(19):440-441.

[8] 胡名威. 雾霾的经济学分析[J]. 经济研究导刊,2013(16):13-15.

[9] 王占山,李云婷,陈添,等. 2013 年北京市 $PM_{2.5}$的时空分布[J].地理学报,2015,70(1):110-120.

[10] 赵晨曦,王云琦,王玉杰,等.北京地区冬春 $PM_{2.5}$和 PM_{10}污染水平时空分布及其与气象条件的关系[J].环境科学,2014,35(2):418-427.

[11] 史宇,张建辉,罗海江,等.北京市 2012—2013 年秋冬季大气颗粒物污染特征分析[J].生态环境学报,2013,22(9):1571-1577.

[12] 郑煜,邓兰. 基于 PLS1 的哈尔滨市 $PM_{2.5}$与空气污染物相关性分析[J]. 生态环境学报,2014,23(12):1953-1957.

[13] 苗云阁,王健,马银红,等. 基于 PLS1 的天津市 $PM_{2.5}$ 与空气污染物相关性分析[J]. 环境工程技术学报,2017,7(1):39-45.

[14] DHIRENDRA MISHRA,GOYAL P. Artificial intelligence based approach to forecast $PM_{2.5}$ during haze episodes:a case study of Delhi,India[J].Atmospheric Environment,2015,102:239-248.

[15] 艾洪福,石莹. 基于 BP 人工神经网络的雾霾天气预测研究[J]. 计算机仿真,2015,32(1):402-405,415.

[16] 马丽梅,张晓. 中国雾霾污染的空间效应及经济、能源结构影响[J]. 中国工业经济,2014(4):19-31.

[17] TACON A G J,FORSTER I P. Aquafeeds and the environment:policy implication[J].Aqua-culture,2003,226(10):181-189.

[18] 陈迪雄. 我国区域碳强度的影响因素及灵敏度分析[D].北京:中国矿业大学,2017:27-28.

[19] 赵彦云,王汶,等.经济社会公共数据空间标准化与空间统计应用研究[M].北京:清华大学出版社,2015:6.

[20] TIAN S,PAN Y,LIU Z,et al. Size-resolved aerosol chemical analysis of extreme haze pollution events during early 2013 in urban Beijing,China[J]. Journal of Hazardous Materials,2014,279:452-460.

[21] IKRAM M,YAN Z,LIU Y,et al. Seasonal effects of temperature fluctuations on air quality and respiratory disease:a study in Beijing[J]. Natural Hazards,2015,79(2):833-853.

[22] CHAN C K,YAO X. Air pollution in mega cities in China[J]. Atmospheric Environment,2008,42(1):1-42.

[23] SONG Y Z,YANG H L,PENG J H,et al. Estimating $PM_{2.5}$ concentrations in Xi'an city using a generalized additive model with multi-source monitoring data[J]. PLoS One,2015,10(11):e0142149.

[24] LI S,ZHAI L,ZOU B,et al. A generalized additive model combining principal component analysis for $PM_{2.5}$ concentration estimation [J]. International Journal of Geo-Information,2017,6(8):248.

[25] QUAN J,TIE X,ZHANG Q,et al. Characteristics of heavy aerosol pollution during the 2012-2013 winter in Beijing,China[J]. Atmospheric Environment,2014,88(5):83-89.

[26] 周一敏,赵昕奕. 北京地区 $PM_{2.5}$浓度与气象要素的相关分析[J]. 北京大学学报(自然科学版),2017,53(1):111-124.

[27] TAI A P K,MICKLEY L J,JACOB D J. Correlations between fine particulate matter($PM_{2.5}$) and meteorological variables in the United States:implications for the sensitivity of $PM_{2.5}$ to climate change[J]. Atmospheric Environment,2010,44(32):3976-3984.

[28] ZHAO C X,WANG Y Q,WANG Y J,et al. Temporal and spatial distribution of $PM_{2.5}$ and PM_{10} pollution status and the correlation of particulate matters and meteorological factors during winter and spring in Beijing [J]. Environmental Science,2014,35(2):418.

[29] HUANG F,LI X,WANG C,et al. $PM_{2.5}$ spatiotemporal variations and the relationship with meteorological factors during 2013 - 2014 in Beijing, China[J]. PLoS One,2015,10(11):e0141642.

[30] 郭利,张艳昆,刘树华,等. 北京地区 PM_{10}质量浓度与边界层气象要素相关性分析[J].北京大学学报(自然科学版),2011,47(4):607-612.

[31] 王跃思,王莉莉. 大气霾污染来源、影响与调控[J]. 科学与社会,2014,4(2):9-18.

[32] QIAN Z,HE Q,LIN H M,et al. Association of daily cause-specific mortality with ambient particle air pollution in Wuhan, China[J]. Environmental Research,2007,105(3):380-389.

[33] LIU J,MO L,ZHU L,et al. Removal efficiency of particulate matters at different underlying surfaces in Beijing [J]. Environmental Science & Pollution Research International,2016,23(1):408-417.

[34] WANG Y,YING Q,HU J,et al. Spatial and temporal variations of six criteria air pollutants in 31 provincial capital cities in China during 2013-2014 [J]. Environment International,2014,73(1):413-422.

[35] CHAI F,GAO J,CHEN Z,et al. Spatial and temporal variation of particulate matter and gaseous pollutants in 26 cities in China[J]. 环境科学学报(英文版),2014,26(1):75-82.

[36] JI D,WANG Y,WANG L,et al. Analysis of heavy pollution episodes in selected cities of northern China[J]. Atmospheric Environment,2012,50(3):338-348.

[37] XIAO Q,MA Z,LI S,et al. The impact of winter heating on air pollution in China[J]. PLoS One,2015,10(1):e0117311.

[38] MOTALLEBI N,TRAN H,CROES B E,et al. Day-of-week patterns of particulate matter and its chemical components at selected sites in California[J]. Air Repair,2003,53(7):876-888.

[39] BLANCHARD C L,TANENBAUM S. Weekday/Weekend differences in ambient air pollutant concentrations in atlanta and the southeastern United States[J]. Air Repair,2006,56(3):271.

[40] LIU Z,HU B,WANG L,et al. Seasonal and diurnal variation in particulate matter(PM_{10} and $PM_{2.5}$) at an urban site of Beijing:analyses from a 9-year study[J]. Environmental Science & Pollution Research,2015,22(1):627-642.

[41] GUINOT B,ROGER J C,CACHIER H,et al. Impact of vertical atmospheric structure on Beijing aerosol distribution[J]. Atmospheric Environment,2006,40(27):5167-5180.

[42] MIAO S,CHEN F,LEMONE M A,et al. An observational and modeling study of characteristics of urban heat island and boundary layer structures in Beijing[J]. Journal of Applied Meteorology & Climatology,2009,48(3):484-501.

[43] ZHANG H,WANG Y,HU J,et al. Relationships between meteorological parameters and criteria air pollutants in three megacities in China[J]. Environmental Research,2015,140:242-254.

[44] ZHANG Q,QUAN J,TIE X,et al. Effects of meteorology and secondary particle formation on visibility during heavy haze events in Beijing,China[J]. Science of the Total Environment,2015,502:578.

[45] 潘小川,李国星,高婷.危险的呼吸:$PM_{2.5}$的健康危害和经济损失评估研究[M].北京:中国环境科学出版社,2012.

[46] 穆泉,张世秋.2013 年 1 月中国大面积雾霾事件直接社会经济损失评估[J].中国环境科学,2013,33(11):2087-2094.

[47] BOZNAR M,LESJAK M,MLAKAR P. A neural network-based method for the short-term predictions of ambient SO_2 concentrations in highly polluted industrial areas of complex terrain[J].Atmospheric Environment,1993,27

(2):221-230.

[48] MOK K M,TAM S C. Short-term prediction of SO_2 concentration in Macau with artificial neural networks[J].Energy and Buildings,1998,28(3):279-286.

[49] JIANG D,ZHANG Y,HU X,et al. Progress in developing an ANN model for air pollution index forecast[J].Atmospheric Environment,2004,38(40):7055-7064.

[50] 李祚泳,邓新民.环境污染预测的人工神经网络模型[J].成都信息工程学院学报,1997,12(43):279-283.

[51] 宁海文. 西安市大气污染气象条件分析及空气质量预报方法研究[D].南京:南京信息工程大学,2006.

[52] 王敏,邹滨,郭宇,等.基于 BP 人工神经网络的城市 $PM_{2.5}$浓度空间预测[J].环境污染与防治,2013,35(9):63-66,70.

[53] 闻新,李新,张兴旺,等.应用 MATLAB 实现神经网络[M].北京:国防工业出版社,2015:96-138.

[54] 任浩然. 基于自适应遗传算法优化的 BP 神经网络股价预测模型[D].延安:延安大学,2017.

[55] 顾为东.中国雾霾特殊形成机理研究[J].宏观经济研究,2014(6):3-7.

[56] 刘瑞婷,韩志伟,李嘉伟.北京冬季雾霾事件的气象特征分析[J].气候与环境研究,2014,19(2):165-172.

[57] 孙杰,高庆先,周锁铨.2002 年北京 PM_{10}时间序列及其成因分析[J].环境科学研究,2007(6):84-86.

[58] 尉鹏,任阵海,苏福庆,等.中国 NO_2的季节分布及成因分析[J].环境科学研究,2011,24(2):155-161.

[59] 刘艳荣.用于预测的 BP 网络结构设计[J].农业网络信息,2007(5):208-209.

[60] 祝叶华.机动车尾气雾霾“贡献”率 4%之争的背后[J].科技导报,2014,32(3):9.

[61] 戴星翼.论雾霾治理与发展转型[J].探索与争鸣,2013(12):70-73.

[62] 常清,杨复沫,李兴华,等.北京冬季雾霾天气下颗粒物及其化学组分的粒径分布特征研究[J].环境科学学报,2015,35(2):363-370.

[63] 方晓.外国治理雾霾的高招[J].学习月刊,2013(5):12.

[64] 彭应登,张中华,胡粼粼.北京雾霾天形成的原因及特点浅析[C]//中国环境科学学会.2013 中国环境科学学会学术年会论文集(第五卷).中国环境科学学会,2013:3.

[65] 宋宇辰,甄莎.BP 神经网络和时间序列模型在包头市空气质量预测中的应用[J].干旱期资源与环境,2013,27(7):66-70.

[66] 王新,何茜.雾霾天气引反思看国外如何治理[J].生态经济,2013(4):18-23.

[67] 赵李明.基于遗传算法和 BP 神经网络的广州市空气质量预测与时空分布研究[D]. 赣州:江西理工大学,2016.

[68] ALOLAYA M A,BROWN K W,EVANS J S,et al. Apportionment of fine particles in Kuwait City[J]. Science of the Total Environment,2013,448:14-25.

[69] KUMAR A,GOYAL P. Forecasting of air quality in Delhi using principal component regression technique analysis[J]. Atmos Pollut Res,2011,2:436-444.

[70] DAIWEN KANG,ROHIT MATHUR,TRIVIKRAMA RAO S. Real-time bias-adjusted O_3 and $PM_{2.5}$ air quality index forecasts and their performance evaluations over the continental United States[J].Atmospheric Environment,2010,44:2203-2212.

[71] 龚纯,王正林.精通 MATLAB 最优化计算[M].北京:电子工业出版社,2009.

[72] 陈宝林.最优化理论与算法[M].2 版.北京:清华大学出版社,2005.

[73] 傅英定,成孝予,唐应辉.最优化理论与方法[M].北京:国防工业出版社,2008.

[74] 黄友锐.智能优化算法及其应用[M].北京:国防工业出版社,2008.

[75] 郭科,陈聆,魏友华.最优化方法及其应用[M].北京:高等教育出版社,2005.

[76] 曾建潮,介婧,崔志华.微粒群算法[M].北京:科学出版社,2004.

[77] 高尚,杨静宇.群智能算法及其应用[M].北京:中国水利水电出版社,2006.

[78] 刘希玉.人工神经网络与微粒群优化[M].北京:北京邮电大学出版社,2008.

[79] 周明,孙树栋.遗传算法原理及其应用[M]. 北京:国防工业出版社,2002.
[80] 苏金明,阮沈勇.MATLAB 使用教程[M].2 版.北京:电子工业出版社,2008.
[81] 李凯斌.智能进化优化算法的研究与应用[D].杭州:浙江大学,2008.
[82] GOLDBERG D E. Genetic algorithms in search,optimization and machine learning[M]. Addison-Wesley Pub Co,1989.
[83] HOLLAND J H. Adaptation in nature and artificial systems[M]. MIT Press,1992.
[84] 谢晓峰,张文俊,张国瑞,等.差分进化算法的实验研究[J].控制与决策,2004,19(1):49-52,56.
[85] 栾丽君,谭立静,牛奔.一种基于粒子群优化算法和差分进化算法的新型混合全局优化算法[J].信息与控制,2007,36(6):708-714.
[86] 邓泽喜,曹敦虔,刘晓冀,等.一种新的差分进化算法[J].计算机工程与应用,2008,44(24):40-42.
[87] 方强.基于优进策略的差分进化算法及其化工应用[D].杭州:浙江大学,2004:28-32.
[88] 谭浩强,张基温.C/C++程序设计教程[M].北京:高等教育出版社,2001.
[89] 王凌.智能优化算法及其应用[M].北京:清华大学出版社,2001.
[90] 吴亮红.差分进化算法及其应用研究[D].长沙:湖南大学,2007.
[91] 刘明广.差异演化算法及其改进[J].系统工程,2005,23(2):108-111.
[92] 邓泽喜,刘晓冀.差分进化算法的交叉概率因子递增策略研究[J].计算机工程与应用,2008,44(27):33-36.
[93] 宁桂英.差分进化算法及其应用研究[D].南宁:广西民族大学,2008.
[94] 周艳平,顾幸生.差分进化算法研究进展[J].化工自动化及仪表,2007,34(3):1-5.
[95] 刘军民.混合差分进化算法及应用研究[D].银川:宁夏大学,2008.
[96] 高岳林,刘俊芳.自适应差分进化算法[J].河北工程大学学报(自然科学版),2008,25(4):107-109.
[97] Herbert Schildt.最新 C 语言精华[M].3 版. 王子恢,戴健鹏,等译.北京:电子工业出版社,1997.